高等学校烹饪与营养教育专业教材

陈洪华

李祥睿 / 主编

U0259777

西点
制作教程
（第二版）

XIDIAN
ZHIZUO
JIAOCHENG

中国轻工业出版社

图书在版编目（CIP）数据

西点制作教程/陈洪华，李祥睿主编. —2版. —北京：
中国轻工业出版社，2024.11

ISBN 978-7-5184-2256-2

Ⅰ.① 西… Ⅱ.① 陈… ② 李… Ⅲ.① 西点—制作
Ⅳ.① TS213.23

中国版本图书馆CIP数据核字（2019）第083599号

责任编辑：方　晓　　责任终审：唐是雯　　整体设计：锋尚设计
策划编辑：史祖福　　责任校对：李　靖　　责任监印：张　可

出版发行：中国轻工业出版社（北京鲁谷东街5号，邮编：100040）
印　　刷：河北鑫兆源印刷有限公司
经　　销：各地新华书店
版　　次：2024年11月第2版第5次印刷
开　　本：787×1092　1/16　印张：16.75
字　　数：335千字　　插页：4
书　　号：ISBN 978-7-5184-2256-2　定价：49.00元
邮购电话：010-85119873
发行电话：010-85119832　010-85119912
网　　址：http://www.chlip.com.cn
Email：club@chlip.com.cn

前 言

近年来，我国西点业的发展非常迅速，在许多大中城市，蛋糕房、面包屋、西饼房，以及大中型西式糕点连锁店如雨后春笋般出现，发展趋势十分喜人。目前，我国各地的烘焙业从业人员已达260万人左右。

《西点制作教程》是烹饪专业西点课程的配套教材，它是研究西点制作工艺的一门学科。随着我国旅游业的发展、百姓生活水平的提高和对外开放的进一步深入，西点已经逐步进入寻常百姓家了，为了培养西点制作的专门人才，普及西点文化，特组织人员编写此教材。

在本教材编写过程中，坚持以能力为本位，重视实践能力的培养，突出职业技术教育特色。根据餐饮、烹饪专业毕业生所从事职业的实际需要，合理确定学生应具备的能力结构与知识结构。同时，在注重西点知识系统性和全面性的基础上，进一步加强实践性教学内容，以满足社会餐饮企业对技能型人才的需求。

本教材分为十五章，由扬州大学陈洪华、李祥睿担任主编，第一章、第二章、第三章、第四章、第五章由扬州大学陈洪华编写；第六章、第七章、第八章由扬州大学李祥睿编写；第九章由无锡旅游商贸高等职业学校徐子昂编写；第十章由湖南省商业技师学院周国银编写；第十一章由重庆商务职业学院韩雨辰编写；第十二章由江苏旅游职业学院薛伟编写；第十三章由扬州旅游商贸学校王爱红编写；第十四章由南京鼓楼社区培训学院姜舜怀、张荣明编写，第十五章由浙江旅游职业学院（千岛湖国际酒店管理学院）姚磊编写。全书由扬州大学陈洪华、李祥睿统稿。

另外，在本教材编写过程中，得到了扬州大学旅游烹饪学院（食品科学与工程学院）领导以及中国轻工业出版社的大力支持，并提出了许多宝贵意见，在此，谨向他们一并表示衷心的感谢！但由于时间仓促，内容涉及面广，有不足和疏漏之处，望广大读者批评指正，编者不胜感激。

陈洪华、李祥睿

2019.3.22

目 录
CONTENTS

第一章 西点概述
CHAPTER 1

西点概述

第一节 西点概述

一、西点的概念

西式面点（简称西点），英文写作"Western Pastry"，主要是指来源于欧美国家的点心。它是以面、糖、油脂、鸡蛋和乳品为主要原料，辅以干鲜果品和调味料，经过调制、成形、成熟、装饰等工艺过程而制成的具有一定色、香、味、形的营养食品。

西点之所以能够成为世界共同的美食，主要是因西方人有饭后食用甜食的习惯，因此在家家户户的餐桌上，不但可以欣赏到女主人的精美手艺，亲手烘制的甜点更是别出心裁，更有许多家庭主妇因熟能生巧而闻名于专业，而且长久以来更使每个家庭继承了亲手制作甜点的传统风俗。

西点经过长期发展，在世界各国不断被创新，渐渐出现了以地域为特点的不同种类。例如：法国点心属于西点中的现代派，用料上顺应当今时尚潮流，多采用健康新鲜的原料，如加入大量新鲜水果等，讲究精致口感，近十年来风靡世界各地的焦糖奶冻（以奶油、糖加香草棍、蛋黄蒸烤而成）就是从法国流传出来。在造型上很注重视觉效果，讲究简洁、精巧，常常用糖、巧克力、水果等做装饰。奥地利点心味道浓郁，不是特别讲究造型，因气候寒冷，通常会加入厚厚的巧克力、奶油等，经历过奥匈帝国时期各民族的频繁交流，奥地利的点心风格往往夹杂着东欧各国风味的影子。而德国点心保持着西点传统的风格，原料基本上采用传统西点中常用的黄油、奶酪、鸡蛋等，造型也属于家庭式，厚实、简单，没有太多华丽的装饰，口味上较为甜腻。

二、西点的历史演变

西点是随着西方文明进程的推进而逐步发展起来的，在英国、法国、西班牙、德国、意大利、奥地利、俄罗斯等国家已有相当长的历史，并在发展中形成了独树一帜的风格。

西方文明则是在地中海沿岸地区发展起来的。地中海东西长4000千米、南北最宽处1800千米，海域面积250多万平方千米。它的地理位置比较特殊，是一片欧亚非交界的边缘地带（地中海北面是欧洲大陆、南边是非洲大陆，东面是亚洲的中东地区），在古代，这片被称作"富饶的月牙"的土地是文明的发祥地。

公元前3500年，地中海南岸的埃及就已经形成了统一的国家，历经古王国时期、中王国时期和帝国时期，创造了灿烂的古埃及文明。尼罗河不仅给其下游带来了充沛的水源和肥沃的土地，更给这里带来了生机和繁荣，许多出土文物也都证明了西点在这一时期有过较大的发展。例如：古埃及有一幅绘画，就展示了公元前1175年底比斯城的宫廷焙烤场面，画中可看出几种面包和蛋糕的制作场景，而且有组织的烘焙作坊和模具在当时已经出现。据统计，在古埃及帝国中，面包和蛋糕品种达16种之多。

公元前1900年，多瑙河流域的一支部落移民到了古希腊地区，与当地的土著融合之后，发展成一支比较文明先进的族群。由于受到古埃及文化的影响，古希腊人创造了欧洲最古老的文化，成为欧洲文明的中心。当时希腊的贵族很讲究食物，而且宫廷厨师已经掌握了70种面包的制作方法，成为当时世界上最具盛名的烘焙师。另外据记载，古希腊最早在食物中使用甜味剂——蜂蜜，蜂蜜蛋糕曾一度风行欧洲。而且古希腊人曾用面粉、油和蜂蜜制作了一种煎油饼，还制作了一种装有葡萄和杏仁的塔，这也许是最早的食物塔。此外，亚里士多德在他的著作中曾多次提到过各种烘焙制作。

公元前753年，古罗马人建立了罗马城。在军事胜利的同时，手工业、农业也发展很快。在烹饪方面，由于受希腊文化的影响，古罗马宫廷膳食厨房分工很细，由面包、菜肴、果品、葡萄酒四个专业部分组成，厨师主管的身份与贵族大臣相同。当时已经有了诸如素油、柠檬、胡椒粉、芥末等调味品或复合调味料，在举行特别盛大的宴会时，主人会重金礼聘高级厨师来掌厨，以彰显荣耀。此外，古罗马人还创制出世上最早的奶酪蛋糕，并将这一传统保持下来，直到现在，世上最好的奶酪蛋糕仍然出自意大利。英国最早的蛋糕是一种名为"西姆尔"的水果蛋糕，其表面装饰的12个杏仁球代表罗马神话中的众神，今天欧洲有的地方仍用它来庆祝复活节，据说它也来源于古希腊。在哈德良（Hadrian）皇帝统治时期，罗马帝国在帕兰丁山建立了厨师学校，以传播烹饪技术。

公元前400年，罗马成立了专门的烘焙协会。罗马人进一步改进了制面包的方法，发明了圆顶厚壁长柄木杓炉，这个名称来自烘制面包时用以推动面包的长柄铲形木杓。他们还发展了水推磨和最早的面粉搅拌机，用马和驴推动。罗马人重视面包，曾经将面包用来作为福利计划的一部分。此后面包师对面包的制作工具和方法进行了改进，加配牛奶、奶酪等辅料，大大改善了面包的风味，奠定了面包加工技术的基础，从而使面包逐渐风行欧洲大陆。

在中世纪，欧洲人大多吃粗糙的黑面包，最初的白面包只出现在教堂，用于教堂仪式。此时涌现出了更多的面包品种，而且当时随罗马帝国一同消亡的面包师公会又死而复生，它订立行业条例，规定惟有专业磨坊才能碾磨面粉，从而禁止其他任何人从事这一行业，面包师须持有执照方可经营面包房并出售面包，如果在面包买卖中缺斤少两，还要治面包师的罪。

15世纪，西餐文化借助文艺复兴的春风迅速发展起来，遍及整个欧洲。首先是餐刀、餐叉、汤匙等系列餐具逐渐由厨房工具演变出来，成为进餐工具，然后出现原始的菜谱，同时，文雅而复杂的用餐礼仪也渐渐形成和完善起来。初具现代风格的西式糕点也在此时出现，糕点制作不仅革新了早期方法，而且品种不断增加。烘焙业已成为相当独立的行业，进入了一个新的繁荣时期。此时现代西点中两类最主要的点心，派和起酥相继出现。

16世纪中叶，凯瑟琳·迪·米迪锡（Catherine de Medic），出身名门家族。嫁给了奥伦斯公爵，她带着一群名厨以及点心师来到法国，促进了法国烹饪流派的形成。早期法国和西班牙在制作起酥时，采用了一种新方法，即将奶油分散到面团中，再将其折叠几次，使成品具有酥层，这种方法为现代起酥点心制作奠定了基础。

17世纪，荷兰人雷文霓发现并制作出酵母菌，人们才真正开始认识酵母并将酵母菌加入面团制作面包。

18世纪，磨面技术的改进为面包和其他西点提供了质量更好、种类更多的面粉，这些也为西式点心的生产创造了有利条件。

到了19世纪，在西方政体改革、近代自然科学和工业革命的影响下，烘焙业发展到一个崭新阶段。1870年压榨酵母和生酵母生产的工业化，使面包等西点的机械化生产得到了根本性的发展，并逐渐形成了一个完整和成熟的体系。

20世纪初，面包工业开始运用谷物化学技术和科学实验成果，使面包质量和生产有了很大提高。同时大面包厂开始发展为较大的面包公司，开始向周边数百公里超级市场供应面包产品。其他各种西点品种也层出不穷。

21世纪的现在，西点早已从作坊式生产步入到现代化的生产，并逐渐形成了一个完整和成熟的体系。当前，烘焙业在欧美十分发达，西点制作不仅是烹饪的组成部分（即餐用面包和点心），而且是独立于西餐烹调之外的一种庞大食品加工行业，成为西方食品工业的支柱之一。

三、西点的发展趋势

进入新世纪，人们工作节奏快，时间紧张，从而越来越喜欢食用高价值的制成品，同时，对质量的需求和对健康与安全问题的日益觉悟也在很大程度上改变了食品消费的方式，虽然西点产品能够适应现代人讲品牌、讲卫生、快节奏的需要，但是，西点制作也要理性发展，与时俱进，适应时代发展的趋势。

第一，回归自然，营养保健。

在欧美各国科技发达、讲究生活质量的现状下，人们不得不对食物进行重新审视，当回归自然之风吹向烘焙行业时，人们再次用生物发酵方法烘制出具有诱人芳香美味的传统面包，至于用最古老的酸面种发酵方法制成的面包，则越来越受到中产阶层人士的青睐。

同时，科学健康的膳食已在全世界成为人们追求的目标，这就要求西点改变高糖、高脂肪、高热量的现状，向清淡、营养平衡的方向发展。如低糖、无糖面包，或用非糖甜味剂部分替代蔗糖，这样面包可给糖尿病、肥胖症、高血压等疾病患者带来福音。添加食物纤维素的面包，利用大豆蛋白粉、麸皮、燕麦碎等制成高蛋白、高纤维素、矿物质的营养面包，这将是21世纪最具诱惑力的产品之一。例如：全麦面包、黑麦面包，过去因颜色较黑、口感粗糙、较硬而被摒弃，如今却因含较多的蛋白质、维生素而成为时尚的保健食品，将占有一席之地。

第二，科学研究，技艺先进。

欧美各国如瑞士、美国等国家均设置有烘焙研究中心，其谷物加工、食品工程、食物科学和营养学方面的专家也较多，他们既注意吸取其他国家的成功经验，又注重突出本国的特色，坚持不懈地在各款西式面点的用料、生产过程等方面进行探索、改良，从而使得西式面点得到不断的发展和创新。

同时，西点制造业经常举办有关西点的各类比赛和展览，以增加专业人士互相考察、学习、鉴别的机会，这些都有些利于西式面点师开阔视野，提高技艺，同时也使得西点的制作工艺日新月异，其产品颇具特色。

第三，网红产品，功能突出。

多个世纪以来所追求的"白面包"逐渐失宠，那些投放在超级市场内、标榜卫生、全机械操作而成的面包，失去了吸引力，而出售新鲜面包的小店又开始林立在城市中。近年来国内西点业出现了奶酪包、煤球蛋糕、肉松团子、冰面包、脏脏包、土豆包等网红西点产品，销售爆棚；翻糖蛋糕也日渐受宠，吸引了消费者的眼球。

同时，功能食品与部分药物的界限越来越模糊。就某种意义上说，功能食品就是许多人都可以食用并且对慢性病有一定疗效的"药物"。利用一些含有食品功能因子的食物作为原料，研制出食药合一的西点产品，将会成为未来市场的一道亮丽风景。

第四，品牌战略，现代营销。

随着竞争全球化的深入，要想立足于市场必须有长远的眼光和跨地区、跨国界的经营胆略及战略谋划，坚持品牌战略，运用网络营销的优势，形成大规模的集团和上市公司，善于运用融资等现代手段进行市场化运作，已成为一种发展趋势。

第二节　西点的分类和特色

一、西点的分类

西点起源于欧美地区，具有西方民族风格和特色，如德式、法式、英式、俄式等。但因国家或民族的差异，其制作方法千变万化，即使是同样的一个品种在不同的国家也会有不同的加工方法，因此，西点品种繁多，要全面了解西点品种概况，必须首先了解西点分类情况。

西点的分类，目前尚未有统一的标准，但在行业中常见的有下述几种。

（1）按点心温度分类　可分为常温点心、冷点心和热点心。

（2）按西点的用途分类　可分为零售类点心、宴会点心、酒会点心、自助餐点心和茶点。

（3）按厨房分工分类　可分为面包类、糕饼类、冷冻甜品类、巧克力类、精制小点心类和工艺造型类。这种分类概括性强，基本上包含了西点生产的所有内容。

（4）按制品加工工艺及坯料性质分类　可分为蛋糕类、混酥类、清酥类、面包类、泡芙类、饼干类、冷冻甜食类、巧克力类、蛋白甜食类、精制小点心类等。此种分类方法比较普遍地应用于行业及实践教学中。

（5）按成品的营销手段分类　可分为网红产品和常规品种。

二、西点的特色

西点是西餐烹饪的重要组成部分，在西餐饮食中起着举足轻重的作用，无论是每日三餐还是各种类型的宴会，西点制品都是不能缺少的。因此，在酒店里往往专门设立西点厨房，使之具有相对独立的制作空间，为制作各种西点产品服务。

现代的西点一般具有如下特色。

（一）用料讲究，营养全面

西点用料讲究，无论是什么点心品种，其面坯、馅心、装饰、点缀等用料都有各自选料标准，各种原料之间都有着相互间的比例，而且大多数原料要求称量准确。

西点多以乳品、蛋品、糖类、油脂、面粉等为常用原料，而且配料中干鲜水果、果仁、巧克力等用量较大。这些原料往往含有丰富的蛋白质、脂肪、糖、维生素等营养成分，它们是人体健康必不可少的营养素，因此说西点具有较高的营养价值。

（二）色泽明快，口味简单

西点品种多为烘焙制品，成品或坯料色泽常为金黄色等暖色系列，但是部分西点品种通过馅料或装饰料的点缀，使之色泽变得简单明快，引人注目，而且丰富谐调。

同时，西点的口味常常以甜、咸为主。甜制品主要以蛋糕为多，有90%以上的点心制品要加糖，客人餐后吃一些甜食制品，会感觉更舒服。咸制品主要以面包为主，客人吃主餐的同时会有选择地食用一些咸味面包。

（三）工艺性强，美观精巧

西点制品不仅具有营养价值，而且在制作工艺上还具有工序繁杂，技法多样，注重火候，卫生安全等特点，其每步操作都凝聚着厨师的创造性劳动，所以制作一道点心，每一步都要依照工艺要求去做，这也是对西点师的基本要求。

同时，每一件西点产品都是一件艺术品，尽善尽美的造型无疑为美味锦上添花，令爱美的人们意乱情迷、欲罢不能。原因除了它们散发出来的美味诱惑，更在于它们总是不遗余力地给感官带来愉悦，为生活增添惊喜。

（四）清香诱人，口感丰富

在西点制品中，无论是冷点心还是热点心，甜点心还是咸点心，都具有味道清香的特点，这是由西点的原材料决定的。通常所用的主料有面粉、奶制品、水果等，这些原料自身具有芳香的味道。其次是加工制作时合成的味道，如焦糖的味道等。

（五）网红产品，时尚俏皮

近年来国内西点业出现了奶酪包、煤球蛋糕、冰面包、脏脏包等网红西点产品，销售火爆；翻糖蛋糕也日渐受宠，吸引了消费者的眼球。例如：脏脏包，它的原型在日本，且已是一个老面包品类，叫巧克力可颂。它的诞生与一个旅居北京的韩国美女健身教练有关，且只是个意外。BAD FARMERS & OUR BAKERY在北京原本就是个网红店，它的主理人赵守镇为了解放高压白领们的天性，推出脏脏包，想来个吃脏脏包大赛，却没想到在社交媒体的传播下，被嗅觉敏锐的烘焙从业者捕捉，一时间各路西饼店竞相模仿，从而风靡全国，走在时尚的风口浪尖。

西点品种较多，而且具有不同的口感。饼干的酥、布丁的软、法棍的韧、慕斯的滑、蛋糕的松、泡芙的绵、舒芙蕾的嫩、果冻的爽、冰淇淋的凉、脏脏包的脏、煤球蛋糕的黑、冰面包的冰……让人心旷神怡，应接不暇。

总之，一道完美的西点，都应具有丰富的营养价值、诱人的色泽、完美的造型和怡人的风味。

? 思考题

1. 西点的概念是什么？
2. 怎样理解西点的历史演变？
3. 西点的发展趋势有哪些？
4. 西点的分类标准有哪些？
5. 西点的特色有哪些？
6. 现在网红西点品种有哪些？

第二章
CHAPTER 2

西点制作常用工具和设备

"工欲善其事，必先利其器"，优质高效的工具和设备也是制作西点的前提之一。

第一节　西点常用工具

一、常用工具

（一）生产工具

1．搅拌工具

（1）打蛋器　以不锈钢丝缠绕而成，用于打发或搅拌食物原料（图2-1、图2-2）。如：蛋清、蛋黄、奶油等。

（2）榴板　通常以木质材料制成，前端宽扁，或凿成勺形，柄较长，有大小之分，可用来搅拌面粉或其他配料之用（图2-3）。

（3）拌料盆　有大、中、小三种型号，可配套使用。可用来搅拌面粉或其他配料（图2-4）。

（4）橡皮刮板　以塑料制成，有长柄（图2-5）。用于刮取或拌和拌料盆中或案板上的面团等原料。

2．模具类

（1）烤盘　用于摆放蛋糕生坯，便于烘烤，常见的为铁质（图2-6），其清洗后必须擦干，以免生锈。常见烤盘有活动底坯模烤盘、连底考盘，形状可分为圆形、方形、心形、三角形。

（2）焙烤听　由铝、铁、不锈钢或镀锡等金属材料制成。有各种尺寸和形状，可以根据蛋糕品种的需要来进行选择利用（图2-7）。

（3）巧克力模　巧克力模具有铜质冰模、塑料模、塑胶模三种，模具又分阴模、阳模，表面凸出的称阳模，凹进的称阴模，模具是巧克力成形的主要工具（图2-8）。

（4）印模　印模是一种能将装饰面皮经按压切成一定形状的模具。形状有圆形、椭圆形、三角形等；切边有平口和花边口两种类型。常为铜制或铁制（图2-9）。

（5）比萨烤盘　常用材质多为不锈钢、铝制等，有大、中、小号不同规格（图2-10）。

3. 其他类

（1）面筛　用于面粉等原料的过筛，除去其中的团块，使颗粒均匀，其筛网一般由铜丝或不锈钢丝制成（图2-11）。

（2）刷子　用于烤盘和模具内的刷油以及制品表面的蛋液涂抹（图2-12）。

（3）食品夹　为金属制的有弹性的"U"字形夹钳，用于夹制食物（图2-13）。

（4）案板　有木案板、不锈钢案板等，长方形，是制作面包等点心的工作台（图2-14）。

（二）衡量工具

1. 称量工具

（1）弹簧秤　台式弹簧秤是最常见的厨用秤，它是利用弹簧受到的力和弹簧的形变量成正比的原理。放置弹簧秤的桌子要尽量水平、坚硬，读数的时候，视线要跟指针在同一水平线上，不要从上往下俯视，或者从侧面斜着看，你可以试一试这样的误差会有多大。还有原料的摆放位置也会对读数造成影响，比如一大块黄油放在秤盘的角落里，和它化成液体之后流淌均匀的读数也不相同，所以称的时候，材料尽量均匀放在秤盘正中。

挂钩式的弹簧秤一般量程比较大，有几千克，而最小刻度也比较粗糙，也不方便放置材料，所以不适合用作烘焙称量（图2-15）。

（2）电子秤　电子秤利用压敏元件，就是通过元件的电流大小随着元件上受到的压力大小而变化，这种变化是非常敏感的，所以电子秤最小刻度更精确而量程更大，是比较精确的计量工具，能精确到小数点后一位以上（图2-16）。

（3）尺子　一把有英寸标记的软尺，而且便于携带，可以省去计算的麻烦和失误。因为蛋糕模子（圆形、心形）、比萨盘、派盘的大小是用直径的长度来标注的，单位是英寸，在背面会写着6#，9#的字样，指的就是直径6英寸或者9英寸，常用的最小蛋糕模子就是6英寸的；吐司模子、方形蛋糕模子的大小是用长×宽来标注的，单位也是英寸；小的挞模、花形蛋糕模用直径的长度来标注大小，单位大多是厘米（图2-17）。

2. 计量工具

（1）量杯与量勺　量杯（图2-18）和量勺（图2-19）是用来量液体或者粉状原料的体积的，也可以量干果一类的碎块、屑、末材料。

量杯有大小之分，材料有塑料的、玻璃的，也有金属的。量勺是成套的，从1汤匙、1/2汤匙、1/4汤匙；到1毫升、2毫升、5毫升、25毫升的都有，材料有塑料的，也有金属的。有时需要量热的液体，或者有颜色的液体，所以要考虑不易碎、耐高温、不易染色。

量杯和量勺上一般不标注毫升，而是直接标注杯、勺等，甚至只有英文缩写，所以要把前面的单位列表搞清楚才能读懂，还要注意是否有1/2，1/4的字样。因为量杯和量勺不会像刻度尺或者温度计那样均匀地标注刻度，所以选购的时候尽可能选择规格多一些的，比如有半小勺、半大勺的量勺，就要比眼睛看的一勺的一半要准确得多，而50毫升的量勺，也要比5毫升的量勺舀10勺要准确。

量杯可以在里面直接搅拌，可以冷藏，也可以平稳摆放，但是准确程度不如量勺，而量勺则很方便从大桶材料中直接舀取所需的分量。

用量勺量取粉状材料的时候，要事先过筛，不要有结块，但是也不要故意压实，要装满一量勺，表面平整，可以先舀出尖的一勺，然后轻轻左右晃动；量取液体的时候，由于表面张力，液面会鼓出来或者凹进去，而且越小的勺子越不易把所有的液体都倒下去，底部总会有残留，可以自己估计一下误差。使用量杯的时候，要保证液面或者粉状材料表面水平，而且读数的时候视线和表面在同一高度。

（2）温度计　由测杆和温度刻度表两部分组成，用以测量油温、糖浆温度及面包面团等的中心温度。主要温度计种类有：探针温度计（图2-20）、油脂（糖）测量温度计（图2-21）、普通温度计（图2-22）等。

（三）成形工具

1．刀具、刮片类

（1）抹刀　盛装奶油的主要工具，也是抹坯必用的工具，有长、短之分，如8寸、10寸、12寸（图2-23、图2-24）。

（2）锯齿刀　分粗锯齿刀、细锯齿刀两种（图2-25），长短不同，粗锯齿刀可用来切割糕坯，也可用来抹坯，制作奶油面装饰纹理，细锯齿刀主要用来切割糕坯之用。

（3）水果刀　水果刀具（图2-26）是蛋糕装饰不可缺少的工具，在蛋糕造型装饰中，很多装饰与水果分不开，切割水果造型是水果蛋糕装饰的重要内容和方法。

（4）铲刀　铲刀（图2-27）有平口铲刀、斜口铲刀，多用来制作拉糖和巧克力造型之用，可以铲巧克力花瓣、巧克力花、巧克力棒，也可以用来制作拉糖造型。规格有：3寸平口铲刀、1.5寸平口铲刀、1寸平口铲刀、1.2寸斜口铲刀、1.7寸斜口铲刀、3.5寸斜口铲刀。

（5）雕刻刀　专业用于巧克力雕刻造型之用，要求有钢质刀形，有塑料质地刀形，形状各异，刚柔相配，专业特点明显，是制巧克力雕塑的必备工具（图2-28）。

（6）挑刀　挑刀（图2-29）是用来转移蛋糕的专用工具，有直挑刀、心形挑刀、三角挑刀。

（7）花边刀　花边刀两端分别为花边夹和花边滚刀。前者可将面皮的边缘夹成花边状，后者由圆形刀片的滚动将面皮切成花边状。

（8）剪刀　铁制，刀尖刃快，用于修剪裱花袋口，或者夹取花托（图2-30）。

（9）刮片　按其用途可分为欧式刮片、普通刮片，有铁质，也有塑料质，欧式刮片形状各异，一般可分为细齿刮片类、粗齿刮片类，普通刮片为平口类、三角形类刮片，主要用于蛋糕表面刮图装饰，方便快捷（图2-31）。

（10）擀面棒　有擀面杖和走锤之分。擀面杖（图2-32）是用坚实细腻的木材制成，有长有短，粗细不一，其用途是擀制面皮；走锤也是一种擀面杖，形状粗大、圆柱中空，其中有一根木棒，擀制面皮时，双手抓住木棒，上面锤体跟柱转动，发挥作用。

2．裱花嘴、裱花袋类

（1）裱花嘴　花嘴有20头、30头、48头、60头等多种花形样式，奶油通过花嘴可做边、做花、做动物等各种造型（图2-33）。

（2）转换嘴　用在裱花袋前端，用来调节和花嘴旋转方向，调换花嘴的中间装置，使用比较方便，多为硬质塑，规格有大号、中号、小号（图2-34）。

（3）裱花袋　裱花袋（图2-35）主要用来结合花嘴，盛装奶油，通过手的握力，使奶油通过花嘴挤出，蛋糕表面装饰造型之用，也可以用来盛装果膏，在蛋糕表面淋面装饰之用。

裱花袋有布胶袋、塑料袋两种，前者可反复使用，后者多为一次性使用。

（4）三角纸　三角纸常为油纸（图2-36）或玻璃纸制成，前者为一次性使用，后者可多次使用。

（四）其他工具

（1）纤维毛笔　用来蛋糕奶油造型制作，经过毛笔处理的奶油造型立体、细致（如仿真卡通、动物、人物），也可以在蛋糕上用彩色果膏绘制造型，可以绘制各种平面视觉艺术效果，如西洋画、中国画都可以用毛笔表达出来（图2-37）。

（2）调色碗勺　碗为瓷制或玻璃制品，成套选用；勺为不锈钢制。常用于装饰面料的调色（图2-38）。

（3）花架　将裱好的花临时插在其圆孔中备用的工具，常为塑料制。

（4）花棒　铁制或塑料制，两头呈锥形，是配合花托、裱挤花卉的专业工具。花棒的形状很多种，有传统形花棒、马来花棒、筷子花棒（图2-39）。

（5）转台（或转盘）　铁制，具有一个圆形可转动的台面，便于大型蛋糕的裱花装饰操作（图2-40）。

二、翻糖工具

1．防粘擀面杖
常用的防粘擀面杖有塑料和木质两种，防粘擀面杖从6寸到20寸不等。做翻糖至少要准备两根，一根比较长的用来擀糖皮，一根比较短的用来擀做糖花用的干糖团。

2．印花擀面杖
因其表面有凹凸纹理所以擀糖皮时就会有这种纹理，印花擀面杖的种类、样式和尺寸有很多。一般来说，上面花纹突出的擀面杖比较好。

3．打磨板
打磨板是用来打磨糖皮的，通常需准备一只圆头的，一只方形的，打磨的时候，一手拿一个，配合使用。

4．一套捏塑工具
用它来做翻糖造型，糖花都可以，型号大中小号最好都能备齐。

5．泡沫蛋糕假体
一般用于做蛋糕陈列品，泡沫要选用高密度的，厚度在10厘米较好，这个泡沫假体也可用来晾干糖花。

6．蛋糕托盘
纸质的蛋糕托盘最常用，也可用瓷盘来表现档次，也有的是将KT板裁切成托盘。

7．裱花袋
用来挤翻糖膏时用。

8．糖花工具套装
花朵切模、一套打磨工具及海绵垫一套。花朵切模有不锈钢的和塑料的两种。选择时只要是选压模的边口越薄越锋利越好，这样切出的花瓣边口整齐光滑，海绵垫主要用来压花瓣弧度。

9．丝带
用来装饰翻糖蛋糕。

10. 花蕊

花蕊可以自己做，也可以买成品，在卖假花市场可以买到。

11. 铁丝

铁丝主要用来做花瓣的支撑及绑花瓣用的，有各种颜色。它们从18号到30多号不等，各种尺寸，粗细不同，使用范围非常广泛。

12. 美工刀及刀片

美工刀主要用来做糖花和翻糖造型，刀片要选择锋利的，这样切口就没有毛边。

13. 镊子、毛笔

毛笔用来画小花朵，镊子粘一些小东西的时候用。

14. 金丝扣

装饰蛋糕使用，与裱花袋同时使用，用来绑紧裱花袋的袋口，防止材料从袋子尾部流出。

15. 喷枪

有低压、高压两种，低压喷枪较适合初学者，高压喷枪因为要调压，新手很难掌握好气流。使用时先在喷笔里加入水再加色素，把喷嘴堵住先让色素与水和匀再开始喷色，先在纸上试喷，出来没有溅点气流顺畅时再开始喷在蛋糕上。

16. 切条器

一般适用于做蝴蝶结及蛋糕花边。

17. 花夹

主要用来在翻糖蛋糕上夹出各种花纹，是一种很实用的装饰方式。

18. 蕾丝套装

硅胶垫（Sugarveil Mat）、刮板（Sugarveil Spreader）、蕾丝粉（Sugarveil Icing）。这个套装是做蕾丝不可代替的工具。例如，蕾丝粉配方复杂，做起来费时费力，而市售的蕾丝粉一小包就能用很久。另外，大刮板也不能用抹刀代替，因为抹刀轻，而且覆盖面小，刮的过程中容易出现不均匀现象。

第二节　西点常用设备

西点制作中常见的设备有如下几种。

一、加工设备

1. 粉碎机

粉碎机（图2-41）是由电机、原料容器和不锈钢叶片刀组成，适宜打碎蔬菜水果，也可混合搅打浓汤、调味汁等。

2. 搅拌机

搅拌机（图2-42）主要有大型搅拌机、鲜奶油小型搅拌机、手提式搅拌机等，由电机、不锈钢桶和不同搅拌龙头组成。大型搅拌机大多用来搅打蛋糕坯浆糊，但也有用来打发奶油和鲜奶油的，大型搅拌机体积大、功率大、产量大，稳定性好，如果蛋糕装饰产值产量大，可选用大型搅拌机，但是比较笨重，不易搬运；小型鲜奶搅拌机为专业型鲜奶油搅打设备，体积小、重量轻、功率小、可调速、损耗小，便于搬运，对于小型店面使用比较适合；手提式鲜奶油搅拌机，其性能同前，其体积更小，重量更轻，功率小，损耗小，便于携带。

3. 和面机

和面机（图2-43）有立式和卧式两大类型。卧式和面机结构简单，运行可靠，使用方便；立式和面机对面团的拉、抻、揉的作用大，面团中面筋质的形成充分，有利于面包内部形成良好的组织结构。

4. 分割机

分割机（图2-44）设计精密，坚固耐用，操作简便快捷，分割速度均匀，提高工作效率，节省人力、物力。全自动分割机用于面团、面包条等面制食品的分块。

5. 滚圆机

滚圆机（图2-45）把经分割机处理过的小面团，滚转成外观一致、密度相同、表面平滑的小圆球。

6. 整形机

整形机（图2-46）的作用是把经中间发酵后已松弛的面团，压成薄片并卷成设定的大小，以方便放入烤盘中。

7. 压面机

压面机（图2-47）是由托架、传送带和压面装置组成。用于将面团压成面片或擀压酥层，厚度由调节器控制。

8. 切片机

切片机（图2-48）是以手动或自动方式将面包切片，操作过程中可将切割厚薄控制在设定的范围内，使成片厚薄一致。

9. 冰淇淋机

冰淇淋机（图2-49）由制冷系统和搅拌系统组成。制作时把液状的冰淇淋浆体装入一个桶形的容器，容器内有搅拌器，外壁是蒸发器，操作时一边冷冻，一边搅拌，直接将浆体冷冻成糊状，然后装入硬化箱中冻硬，用于制作各式冰淇淋。

二、烘烤设备

1. 电烤箱

电烤箱（图2-50）为角钢、钢板结构，炉壁分三层，外层钢皮，中间是硅酸铝绝缘材料，内壁是不锈钢或涂以银粉漆的铁皮。利用电热管发出的热量来烘烤食品。电热管的根数决定于烤盘的面积。其优点为耗电省、清洁卫生、使用方便。部分烤箱具有温控装置和水汽喷雾装置。

2. 多功能蒸烤箱

智能型多功能的蒸烤箱（图2-51）不仅具有蒸箱和烤箱的两种主要功能，并可根据实际烹调需要，调整温度、时间、湿度等设定，省时省力，效果颇佳。

三、恒温设备

1. 醒发箱

醒发箱（图2-52）是发酵类面团发酵、醒发的设备。目前在国内常见的有两种，一种结构较为简单，采用铁皮或不锈钢板制成的醒发箱。这种醒发箱靠箱底内水槽中的电热棒将水加热后蒸发出的蒸气，使面团发酵。另一种结构较为复杂、以电作能源可自动调节温度、湿度，这种醒发箱使用方便、安全，醒发效果也较好。

2. 热汤池

热汤池（图2-53）以热水隔水保温制备好的西点少司等，该设备常常与炉灶设备等组合在一起。

3. 红外线保温灯

红外线保温灯（图2-54）以红外线加热，供西点暂时保温用的。

4. 保温车

保温车（图2-55）是一种通过电加热保温的橱柜，下有脚轮，可以推动。用于部分西点的保温。

四、炉灶设备

1. 西餐炉灶

西餐炉灶（图2-56）分为明火灶、暗火烤箱与控制开关等部分。灶面平坦，上面分为4～6个主火眼与支火眼，火眼上有活动炉圈或铁条，用于烹煮食物。灶下面是烤箱，可用于烤制食品。灶中间为控制开关部分，较高级的炉灶还有自动点火和温度控制等功能。

2. 深油炸灶

深油炸灶（图2-57）由深油槽、过滤器及温度控制装置等部分组成。主要用于炸制面包等食物。这种灶的特点是工作效率高、滤油方便。

五、装饰专业设备

1. 冷藏设备

冷藏设备主要有小型冷藏库（图2-58）、冷藏箱和电冰箱。这些设备的共同特点是都具有隔热保温的外壳和制冷系统。按冷却方式分为直冷式和风扇式两种，冷藏温度范围为-40～10℃。并具有自动恒温控制、自动除霜等功能。

2. 展示冰柜

镀铬大圆角豪华造型，上有大圆弧玻璃，四面可视箱内物品，后侧推拉门，存取方便。顶部配备照明灯管、箱底配备可移动角轮，自由、灵活。可以选配立体支架，储物量大。用来展示部分面包制品（图2-59）。

3. 空调

空调即房间空气调节器，是一种用于给房间（或封闭空间、区域）提供处理空气的机组。它的功能是对该房间（或封闭空间、区域）内空气的温度、湿度、洁净度和空气流速等参数进行调节，以满足蛋糕生产和装饰工艺过程的要求。

4．巧克力熔炉

巧克力熔炉（图2-60）是制作和调制巧克力溶液必用的设备，是双层隔水、可调控温设备，可根据制作巧克力需要进行调节，温度可控制在20～100℃。

第三节　西点制作常见工具和设备的养护知识

西点厨房中使用的工具、餐具与设备种类繁多，并且各种性能、特点、用途都不一样，为了充分发挥它们的作用，提高工作效率，必须了解与掌握工具与设备的使用及养护知识。

1．熟悉性能、合理使用

"一个不懂得操作的人，亦是一个最易损坏工具的人"。因此，学会使用西点厨房的工具与设备，熟悉其性能与特点，显得十分重要。

2．编号登记，定点存放

由于西点厨房的工具与设备种类繁杂，在使用过程中，应当对其适当分类、成套摆放、编号登记。对于常用的西点设备应根据其制作工艺流程，合理设计安装位置，对于一般的常用工具要做到合理使用，定点存放。

3．清洁卫生、定时养护

在西点厨房中，工具与设备的清洁卫生显得十分重要。加强卫生防护，可以避免造成食品污染、交叉污染的危险。在厨房中一般应做好以下几方面的工作。

（1）工具与设备必须保持清洁，并定时严格消毒。

（2）生熟制品的工具，必须严格分开使用，以免引起交叉污染，危害人体健康。

（3）建立严格的工具、设备专用制度，对工具与设备要定期检修。

（4）工具与设备应设专人保管，专门维护。

4．制度完善、安全操作

西点厨房安全操作必须做到以下几方面。

（1）规范制定安全责任制度，加强安全教育。

（2）严格掌握安全操作程序，思想重视，精神集中，避免误操作。

（3）切实重视设备安全，使用安全防护装置。

（4）对于贵重设备要采取使用登记制度，随时记录设备运行情况。

（5）对于较长时间不使用的设备，要及时断电，使之处在安全状态。

（6）禁止工具或设备带"病"运行，违禁操作。

1. 西点生产工具主要有哪些？
2. 西点衡量工具主要有哪些？
3. 西点炉灶设备有哪些？
4. 西点烘烤设备有哪些？
5. 西点恒温设备有哪些？
6. 西点加工设备有哪些？
7. 翻糖工具主要有哪些？各有什么用途？
8. 西点厨房工具、餐具和设备的养护知识有哪些？

第三章

西点制作原料知识

第一节　基本原料

一、面粉

　　小麦粉专指小麦面粉，由小麦加工而成，是制作西点的主要原料。由于小麦品种、种植地区、气候条件、土壤性质、日照时间和栽培方法的不同，小麦的质量也有所不同。在制粉时，又由于加工技术、设备等条件的影响，使面粉的化学性质和物理性质都存在一定的差别，例如：面粉的吸水率、粗细度、色泽、面筋含量等都能影响西点的产品质量，因此在制作西点时一定要重视选料。由于面粉中含有淀粉和蛋白质等成分，它在制品中起着骨架作用，使西点制品在熟制过程中形成稳定的组织结构。

（一）面粉按照用途不同分类

1. 专用面粉

　　专用面粉，俗称专用粉，是区别于普通小麦面粉的一类面粉的统称。所谓"专用"，是指该种面粉对某种特定食品具有专一性，专用面粉必须满足以下两个条件：一是必须满足食品的品质要求，即能满足食品的色、香、味、口感及外观特征；二是满足食品的加工工艺，即能满足食品的加工制作要求及工艺过程。根据我国目前暂行的专用粉质量标准，可分为面包、面条、馒头、饺子、酥性饼干、发酵饼干、蛋糕、酥性糕点和自发粉等。

2. 通用面粉

　　通用面粉是根据加工精度分类，主要根据灰分含量的不同分为特制一等、特制二等、标准粉和普通粉，各种等级的面粉其他指标基本相同。

3. 营养强化面粉

　　营养强化面粉是指国际上为改善公众营养水平，针对不同地区、不同人群而添加不同营养素的面粉，例如：增钙面粉、富铁面粉、"7+1"营养强化面粉等。

（二）面粉按照精度不同分类

1．特制一等面粉

特制一等面粉又叫富强粉、精粉。基本上全是小麦胚乳加工而成。粉粒细，没有麸星，颜色洁白，面筋含量高且品质好（即弹性、延伸性和发酵性能好），食用口感好，消化吸收率最高，仅粉中矿物质、维生素含量最低，尤其是维生素B_1远不能满足人体的正常需要。特制一等粉适于制作高档食品。

2．特制二等面粉

特制二等面粉又称上白粉、七五粉（即每100kg小麦加工75kg左右小麦粉）。这种小麦粉的粉色白，含有很少量的麸星，粉粒较细，面筋含量高且品质也较好，消化吸收率比特制一等粉略低，但维生素和矿物质的保存率却比特制一等粉略高。适宜于制作中档西点。

3．标准面粉

标准面粉也称八五粉。粉中含有少量的麸星，粉色较白，基本上消除了粗纤维和植酸对小麦粉消化吸收率的影响，含有较多的维生素、矿物质，但面筋含量较低且品质也略差，口味和消化吸收率也都不如以上两种小麦粉。粮店里日常供应的小麦粉是标准粉。

4．普通面粉

普通面粉是加工精度最低的小麦粉。加工时只提取少量麸皮，所以含有大量的粗纤维素、灰分和植酸，这些物质不仅使小麦粉口感粗糙，影响食用，而且会妨碍人体对蛋白质、矿物质等营养素的消化吸收。目前各地面粉厂基本上不生产普通粉。

（三）面粉按蛋白质含量多少来分类

1．高筋面粉

高筋面粉又称强筋面粉，颜色较深，本身较有活性且光滑，手抓不易成团状；其蛋白质和面筋含量高。蛋白质含量为12%～15%，湿面筋值在35%以上。高筋面粉适宜做面包、起酥点心、泡芙点心等。

2．低筋面粉

低筋面粉又称弱筋面粉，颜色较白，用手抓易成团；其蛋白质和面筋含量低。蛋白质含量为7%～9%，湿面筋值在25%以下。英国、法国和德国的弱力面粉均属于这一类。低筋面粉适宜制作蛋糕、甜酥点心、饼干等。

3．中筋面粉

中筋面粉是介于高筋面粉与低筋面粉之间的一类面粉。色乳白，介于高、低粉之间，体质半松散；蛋白质含量为9%～11%，湿面筋值为25%～35%。美国、澳大利亚产的冬小麦粉和我国的标准粉等普通面粉都属于这类面粉。中筋面粉用于制作重型水果蛋糕、肉馅饼等。

（四）根据面粉性能和不同的添加剂分类

1．一般面粉

蛋白质含量在15%～15.5%、奶白色、呈沙砾状、不黏手易流动的，适合混合黑麦、全麦以制面包，或做成高筋硬性意大利、犹太硬咸包。蛋白质含量在12.8%～13.5%、白色、呈半松性的，适合做模制包、花式咸包和硬咸包。含量在12.5%～12.8%白色的适合做咸软包、甜包、炸包。含量在8.0%～10%、洁白粗糙黏手的，可做早餐包和甜包。

2．营养面粉

在面粉中加入各类营养物料如维生素、矿物质、无机盐或丰富营养的麦芽之类的面粉。

3．自发粉

所谓自发面粉，是预先在面粉中掺入了一定比例的盐和泡打粉，然后再包装出售。这样是为了方便家庭使用，省去了加盐和泡打粉的步骤。

4．全麦面粉

全麦粉是将整粒麦子碾磨而成，而且不筛除麸皮。含丰富的维生素B_1、维生素B_2、维生素B_6及烟酸，营养价值很高。因为麸皮的含量多，100%全麦面粉做出来的面包体积会较小、组织也会较粗，面粉的筋性不够，而且食用太多的全麦会加重身体消化系统的负担，因此使用全麦面粉时可加入一些高筋面粉来改善面包的口感。建议一般全麦面包，全麦面粉：高筋粉＝4∶1，这样面包的口感和组织都会比较好。

5．合成面粉

这是20世纪80年代的产品。为适合制作不同的面包，而在面粉中加入糖、蛋粉、奶粉、油脂、酵母等各样材料，例如面包粉和丹麦酥粉等。所谓面包专用粉就是为提高面粉的面包制作性能向面粉中添加麦芽、维生素以及谷蛋白等，增加蛋白质的含量，以便能更容易地制作面包。因此就出现了蛋白质含量高达14%～15%的面粉，这样就能做出体积更大的面包来。

二、油脂

油脂是油和脂的总称，在西点制作中主要有：奶油、黄油、人造黄油（麦淇淋）、植物油等。油脂在西点中的作用，主要体现在以下几点：第一，增加营养，补充人体热能，增进食品风味。第二，增强面坯的可塑性，有利于点心的成形。第三，调节面筋的胀润度，降低面团的筋力和黏性。第四，保持产品内部组织的柔软，延缓淀粉老化的时间，延长点心的保存期。

（一）色拉油

色拉油，呈淡黄色，澄清、透明、无气味、口感好，用于烹调时不起沫、烟少，在0℃条件下冷藏5.5小时仍能保持澄清、透明（花生色拉油除外）。色拉油一般选用优质油料先加工成毛油，再经脱胶、脱酸、脱色、脱臭、脱蜡、脱酯等工序成为成品。色拉油的包装容器应专用、清洁、干燥和密封，符合食品卫生和安全要求，不得掺有其他食用油和非食用油、矿物油等。保质期一般为6个月。目前市场上供应的色拉油有大豆色拉油、菜籽色拉油、葵花籽色拉油和米糠色拉油等。

（二）橄榄油

橄榄油是由新鲜的油橄榄果实直接冷榨而成的，不经加热和化学处理，保留了天然营养成分。比较健康，但味道比较淡。橄榄油被认为是迄今所发现的油脂中最适合人体营养的油脂。

橄榄油在地中海沿岸国家有几千年的历史，在西方被誉为"液体黄金""植物油皇后"，"地中海甘露"，原因就在于其极佳的天然保健功效、美容功效和理想的烹调用途。可供食用的高档橄榄油是用初熟或成熟的油橄榄鲜果通过物理冷压榨工艺提取的天然果油汁，是世界上以自然状态的形式供人类食用的木本植物油之一，在西点中广泛运用。

（三）奶油

奶油是从经高温杀菌的鲜乳中经过加工分离出来的脂肪和其他成分的混合物，在乳品工业中也称稀奶油，奶油是制作黄油的中间产品，含脂率较低，分别有以下几种。

1. 淡奶油

淡奶油也称单奶油，乳脂含量为12%~30%，可用于少司的调味，西点的配料和起稠增白的作用。

2. 掼奶油

掼奶油也称裱花奶油，很容易搅拌成泡沫状的鲜奶油，含乳脂量为30%~40%，主要用于裱花装饰。

3. 厚奶油

厚奶油也称双奶油，含乳脂量为48%~50%，这种奶油用途不广，因为成本太高，通常情况下为了增进风味时才使用厚奶油。

（四）黄油

食品工业中也称"奶油"，国内北方地区称"黄油"，上海等南方地区称"白脱"，香港称"牛油"等，是由鲜奶油经再次杀菌、成熟、压炼而成的高乳脂制品。常温下呈浅乳黄色固体，乳脂含量一般不低于80%，水分含量不高于16%，还含有丰富的维生素A、维生素D和矿物质，营养价值较高。黄油是从奶油中进一步分离出来的脂肪，分为鲜黄油和清黄油两种。鲜黄油含脂率在85%左右，口味香醇，可直接食用。清黄油含脂率在97%左右，比较耐高温，可用于烹调热菜。还可以根据在提炼过程中是否加调味品分为咸黄油、甜黄油、淡黄油和酸黄油等品种。

黄油含脂肪率高，较奶油容易保存。如长期贮存应放在–10℃的冰箱中，短期保存可放在5℃左右的冰箱中冷藏。因黄油易氧化，所以在存放时应注意避免光线直接照射，且应密封保存。

（五）麦淇淋

麦淇淋（Margarine）又称为人造黄油或人造奶油，是由棕榈油或是可食用的脂肪添加水、盐、防腐剂、稳定剂和色素加工而成。

麦淇淋外观呈均匀一致的淡黄色或白色，有光泽；表面洁净，切面整齐，组织细腻均匀；具有奶油香味，无不良气味。

麦淇淋品种主要有如下几种。

1. 餐用麦淇淋

餐用麦淇淋主要用于涂抹面包，其特点是可溶性好，入口即化，具有令人愉快的香气和味道，而且营养价值较高，富含多不饱和脂肪酸。

2. 面包用麦淇淋

面包用麦淇淋用于面包、蛋糕等西点的加工和装饰，吸水性及乳化性好，可使西点带有奶油风味，并延缓老化。

3. 起层用麦淇淋

起层用麦淇淋熔点较高，稠度较大，起酥性好，适用于面团的起层，如各种酥皮类点心、清酥类点心、牛角包、丹麦酥等。

4. 通用型麦淇淋

通用型麦淇淋具有可塑性、充气性和起酥性，可用于高油蛋糕、糕点等。

（六）起酥油

起酥油是指动、植物油脂的食用氢化油、高级精制油或上述油脂的混合物，经过混合、冷却塑化而加工出来的具有可塑性、乳化性等加工性能的固态或流动性的油脂产品。外观呈白色或淡黄色，质地均匀；无杂质，滋味、气味良好。起酥油不能直接食用，专用于起酥皮的制作。它的熔点通常都在44℃以上，是油脂类里熔点最高的，所以做出的点心口感最好。

三、糖与糖浆

通常用于蛋糕制作的糖是白砂糖，此外也有用少量的糖粉或糖浆等品种，在蛋糕制作中，能增加制品甜味，提高营养价值；使面糊光滑细腻，产品柔软，同时保持水分，延缓老化，防腐作用，特别在烘烤过程中，能使蛋糕表面变成褐色并散发出香味。

（一）白砂糖

白砂糖简称砂糖，是从甘蔗或甜菜中提取糖汁，经过滤、沉淀、蒸发、结晶、脱色和干燥等工艺而制成。为白色粒状晶体，纯度高，蔗糖含量在99%以上，按其晶粒大小又分粗砂、中砂和细砂。如果是制作海绵蛋糕或戚风蛋糕最好用白砂糖，以颗粒细密为佳，因为颗粒大的糖往往由于糖的使用量较高或搅拌时间短而不能溶解，如蛋糕成品内仍有白糖的颗粒存在，则会导致蛋糕的品质下降，在条件允许时，最好使用细砂糖。

（二）绵白糖

绵白糖也称白糖。它是用细粒的白砂糖加上适量的转化糖浆加工而成。具有质地细软、色泽洁白、甜而有光泽，其中蔗糖的含量在97%以上。

（三）糖粉

它是蔗糖的再制品，为纯白色的粉状物，味道与蔗糖相同。常在蛋糕装饰上使用。

（四）赤砂糖

赤砂糖也称红糖，是未经脱色精制的砂糖，纯度低于白砂糖。呈黄褐色或红褐色，颗粒表面沾有少量的糖蜜，可以用于普通蛋糕中。

（五）焦糖

焦糖又称焦糖色，俗称酱色，是用饴糖、蔗糖等熬成的黏稠液体或粉末，深褐色，有苦味，主要用于布丁、糖果等的着色。

（六）蜂蜜

蜂蜜又称蜜糖、白蜜、石饴、白沙蜜。蜂蜜是蜜蜂从开花植物的花中采得的花蜜在蜂巢中酿制的蜜。根据其采集季节不同有冬蜜、夏蜜、春蜜之分，以冬蜜最好。若根据其采花不同，又可分为枣花蜜、荆条花蜜、槐花蜜、梨花蜜、葵花蜜、荞麦花蜜、紫云英花蜜、荔枝花蜜等，其中以枣花蜜、紫云英花蜜、荔枝花蜜质量较好，主要成分为转化糖，含有大量的果糖和葡萄糖，味甜且富有花朵的芬芳。蜂蜜具有不同的香味，颜色色泽也好看，另外甜度也很高。在西点中主要是增加产品风味以及色泽，或在蛋糕制作中一般用于有特点的制品中，例如代替砂糖制作蜂蜜蛋糕。

（七）糖浆

糖浆主要有转化糖浆或淀粉糖浆。转化糖浆它是用砂糖加水和加酸熬制而成；淀粉糖浆又称葡萄糖浆等，通常使用玉米淀粉加酸或加酶水解，经脱色、浓缩而成的黏稠液体，主要成分为葡萄糖、麦芽糖和糊精等，易为人体吸收。在制作糖制品时，加入葡萄糖浆能防止蔗糖的结晶返砂，从而有利于制品的成型。可用于蛋糕装饰，国外也经常在制作蛋糕面糊时添加，起到改善蛋糕的风味和保鲜作用。

（八）海藻糖

海藻糖又称漏芦糖、蕈糖等，是一种安全、可靠的天然糖类。海藻糖能降低糕点的整体甜味度，并提高材质本身具有的美味和香味、保持糕点的滋味、在常温下可延长产品保质期。海藻糖正在变成西点界的新宠。

四、蛋及蛋制品

蛋与蛋制品是制作西点的重要材料，对于改善西点的色、香、味、形等风味特征及提高营养价值等方面都有一定的作用。

蛋与蛋制品的种类很多，生产蛋糕的品种主要有：鲜蛋、冰蛋、蛋粉等。

（一）鲜蛋

鲜蛋主要有鸡蛋、鸭蛋、鹅蛋等。鲜蛋搅拌性能高，起泡性好，所以生产中多选择鲜蛋为主。其中鸡蛋是最常用的原料。因为鲜鸡蛋所含营养丰富而全面，营养学家称之为"完全蛋白质模式"，被人们誉为"理想的营养库"。鸡蛋中含有蛋清、蛋黄和蛋壳，其中蛋清占60%，蛋黄占30%，蛋壳占10%。蛋白中含有水分、蛋白质、碳水化合物、脂肪、维生素，蛋白中的蛋白质主要是卵白蛋白、卵球蛋白和卵黏蛋白。蛋黄中的主要成分为脂肪、蛋白质、水分、无机盐、蛋黄素和维生素等，蛋黄中的蛋白质主要是卵黄磷蛋白和卵黄球蛋白。

对于鲜蛋的质量要求是鲜蛋的气室要小，不散黄，其缺点是蛋壳处理麻烦。

（二）冰蛋

冰蛋是将蛋去壳，采用速冻制取的全蛋液（全蛋液约含水分72%），速冻温度为-18 ~ -20℃，由于速冻温度低，结冻快，蛋液的胶体很少受到破坏，保留其加工性能，使用时应升温解冻，其效果不及鲜蛋，但使用方便。

（三）蛋粉

蛋粉主要包括全蛋粉、蛋白粉和蛋黄粉等。由于加工过程中，蛋白质变性，因而不能提高制品的疏松度。在使用前需要加水调匀溶化成蛋液或与面粉一起过筛混匀，再进行制作。因为蛋粉溶解度的原因，虽然营养价值差别不大，但是发泡性和乳化能力较差，使用时必须注意。

五、乳品

西点制作过程中乳制品种类主要有牛奶、炼乳、淡奶、奶粉、酸奶、奶酪等。它们在西点制作过程中能改善蛋糕组织结构，提高营养价值，优化西点的色、香、味、形等风味特征。

（一）牛奶

牛奶也称牛乳，营养价值很高，含有丰富的蛋白质、脂肪及多种维生素和矿物质，经消毒处理的新鲜牛奶有全脂、半脱脂和脱脂三种类型。

新鲜牛奶应为乳白色或略带浅黄，无凝块，无杂质，有乳香味，清新自然，品尝时略带甜味，无酸味。

牛奶保存时一般采取冷藏法。如短期储存可放在-1～-2℃的冰柜中冷藏；长期保管需要放在-10～-18℃的冷库中。

（二）炼乳

炼乳是"浓缩奶"的一种。炼乳是将鲜乳经真空浓缩或其他方法除去大部分的水分，浓缩至原体积25%～40%的乳制品。炼乳加工时由于所用的原料和添加的辅料不同，可以分为加糖炼乳（甜炼乳）、淡炼乳、脱脂炼乳、半脱脂炼乳、花色炼乳、强化炼乳和调制炼乳等。

（三）淡奶

淡奶也称奶水、蒸发奶、蒸发奶水等，是将牛奶蒸馏除去一些水分后的产品，有时也用奶粉和水以一定比例混合后代替。

（四）奶粉

奶粉是将牛奶除去水分后制成的粉末，它适宜保存。其主要品种如下。

1. 全脂奶粉

它基本保持了牛奶的营养成分，适用于全体消费者。

2. 脱脂乳粉

牛奶脱脂后加工而成，口味较淡，适于中老年、肥胖和不适宜摄入脂肪的消费者。

3. 速溶奶粉

与全脂奶粉相似，具有分散性、溶解性好的特点，一般为加糖速溶大颗粒奶粉或喷涂卵磷脂奶粉。

4. 加糖奶粉

由牛奶添加一定量蔗糖加工而成，适于全体消费者，多具有速溶特点。

（五）酸奶

它是以新鲜的牛奶为原料，经过马氏杀菌后再向牛奶中添加有益菌（发酵剂），经发酵后，再冷却灌装的一种牛奶制品。目前市场上酸奶制品多以凝固型、搅拌型和添加各种果汁果酱等辅料的果味型为多。酸奶不但保留了牛奶的所有优点，而且某些方面经加工过程还扬长避短，成为更加适合于人类的营养保健品。在蛋糕制作过程中主要用于特殊风味西点的配比。

（六）奶酪

奶酪是用动物奶（主要是牛奶和羊奶）为原料制作的奶制品。

奶酪的种类很多，目前世界上的奶酪有上千种，其中法国产的种类较多。此外，意大利、荷兰生产的奶酪也很著名。优质的奶酪切面均匀致密，呈白色或淡黄色，表皮均匀、细腻，无损伤，无裂缝和脆硬现象。切片整齐不碎，具有本品特有的醇香味。奶酪应在2～6℃，相对湿度在88%～90%的冰箱中冷藏，存放时最好用纸包好。

奶酪的种类非常多，在这里我们主要介绍在烘焙中比较常用的几种奶酪。

1. 奶油奶酪

奶油奶酪是最常用到的奶酪，它是鲜奶经过细菌分解所产生的奶酪及凝乳处理所制成的。奶油乳酪在开封后极容易吸收其他味道而腐坏，所以要尽早食用。奶油乳酪是乳酪蛋糕中不可缺少的重要材料。

2．马士卡彭奶酪

马士卡彭奶酪产生于意大利的新鲜乳酪，是一种将新鲜牛奶发酵凝结、继而去除部分水分后所形成的"新鲜乳酪"，其固形物中乳酪脂肪成分80%。软硬程度介于鲜奶油与奶油乳酪之间，带有轻微的甜味及浓郁的口感。马士卡彭奶酪是制作提拉米苏的主要材料。

3．莫苏里拉奶酪

莫苏里拉是意大利坎帕尼亚那不勒斯地方产的一种淡味奶酪，其成品色泽淡黄，含乳脂50%，经过高温烘焙后奶酪会熔化拉丝，所以是制作比萨的重要材料。

4．帕玛森奶酪

这是一种意大利硬奶酪，经多年陈熟干燥而成，色淡黄，具有强烈的水果味道，一般超市中有盒装或铁罐装的粉末状帕玛森奶酪出售。帕玛森奶酪用途非常广泛，不仅可以擦成碎屑，作为意式面食、汤及其他菜肴的调味品，还能制成精美的甜食。

六、食盐

在西点制作过程中，通常选用精盐，用量不宜大于3%（调整味道），主要用于降低蛋糕甜度，使之适口。因为不加盐的蛋糕甜味重，食后生腻，而盐不但能降低甜度，还能带出其他独特的风味。面包中食盐的添加量一般占面粉总量的1%～1.5%，主食面包的用盐量可稍多些，但不宜超过3%。

盐还能调节酵母的生理机能。适量的食盐，有利于酵母生长，过量的盐会抑制酵母生长，如果酵母直接和食盐接触，会很快地被食盐杀死。因此，在调制面团时，宜将盐和面粉拌和，再与酵母和其他物质拌和，或者将食盐用水充分稀释再与酵母液混合制成面团。

但是必须注意食盐的使用量。完全没有加盐的面团发酵较快速且发酵情形极不稳定，尤其在天气炎热时，更难控制正常的发酵时间，容易发生发酵过度的情形，面团因而变酸。因此盐可以说是一种"稳定发酵"作用的材料。此外，食盐能够起到增加内部洁白，加强面筋结构的作用。

在西点制作过程中，选择食盐时一定要看纯度，其次是溶解速度。通常要选择精制盐和溶解速度最快的。

食盐的主要成分是氯化钠，种类较多，根据不同的分类方法，区别如下。

（一）根据其来源的不同分类

1．海盐

海盐是由海水晒取而成，主要产于我国辽宁、河北、山东、江苏、浙江、广西、广东、台湾等省。在法国布列塔尼南岸，有上千年历史的盖朗德盐田区，以其当地独有的气候水域和自然条件结晶而成的天然海盐，不仅使菜肴的味道鲜美清澈，让食材原味充分显露，比一般海盐有更多的微量元素，而且结晶形状为中空的倒金字塔形，且带有奇异的紫罗兰香味，这款盐之花在法国当代的顶级餐饮中有一股神秘超然的气息。

2．井盐

井盐是由地下卤水熬制结晶而成，我国主要产于云南、四川等省。

3．池盐

池盐又称湖盐，咸水湖中提取的，我国主要产于陕西、山西、甘肃、宁夏、青海、新疆等地。

4．其他

（1）岩盐　直接开采地下的盐层。

（2）崖盐　裸露在地上的矿盐。

（二）根据其加工工艺的不同分类

1．原盐（粗盐）

原盐是利用自然条件晒制，结构紧密，色泽灰白，纯度约为94%的颗粒，此盐不常用于西点。

2．精盐

精盐是以原盐为原料，采用化盐卤水净化，真空蒸发、脱水、干燥等工艺，色洁白，呈粉末状，氯化钠含量在99.6%以上，适合于烹饪调味。

3．低钠盐

普通食盐中，钠含量高，钾含量低，易引起膳食钠、钾的不平衡，而导致高血压的发生。低钠盐的钠、钾比例合理，能降低血中胆固醇，适于高血压和心血管疾病患者食用。

4．加碘盐

为防治碘缺乏症，在普通食盐中，添加一定剂量的碘化钾和碘酸钾。这是一种最科学、最直接最有效、最简单、最经济的防治碘缺乏症的补碘方法。主要用于缺碘地区居民补碘而研制的，可防治地方性甲状腺肿、克汀病。

5．加锌盐

锌素有"生命之花"的美称，缺锌会引起食欲不振、发育迟缓、智力迟钝、脱发秃顶、免疫功能降低等疾患。加锌盐是用葡萄糖酸锌与精盐均匀掺兑而成的，可治疗儿童因缺锌引起的发育迟缓、身材矮小、智力减低及老年人食欲不振、衰老加快等症状。

6．补血盐

补血盐是用铁强化剂与精盐配制而成，可防治缺铁性贫血，适用于妇女、儿童。

7．防龋盐

防龋盐是在食盐中加入微量元素，对防治龋齿有很好的作用，适用于小儿、青少年。

8．维B_2盐

维B_2盐是在精制盐中，加入一定量的维生素B_2（核黄素），色泽橘黄，味道与普通盐相同。经常食用可防治维生素B_2缺乏症。

9．加铁盐

铁是人体必需的微量元素，是构成血红蛋白、肌红蛋白和细胞色素的主要物质，是人体内氧的载体，可提高机体的免疫功能。加铁盐是在精制盐中加入一定量的铁盐，以达到补铁的目的。

10．加硒盐

合理补充硒元素，能抵抗砷、汞、铅等元素对人体的毒害，可促进免疫机能，保护心脏，预防因缺乏硒而导致的克山病、肿瘤等。

11．加钙盐

钙是构成人体骨骼及牙齿的主要成分，长期食用加钙盐能有效补充人体钙质不足，对预防缺钙及过敏性疾病有重要作用。

12. 营养盐

营养盐为近年新开发的盐类品种，它是在精制盐中混合一定量的薹菜汁，经蒸发、脱水、干燥而成，具有防溃疡和防治甲状腺肿大的功能，并含有多种氨基酸和维生素。

13. 平衡健身盐

平衡健身盐是以低钠盐为基础，加入钾、镁、钙和铁、碘等营养素制成，长期食用可维持人体体液的锌、钙、钠、镁离子平衡，具有显著的保健作用，对高血压、心脑血管疾病具有一定的预防及辅助治疗作用。

14. 风味盐

在精制盐中加入芝麻、辣椒、五香面、虾米粉、花椒面等，可制成风味别具的五香辣味盐、麻辣盐、芝麻盐、虾味盐等，以增加食欲。

七、水

水是人体所必需的，在自然界中广泛存在，水的硬度、pH和温度对西点面团的形成和特点起着重要甚至关键性的作用。

（一）水的种类与硬度

水的硬度是指溶解在水中的盐类物质的含量，即钙盐与镁盐含量的多少。1L水中含有钙镁离子的总和相当于10mg时，称之为1"度"。通常根据硬度的大小，把水分成硬水与软水：8度以下为软水，8～16度为中水，16度以上为硬水，30度以上为极硬水。

（1）软水　含矿物质较少，如蒸馏水，雨水等。

（2）硬水　含矿物质较多，如泉水，井水等。

（3）自来水　自来水的矿物质含量介于软水与硬水之间，目前多使用自来水。

生产面包的水通常为中水。水质硬度高，虽然有利于面团面筋的形成，但是会影响面包面团的发酵速度，而且使面包成品口感粗糙；水质过软虽然有利于面粉中的蛋白质和淀粉的吸水胀润，可促进淀粉的糊化，但是又极不利于面筋的形成，尤其是极软水能使面筋质趋于柔软发黏，从而降低面筋的筋性，最终影响面包的成品质量。

（二）水的pH

水的pH是表示水中氢离子的负对数值，所以pH有时也称为氢离子指数。由水中氢离子的浓度可知道水溶性是呈碱性、酸性还是中性。由于氢离子浓度的数值往往很小，在应用上不方便，所以就用pH这一概念来作为水溶液酸、碱性的判断指标，而且离子浓度的负对数值恰能表示出酸性、碱性的变化幅度数量级大小，这样应用起来就十分方便，并由此得到：

（1）中性水溶液 pH =7 。

（2）酸性水溶液 pH<7，pH越小，表示酸性越强。

（3）碱性水溶液 pH>7，pH越大，表示碱性越强。

在面包面团发酵过程中，淀粉酶分解淀粉为葡萄糖和酵母菌繁殖适合于偏酸的环境（pH为5.5左右），如果水的酸性过大或碱性过大，都会影响淀粉酶的分解和酵母菌的繁殖，不利于发酵，遇此情况，需加入适量的碱或酸性物质以中和酸性过高或碱性过大的水。

（三）水的温度

水的温度对于面包面团的发酵大有影响。酵母菌在面团中的最佳繁殖温度为28℃，水温过高或过低都会影响酵母菌的活性。

例如：把老面肥掰成若干小块加水与面粉掺和，夏季用冷水，春、秋季用40℃左右温水，冬季用60~70℃热水调面团，盖上湿布，放置暖和处待其发酵。如果老面肥较少，可先用温水加面肥调成厚糊状，待糊起泡后再和多量面粉调成面团待发酵。面团起发的最佳温度是27~30℃，只要能保持这个条件，面团在2~3小时内便可发酵成功。

（四）水的作用

①面粉内的蛋白质吸收水分，形成面筋，构成面包骨架结构。

②水使面包制作材料混合形成均匀面团。

③使用水、热水控制面包面团理想温度，使酵母适当繁殖、发酵。

④水能控制面团适当硬度，使操作容易。

⑤面粉内的淀粉吸水过热糊化，使人体易于消化吸收。

⑥增加烘焙产品的柔软性。

第二节　辅助原料

一、淀粉

淀粉主要是指以谷类、薯类、豆类及各种植物为原料，不经过任何化学方法处理，也不改变淀粉内在的物理和化学特性而生产的原淀粉。下面主要介绍西点中常常使用的淀粉原料。

（1）玉米淀粉　又称粟米淀粉、粟粉、生粉，是从玉米粒中提炼出的淀粉。而在糕点制作过程中，在调制糕点面糊时，有时需要在面粉中掺入一定量的玉米淀粉。玉米淀粉溶水加热至65℃时即开始膨化产生胶凝特性，在做派馅时也会用到，如克林姆酱或奶油布丁馅。另外，玉米淀粉按比例与中筋粉相混合是蛋糕面粉的最佳替代品，用以降低面粉筋度，增加蛋糕松软口感。

（2）马铃薯淀粉　又称太白粉，加水遇热会凝结成透明的黏稠状，也经常用于西式面包或蛋糕中，可增加产品的湿润感。

（3）小麦淀粉　小麦淀粉主要从小麦粉中提取出来的，可以代替玉米淀粉使用。

二、玉米粉

黄色的玉米粉是玉米直接研磨而成，有非常细的粉末的称为玉米面粉（Corn Flour），颜色淡黄。粉末状的黄色玉米粉在饼干类（Biscuits）的使用上比例要高些，它是淡黄色非常细致的粉末。

另一种较粗粒，像细砂似的玉米粉称为 Corn Meal，细颗粒状的玉米粉大多用来作杂粮口味的面包或糕点，它也常用来撒在烤盘上，作为面团防沾之用，如烤比萨时用玉米粉作为防沾之用。

三、巧克力

（1）硬质巧克力　通常经加热软化成浓稠状淋饰在烘焙制品表面，作为脆皮巧克力，或用于刮巧克力花、削克力卷，画圆线等蛋糕表面装饰，也可以和乳或油混合打发作为装饰或夹心。

（2）软质巧克力　能直接用于烘焙制品之表面披覆涂抹，可制作巧克力或搅拌打发作为蛋糕装饰。

（3）巧克力米　分颗粒大小形状不同的纯色巧克力米，以及七彩颜色的巧克力米，一般用于烘焙产品的表面装饰。

四、咖啡粉

咖啡味醇香浓，酸甘适中，品种繁多，风味特殊。经水洗的咖啡豆，是颇负盛名的优质咖啡，常单品饮用，也可以用几种咖啡组配成综合咖啡。在西点制作中常常用于调色和调味。

五、绿茶粉

绿茶粉是采用幼嫩茶叶经脱水干燥后，在低温状态下将茶叶瞬间粉碎成200目以上的纯天然茶叶超微细粉，常用在蛋糕、面包、饼干或冰淇淋中以增加产品的风味。

六、吉士粉

吉士粉又称卡士达粉，是一种混合型的佐助料，呈淡黄色粉末状，具有浓郁的奶香味和果香味，由疏松剂、稳定剂、食用香精、食用色素、奶粉、淀粉和填充剂组合而成。吉士粉原在西点中主要用于制作糕点和布丁。

七、果品

果品是西点制作的重要辅料，果品的使用方法是在制品加工中将其加入面团、馅心或用于装饰表面。

西点常用的果品有籽仁、果仁、干果、果脯、蜜饯、果酱、干果泥、新鲜水果、罐头水果等。

（一）籽仁与果仁

（1）花生仁　花生仁是指去掉花生壳的那部分，也叫花生米。花生仁的食品营养价值很高，不但含有丰富的脂肪、蛋白质、碳水化合物，而且还含有多种维生素和无机盐。其用途甚广，常常烤制或炒制后去红衣，用于点心制作。

（2）芝麻仁　芝麻按颜色分为白芝麻、黑芝麻、其他纯色芝麻和杂色芝麻等。白芝麻的种皮为白色、乳白色的芝麻在95%以上；黑芝麻的种皮为黑色的芝麻在95%以上；其他纯色芝麻的种皮为黄色、黄褐色、红褐色、灰色的芝麻在95%以上；不属于以上三类的芝麻均为杂色芝麻。

芝麻用于点心时，需要经过炒熟或去皮。用于点心外表的芝麻不需要炒熟，用于做馅心的芝麻需要炒熟。

（3）核桃仁　核桃又称胡桃，去除外壳后即为核桃仁。在西点制作中需要核桃仁外衣，并炒熟使用。

（4）甜杏仁　杏仁是杏子核的内果仁，肉色洁白，有甜杏仁和苦杏仁之分。苦杏仁含有氢氰酸较高而不宜直接食用，但是其香味较为浓烈。

西点使用的杏仁主要是美国和澳大利亚的杏仁，杏仁加工的制品有杏仁瓣、杏仁片、杏仁条、杏仁粒、杏仁粉等。

（5）松子仁　松子仁是松子的籽仁，有明显的松脂芳香味，制成的焙烤点心具有独特的风味。优质的松子仁要求粒型饱满，色泽洁白不泛黄，入口微脆带肥，不软，无哈喇味。使用前要求除去外皮。

（6）榛子仁　榛子为高大乔木的种子，焙炒后去除榛子外衣得榛子仁，颜色可从灰白至棕色，根据焙炒程度而异，其肉质较硬，有较好的香味。

（7）橄榄仁　橄榄取其果核，破核得仁即为橄榄仁，仁状如梭，外有薄衣，焙炒后皮衣很容易脱落。仁色白而略带牙黄色，仁肉细嫩，富有油香味。

（8）椰蓉和椰丝　椰丝是椰子的果肉即黄色硬壳内除椰汁外白色的果肉部分加工成的。含有丰富的维生素、矿物质和微量元素，以及椰子果实里绝大多数的蛋白质，是很好的氨基酸来源。

椰蓉是椰丝和椰粉的混合物，用来做糕点、面包等的馅料和撒在蛋糕、面包等的表面，以增加口味和装饰表面。原料是把椰子肉切成丝或磨成粉后，经过特殊的烘干处理后混合制成，色泽洁白，口感松软。

（二）干果与水果

（1）干果　干果有时候也称果干，是水果脱水干燥之后制成的产品。水果在干燥的过程中，水分大量减少，蔗糖转化为还原糖，可溶性固形物与碳水化合物含量有较大的提高。西点中常用的干果有葡萄干、山楂等，多用于馅料加工，有时也做装饰用。有些西点品种如水果蛋糕、水果面包等，果干直接加入到面团或面糊中使用。

①葡萄干：葡萄干是由无核葡萄经过自然干燥或通风干燥而成的干果食品。优质葡萄干质地柔软，肉厚干燥，味甜含糖分多。

②山楂：果实酸甜可口，能生津止渴，具有很高的营养和药用价值。山楂除鲜食外，可制成干山楂片、山楂糕等。在西点中主要以干山楂片、山楂糕等为原料制馅。

（2）水果　新鲜水果与罐头水果在西点中使用较多，主要做高档西点的装饰料和馅料，如水果塔、苹果派等。常见水果品种如下。

①樱桃：樱桃属于蔷薇科落叶乔木果树，成熟时颜色鲜红，玲珑剔透，味美形娇，营养丰富。在西点制作中，主要使用的是樱桃罐头制品，便于保管储存。例如：红、绿樱桃等。

②杨桃：杨桃为酢浆草科植物杨桃的果实。外形色泽：杨桃外观五菱形，未熟时绿色或淡绿色，熟时黄绿色至鲜黄色，单果重80克左右。皮薄如膜、纤维少、果脆汁多、甜酸可口、芳香清甜。装饰时用刀切成薄薄的五角星片即可。

③草莓：草莓又称红莓、洋莓、地莓等，是一种红色的水果。草莓是对蔷薇科草莓属植物的通称，属多年生草本植物。草莓的外观呈心形，鲜美红嫩，果肉多汁，含有特殊的浓郁水果芳香。在西点中主要以新鲜草莓做装饰。

④黄桃：黄桃，俗称黄肉桃，属于桃类的一种。果皮、果肉均呈金黄色至橙黄色，肉质较紧致密而韧，营养丰富，主要加工成罐头使用。

⑤菠萝：菠萝原名凤梨，含有大量的果糖、葡萄糖、维生素A、B族维生素、维生素C、磷、柠檬酸和蛋白酶等物。味甘性温，具有解暑止渴、消食止泻之功，为夏令医食兼优的时令佳果。菠萝果形美观，汁多味甜，有特殊香味，深受人们的喜爱。装饰点心的时候，可以使用新鲜菠萝或是其罐头制品。

⑥猕猴桃：猕猴桃，又称奇异果，是猕猴桃科植物猕猴桃的果实。一般是椭圆形的。深褐色并带毛的表皮一般不食用，而其内则是呈亮绿色的果肉和一排黑色的种子。猕猴桃的质地柔软，味道有时被描述为草莓、香蕉、菠萝三者的混合，营养丰富。用于装饰时，颜色艳丽，能与其他水果和谐搭配，起到意想不到的装饰效果。

⑦蜜柑：蜜柑属宽皮柑橘类，又称无核橘。果实硕大，色泽鲜艳，皮松易剥，肉质脆嫩，汁多化渣；味道芳香甘美，食后有香甜浓蜜之感，风味独特，饮誉中外。装饰点心时，可以使用新鲜蜜柑或是其罐头制品。

⑧蓝莓：一种小浆果，果实呈蓝色，色泽美丽、悦目，并被一层白色果粉包裹，果肉细腻，种子极小。蓝莓果实平均重0.5～2.5克，最大重5克，可食率为100%，甜酸适口，且具有香爽宜人的香气，为鲜食佳品。

蓝莓果实中除了常规的糖、酸和维生素C外，富含维生素E、维生素A、B族维生素、SOD、熊果素、蛋白质、花青素、食用纤维以及丰富的K、Fe、Zn、Ca等矿物质元素。蓝莓主要用在果冻、果酱和派上，也会加入蛋糕中烘焙。

（三）蜜饯与果脯

蜜饯是以干鲜果品、瓜蔬等为主要原料，经过糖渍、蜜制或者盐渍加工而成的食品；果脯是用新鲜水果去皮去核后，切成片形或块状，经糖泡制、烘干而成的半干状态的果品。在西点中多直接加入面团或面糊中使用或用于装饰。

蜜饯与果脯几乎没有区别。蜜饯是用蜜、浓糖浆等浸渍后制成的果品。一般情况下，习惯把带汁的果品称为蜜饯，不带汁的果品称为果脯。

（1）糖渍蜜饯类　原料经糖渍蜜制后，成品浸渍在一定浓度的糖液中，略有透明感，如：蜜金橘、糖桂花、化皮榄等。

（2）返砂蜜饯类　原料经糖渍糖煮后，成品表面干燥，附有白色糖霜，如：糖冬瓜条、金丝蜜枣、金橘饼等。

（3）果脯类　原料以糖渍糖制后，经过干燥，成品表面不黏不燥，有透明感，无糖霜析出，如：杏脯、菠萝（片、块、芯）、姜糖片、木瓜（条、粒）等。

（4）凉果类　原料在糖渍或糖煮过程中，添加甜味剂、香料等，成品表面呈干态，具有浓郁香味，如：丁香话梅、八珍梅、梅味金橘等。

（5）甘草制品　原料采用果坯，配以糖、甘草和其他食品添加剂浸渍处理后，进行干燥，成品有甜、酸、咸等风味，如话梅、甘草榄、九制陈皮、话李。

（6）果糕　原料加工成酱状，经浓缩干燥，成品呈片、条、块等形状，如：山楂糕、开胃金橘、果丹皮等。

（四）花料与果酱（果泥）

（1）花料　花料是鲜花制成的糖渍类果料。主要有糖桂花、甜玫瑰等。常常用于制作馅心和装饰。

①糖桂花：糖桂花是用鲜桂花和白砂糖精加工而成，广泛用于汤圆、稀饭（粥）、月饼、麻饼、糕点、蜜饯、甜羹等糕饼和点心的辅助原料，色美味香。在西点中主要用于制作馅心。

②甜玫瑰：甜玫瑰是将鲜玫瑰花进行挑选，除去花蕊后，用糖揉搓，腌渍而成。主要用于制作馅心。

（2）果酱（果泥）　果酱包括苹果酱、桃酱、杏酱、草莓酱、什锦果酱等。干果泥主要有枣泥、莲蓉、豆沙等，果酱和果泥大都用来制作面包或蛋糕等点心的馅料。

①苹果酱：苹果酱是以新鲜苹果为原料，经去籽、破碎或打浆、加糖浓缩等工艺制作而成。

②草莓酱：草莓酱是以新鲜草莓为原料，经去茎蒂、破碎或打浆、加糖浓缩等工艺制作而成。

③豆沙：一般而言是指红豆沙，做法是将红豆煮熟，磨成细沙，加入砂糖和油，用中小火熬制而成。主要用于西点个别品种的馅心。

第三节　食品添加剂

食品添加剂是指用于改善食品品质、延长食品保存期、便于食品加工和增加食品营养成分的一类化学合成或天然粉质。在使用食品添加剂时，必须严格遵守GB2760−2014《食品添加剂使用标准》中的规定。西点制作中常用的食品添加剂主要有下列几种。

一、膨松剂

（一）酵母

酵母是西点常用膨大剂之一。在发酵过程中，酵母使面团膨大，糖分的加入可以增加酵母的活动力。酵母在低温时呈休眠状态，温度越高活动力越强，但温度若高于40℃，酵母细胞受到破坏而死亡。

酵母的种类不同，使用方法和用量也有所不同。常用于烘焙的酵母种类有4种。

（1）液体酵母　由发酵罐中抽取的未经过浓缩的酵母液。这种酵母使用方便，但保存期较短，也不便于运输。

（2）鲜酵母　鲜酵母也称压榨酵母或浓缩酵母，是将酵母液除去一部分水后压榨而成，其固形物含量达到30%。由于含水量较高，此类酵母应保存在2～7℃的低温环境中，并应尽量避免暴露于空气中，以免流失水分而干裂。一旦由冰箱中取出置于室温一段时间后，未用完部分不宜再用。新鲜酵母因含有足够的水分，发酵速度较快，将其与面粉一起搅拌，即可在短时间内产生发酵作用。由于操作非常迅速方便，很多面包生产业者多采用它。

（3）干性酵母　干性酵母又称活性酵母，是将新鲜酵母压榨成短细条状或细小颗粒状，并用低温干燥法脱去大部分水分，使其固形物含量达92%～94%。酵母菌在此干燥的环境中处于休眠状态，不易变质，保存期长，运输方便。此类酵母的使用量约为新鲜酵母的一半，而且使用时必须先以4～5倍酵母量的30～40℃的温水，浸泡15～30分钟，使其活化，恢复新鲜状态的发酵活力。干性酵母的发酵耐力比新鲜酵母强，但是发酵速度较慢，而且使用前必须经过温水活化以恢复其活力，使用起来不甚方便，故目前市场上使用并不普遍。

（4）速效干酵母　速效干酵母又称即发干酵母。由于干性酵母的颗粒较大，使用前必须先活化，使用不便，所以进一步将其改良成细小的颗粒。此类酵母在使用前无须活化，可以直接加入面粉中搅拌。因速效酵母颗粒细小，类似粉状，在酵母低温干燥时处理迅速，故酵母活力损失较小，且溶解快速，能迅速恢复其发酵活力。速效干酵母发酵速度快，活性高，使用量比干性酵母可以略低。此类酵母对氧气很敏感，一旦空气中含氧量大于0.5%，便会丧失其发酵能力。因此，此类酵母均以锡箔积层材料真空包装。如发现未开封的包装袋已不再呈真空状态，此酵母最好不要使用。若开封后未能一次用完，则须将剩余部分密封后再放于冰箱中储存，并最好在3～5天内用完。

（二）泡打粉

泡打粉的成分是"小苏打+酸性盐+中性填充物（淀粉）"，其中酸性盐分有强酸和弱酸两种：强酸——快速发粉（遇水就发）；弱酸——慢速发粉（要遇热才发）；而混合发粉——双效泡打粉，最适合蛋糕用。

（三）苏打粉

苏打，化学名为碳酸氢钠，呈细白粉末状，遇水和热或与其他酸性中和，可放出二氧化碳，一般用于酸性较重的蛋糕及小西饼中，尤其在巧克力点心中使用，可酸碱中和，使产品颜色较深。

（四）臭粉

臭粉的化学名为碳酸氢铵，遇热产生二氧化碳气体，使之膨胀。

（五）塔塔粉

塔塔粉的化学名为酒石酸钾，在打发蛋白时添加，可增强蛋白的韧性，使打好的蛋白更加稳定。它是制作戚风蛋糕必不可少的原材料之一。

戚风蛋糕是利用蛋清来起发的，蛋清是偏碱性，pH达到7.6，而蛋清在偏酸的环境下也就是pH在4.6～4.8时才能形成膨松安定的泡沫，起发后才能添加大量的其他配料下去。戚风蛋糕正是将蛋清和蛋黄分开搅拌，蛋清搅拌起发后需要拌入蛋黄部分的面糊下去，如果没有添加塔塔粉的蛋清虽然能打发，但是要加入蛋黄面糊下去则会下陷，不能成形。所以可以利用塔塔粉的这一特性来达到最佳效果。制作过程中它的添加量是全蛋的0.6%～1.5%，与蛋清部分的砂糖一起拌匀加入。

二、面团改良剂

面团改良剂是由酶制剂、乳化剂和强筋剂复合而成的一种生产面包的辅料。简单地说，面包改良剂是用于面包制作可促进面包柔软和增加面包烘烤弹性，并有效延缓面包老化、延长货架期的一种烘焙原料。改良剂的组成和特点如下。

（1）钙盐　钙盐主要成分为碳酸钙、硫酸钙和磷酸氢钙，用于改善水质和pH，有增强面筋筋性，帮助发酵，增强面包体积的特点。

（2）铵盐　主要有如氯化铵、硫酸铵、磷酸铵等，调整pH，帮助酵母进行发酵。

（3）还原剂和氧化剂　还原剂如L-盐酸胱氨酸，适量使用可以使调粉时间缩短，还能改善面团的加工性能、西点色泽及组织结构和抑制西点产品的老化。

氧化剂如L-抗坏血酸溴酸钾，使面团保气性、筋力增强，延伸性降低，也能抑制面粉蛋白酶的分解作用，因此能减少面筋的分解和破坏。

（4）酶制剂　酶制剂主要有淀粉酶和蛋白酶。淀粉酶主要分解淀粉为麦芽糖和葡萄糖，提供给酵母发酵，产生二氧化碳。使面包体积膨大。蛋白酶在面包面团中主要降低面筋强度，减少面团的硬脆性，增加面团的延展性，使在滚圆、整形时容易操作，能够改善面包的颗粒及组织结构。

三、乳化剂

能改变两种不互溶液体（如油及水）的性质，使其不相互分离而互溶在一起的物质，称为乳化剂，又称界面活性剂。

乳化剂使面团强化，使面包组织柔软，老化较慢；可以降低蛋糕面糊的比重，增加蛋糕之体积；可以提高小西饼之扩大率，减少油脂之用量，保持品质，节省成本。

乳化剂的主要品种有：单甘油酯、大豆磷脂、脂肪酸蔗糖酯、丙二醇脂肪酸酯、硬脂酰乳酸钙、山梨醇酐脂肪酸酯等等。

例如：蛋糕油又称蛋糕乳化剂或蛋糕起泡剂，主要成分为单酸甘油酯和棕榈油。目前主要产品有SP蛋糕油等。它在海绵蛋糕的制作中起着缩短制作时间，形成成品外观和使组织更加漂亮和均匀细腻，入口更润滑的作用。蛋糕油的添加量一般是鸡蛋的3%~5%。因为它的添加是紧跟鸡蛋走的，每当蛋糕的配方中鸡蛋增加或减少时，蛋糕油也须按比例加大或减少。

四、香精和香料

（一）食用香精

食用香精是指由各种食用香料和许可使用的附加物（包括载体、溶剂、添加剂）调和而成，可使食品增香的一大类食品添加剂。随着食品工业的发展，食用香精的应用范围已扩展到饮料、糖果、乳肉制品、焙烤食品、膨化食品等各类食品的生产中。

食用香精按剂型可分为液体香精和固体香精。液体香精又分为水溶性香精、油溶性香精和乳化香精；固体香精分为吸附型香精和包埋型香精。在西点中多选择橘子、柠檬等果香型香精，以及奶油、巧克力等香精等。天然香料对人体无害，合成香料则不能超过0.15%~0.25%。

（二）香料

香料主要是将香料植物的根、茎、叶、花、果实、种子等进行干燥制作而成的，通常有粉末状、颗粒状和自然成形的形状等。

（1）香叶（Bay-leaf）　香叶又称桂叶，是桂树的叶子。香叶可分为两种，一种是月桂树（又称天竺桂）的叶子，形椭圆，较薄，干燥后色淡绿。另一种是细叶桂，其叶较长且厚，背面叶脉突出，干燥后颜色淡黄。

香叶是西餐中特有的调味品，其香味十分清爽又略含微苦，干制品、鲜叶都可使用，用途广泛。

（2）番红花（Saffron）　用作香料的番红花是干燥的红花蕊雌蕊，其原产地为欧洲南部和小亚细亚地区，我国早年经西藏走私入境，故又称藏红花。在欧洲，番红花的主要产地是西班牙，意大利南部也栽培有少量的番红花。在西点中主要用于少司的调色调味。

（3）肉桂（Cinnamon）　桂皮是肉桂树的树皮，是经由卷成条状干燥后所制成的。

肉桂的外形有粉状、片状两种，片状的肉桂可直接用来炖煮汤及菜肴，可去除肉类的腥味，或是当作咖啡的搅拌棒；而肉桂粉多使用在甜点上，是做苹果派时不可缺少的香料。

上好的桂皮皮细肉厚，颜色乌黑或呈茶褐色，断面呈紫红色，油性大，味道香醇。

（4）小茴香（Anise）　小茴香为伞形科多年生草本植物小茴香的干燥成熟果实。产于地中海，质地温和，有着温暖怡人的独特浓郁气味，但尝起来味道有点苦，且略微辛辣，有助于提神、开胃。小茴香在西点中主要加工成粉末状使用，增加烘焙点心的香味。

（5）马佐林（Majoram）　马佐林，也称牛膝草，常用于制作混合香料，用于烹调意大利粉、干酪等。其味道能与番茄及蒜头十分相配；制作比萨饼（Pizza）更是必不可少。

（6）阿里根奴（Oregano）　阿里根奴俗称"牛至"，原产于地中海沿岸、北非及西亚。目前在英国、西班牙、摩洛哥、法国、意大利、希腊、土耳其、美国、阿尔巴尼亚、南斯拉夫、葡萄牙、墨西哥及中国均有生产。在不同的国家及地区则有不同的名称。如在英国，种植于野外的俄力冈称为野马郁兰。唯在地中海地区生长的野马郁兰则被称为阿里根奴。也是制作比萨饼（Pizza）必不可少的香料。

（7）罗勒（Basil）　罗勒也称甜紫苏，味甜而有一种独特的香味，和番茄的味道极其相似，是制作意大利面不可缺少的调味品。

（8）百里香（Thyme）　百里香也称麝香草，常用于比萨饼（Pizza）和馅心的调味。

（9）迷迭香（Rosemary）　迷迭香叶子带有颇强烈的香味，主要用于西点中馅心的调味。

五、色素

食用色素分为天然色素和人工合成色素两种。

（一）天然色素

天然色素主要从植物组织中提取，也包括来自动物体内微生物的一些色素，主要品种有叶绿素、番茄色素、胡萝卜素、叶黄素、红曲、焦糖、可可粉、咖啡粉、姜黄、虫胶色素、辣椒红素、甜菜红等。但是常用于西点中的天然色素为可可粉、焦糖和姜黄等。

（1）可可粉 可可粉是用可可豆加工而成的棕褐色粉状制品，具有浓烈的可可香气。可可粉按其含脂量分为高、中、低脂可可粉；可直接用于巧克力和饮料的生产。在西点制作中常常添加于奶油膏、白马糖中，用于蛋糕和饼干的表面装饰或和入面团中用于制作可可拉花、黑白酥、可可华夫饼干等。

（2）焦糖 焦糖也称糖色、酱色。工业生产是以饴糖、糖蜜或其他糖类为原料，在110～180℃高温下加热使之焦糖化制作而成的，为深褐色液体，常常用于杏仁酱、花生酱、蛋白膏等调色用。在刷面蛋液中加入少量焦糖，可使产品具有金黄色。

（3）姜黄 姜黄是多年生草本植物——姜科植物姜黄的干燥根茎。冬季茎叶枯萎时采挖，洗净，煮或蒸至透心，晒干，除去须根。磨成粉后，即为姜黄粉，由此可提炼出天然色素——姜黄素。

（二）人工合成色素

人工合成色素是指用人工化学合成方法所制造的有机色素，主要品种有苋菜红、胭脂红、柠檬黄、日落黄和靛蓝等。合成色素色彩鲜艳、着色力好，而且价格便宜，所以人工合成色素在食品中被广泛应用。但应严格遵守《食品添加剂使用标准》（GB 2760—2014）中的使用规定。

例如：柠檬黄、日落黄的最大用量为0.1g/kg；苋菜红、胭脂红的最大用量为0.05g/kg；靛蓝的最大用量为0.0259g/kg。另外，色素应配成溶液使用，不可直接用粉末，否则易造成混合不匀，形成色素斑点，同时用量也不易控制。

六、增稠剂

增稠剂又称胶凝剂，是改善或稳定食品的物理性质或组织状态的添加剂，它可以增加食品黏度，使食物黏滑可口。西点中使用的增稠剂主要有啫喱和羧甲基纤维素钠。

（一）啫喱

啫喱是英文Gelatine或Jelly的译音，又译成介力、吉力、吉利，分植物型和动物型两种，植物型是由天然海藻抽提胶复合而成的一种无色无味的食用胶粉；动物型的是由动物皮骨熬制成的有机化合物，呈无色或淡黄色的半透明颗粒、薄片或粉末状。多用于鲜果点心的保鲜、装饰及胶冻类的甜食制品。

（1）植物型啫喱 琼脂是由海藻类的石花菜所提炼制成，有条状及粉状，需在热水中加热溶解后使用，当温度降至40℃以下后会开始凝结成胶体；做出的成品口感较脆硬且不透明，放置室温下不会融化，常用在一些中式冻类甜点中。

（2）动物型啫喱 动物型啫喱也称明胶或鱼胶等，是从动物的骨头（多为牛骨或鱼骨）提炼出来的胶质，主要成分为蛋白质。

①鱼胶粉：也称吉利丁粉，是动物胶，由动物的骨骼中提炼出来的蛋白质胶质，常用于冷冻西点、慕斯蛋糕类的胶冻之用，需用4～5倍冷水浸泡吸水软化后再隔水融化使用。

②鱼胶片：也称吉利丁片，半透明黄褐色，有腥臭味，需要泡水去腥，经脱色去腥精制的吉利丁片颜色较透明，价格较高。吉利丁片须存放于干燥处，否则受潮会粘结。使用时先要浸泡在冰水中软化后，挤干水分再融化使用。

（二）羧甲基纤维素钠

羧甲基纤维素钠为白色纤维状或颗粒状粉末，无臭无味，有吸湿性，易分散于水中呈胶体状。在西点应用中不仅是良好的乳化稳定剂、增稠剂，而且具有优异的冻结、熔化稳定性，并能提高点心产品的风味，延长贮藏时间。在豆奶、冰淇淋、雪糕、果冻、饮料中的用量为1%～1.5%，在西点中，其添加量为面粉的0.1%～0.5%。

七、营养添加剂

营养添加剂又称营养强化剂，其主要作用是增强和补充食品的营养。西点是由面粉、糖、黄油、牛奶等主要原料制成，本来就含有各种营养成分。但是由于各种西点所使用的原料在品种上和数量上均有一定的差别，因此有可能存在某些营养成分的不平衡，如缺乏某些维生素、氨基酸和矿物质等。此外，在加工和烘烤过程中，某些营养成分还会受到一定的损失。为了增加产品的营养价值，就需要在西点产品制作中加入一些营养成分。

常用的营养添加剂有维生素、氨基酸和矿物质等。

（1）维生素　西点中常常添加的维生素主要有：维生素A、维生素B_2、维生素C等，维生素A使用量为0.01g/kg；维生素B_2的使用量为5～6mg/kg；维生素C的使用量为0.4～0.6g/kg。

（2）氨基酸　西点中常常添加的维生素主要有赖氨酸，在和面时加入，相对稳定，使用量为2g/kg。

（3）矿物质　西点中常常添加的矿物质主要有：碳酸钙、磷酸氢钙、葡萄糖酸钙和乳酸钙等。使用量除碳酸钙为1.2%外，其余均为1%。

第四节　其他非食用性原料

在西点制作中还有一些非食用性原料，例如：在西点包装袋中经常会放置一些干燥剂，以保持袋内干燥等。干燥剂的种类较多。最常见有以下几种。

一、无水硫酸铜干燥剂

将包装好的无水硫酸铜（白色），放在做好的翻糖蛋糕密封罩里，当透明色变为蓝色时表明干燥剂里已吸了潮气，此时就要重新换上新的干燥剂，受潮的干燥剂经烘烤水分蒸发后还可以再用两次。

二、生石灰干燥剂

生石灰干燥剂的主要成分为氧化钙，其吸水能力是通过化学反应来实现的，因此吸水具有不可逆性。不管外界环境湿度高低，生石灰可以达到迅速吸水，它能保持大于自重35%的吸湿能力，而且正常情况下对包装物没有影响，更适合于低温度保存，具有极好的干燥吸湿效果，而且价格较低，因此我们一般都选生石灰作为干燥剂的主要成分。生石灰干燥剂广泛应用于食品行业中。

三、木炭干燥剂

木炭干燥剂具有吸附活性静态减湿和异味去除等功效。不仅吸附速度快，吸附能力高，且无毒，无味，无接触腐蚀性，无环境污染，尤其对人体无损害。西点冰柜放干燥剂常选用木炭，用过的木炭放在太阳下晒晒，还可以循环使用。

? 思考题

1. 西点的基本原料有哪些？（主要介绍3种）
2. 西点的辅助原料有哪些？（主要介绍3种）
3. 西点的食品添加剂原料有哪些？（主要介绍5种）
4. 面粉原料如何分类？各有什么用途？
5. 油脂原料有哪几种？各有什么用途？
6. 乳制品原料有哪几种？各有什么用途？
7. 蛋制品原料有哪几种？各有什么用途？
8. 糖与糖浆原料有哪几种？各有什么用途？
9. 盐如何分类？各有什么用途？
10. 淀粉原料有哪几种？各有什么用途？
11. 果品原料有哪几种？各有什么用途？
12. 酵母原料有哪几种？各有什么用途？
13. 食用香精和香料有哪几种？各有什么用途？
14. 增稠剂有哪几种？各有什么用途？
15. 营养添加剂有哪几种？各有什么用途？
16. 西点制作中其他非食用性原料有哪些？主要起什么作用？

第四章 CHAPTER 4 西点制作基础

西点品种繁多，每一种西点都有自己相对固定的配方、不一样的成形技法、不同的成熟方法，以及各具个性的装饰手段，因此，我们应该全面掌握西点制作过程中的基础知识，为以后熟练制作西点具体品种作一个良好的铺垫。

第一节 烘焙计算

在西点制作过程中，使用的原料品种繁多，而且每一种原料的性质和作用都不尽相同，同时每种原料的用量也不一样，这就要求我们掌握烘焙的一些计算方法。

一、常用称量单位的换算

在历史发展的长河中，每个国家都会形成自己的一套称量单位。目前国际上把国际单位制作为通用的标准，但是因为烘焙起源于古老的欧洲，所以现在西点配方中用到的都是英制单位磅、英寸、华氏度等，就像中药药方里用的是中国古代单位两、钱、分一样。

下面是常见单位和它们的英文或者缩写，在原料包装盒上，西点配方表里，或者称量用具的标注中经常能看到。

1. 体积单位（表4-1）

表4-1

中文名	英文名	换算	备注
杯	cup（c）	1杯等于16汤勺，约相当于240毫升	
汤勺，大勺	tablespoon	1汤勺等于3茶勺，约相当于15（14.786764）毫升	
茶勺，小勺	teaspoon（tsp、t）	1茶勺约相当于5（4.92892161）毫升	

续表

中文名	英文名	换算	备注
撮	pinch	1撮约相当于1毫升	
毫升	milliliter（mL）	1毫升=1立方厘米	
立方厘米	centimeter（cc、cm³）		
升	liter（l）	1升等于1000毫升	
品脱	pint（pt）	1品脱约相当于473（473.176475）毫升	
夸脱	quart（qt）	1夸脱等于2品脱，约相当于946（946.35295）毫升	
加仑	gallon（gal）	1加仑等于4夸脱，约相当于3.8（3.785411）升	

2. 长度单位（表4-2）

表4-2

中文名	英文名	换算	备注
英寸	inch（in）	1英寸相当于2.54厘米	
英尺	foot（ft）	1英尺等于12英寸，约相当于30.48厘米	
码	yard（yd）	1码等于3英尺，约相当于0.9144米	

3. 重量单位（表4-3）

表4-3

中文名	英文名	换算	备注
磅	pound，libra（lb）	1磅等于16盎司，约相当于454（453.59237）克	
盎司，安士	ounce（oz）	1盎司约相当于28（28.3495231）克	

4. 个数单位（表4-4）

表4-4

中文名	英文名	换算	备注
打	dozen	1打是12个	
半打	1/2dozen	半打是6个	

5. 温度单位（表4-5）

表4-5

中文名	英文名	换算	备注
摄氏度	Centigrade（℃）	在标准大气压下，冰水混合物为0摄氏度，沸水为100摄氏度	中间等分成100个刻度
华氏度	Fahrenhite（℉）	在标准大气压下，冰水混合物为32华氏度，沸水为212华氏度	中间等分成180个刻度

6. 西点制作中常见换算关系（表4-6）

表4-6

容积及质量度量换算表（单位：克）

品名	量杯量匙	重量/克	品名	量杯量匙	重量/克
粉类					
高筋面粉	1大匙	7.5	高筋面粉	1杯	120
低筋面粉	1大匙	6.9	低筋面粉	1杯	100
奶粉	1大匙	6.25	奶粉	1杯	100
玉米粉	1大匙	8	澄粉	1杯	130
太白粉	1大匙	10	太白粉	1杯	160
地瓜粉	1杯	170	糕仔粉	1杯	120
可可粉	1大匙	6	椰子粉	1杯	70
塔塔粉	1茶匙	3.9			
胶质					
吉利丁粉	1大匙	10~12	吉利丁粉	1包	7~8
吉利丁片	1片	2.5~3			
膨大剂					
苏打粉 B.S	1茶匙	4.7	泡打粉 B.P	1茶匙	3.5
干酵母	1茶匙	3.3	干酵母	1大匙	10
调味料					
细盐	1茶匙	4.35	细盐	1大匙	13
味精	1茶匙	3.7	胡椒粉	1茶匙	2

续表

品名	量杯量匙	重量/克	品名	量杯量匙	重量/克
代糖	1包	1	糖粉（过筛）	1杯	140
细砂糖	1大匙	12.5	细砂糖	1杯	180～200
粗砂糖	1大匙	13.5	粗砂糖	1杯	200～220
绵白糖（过筛）	1杯	130			
糖浆					
糖浆	1大匙	21	糖浆	1杯	340
果糖	1大匙	20	麦芽糖	1大匙	20
蜂蜜	1大匙	20			
香料					
香草片	1片	0.3			
液体					
鸡蛋（大）	1个	60左右	鸡蛋（小）	1个	55左右
蛋黄（大）	1个	18左右	蛋黄（小）	1个	15左右
蛋白（大）	1个	38左右	蛋白（小）	1个	35左右
奶油	1大匙	14.2	奶油	1杯	227
奶油	1磅	454	花生油	1杯	220
玉米油	1杯	220	芝麻油	1大匙	13.13
芝麻油	1杯	210	清水	1茶匙	5
清水	1大匙	15	清水	1杯	236
坚果、豆类					
瓜子仁	1杯	110	小红豆	1杯	200
芝麻仁	1杯	130	绿豆仁	1杯	219
松子仁	1杯	150	橄榄仁	1杯	125

二、华氏温度与摄氏温度之间的换算

（1）华氏温度与摄氏温度之间的换算公式

华氏温度＝摄氏温度×9÷5＋32 即为F=C×9÷5+32

摄氏温度＝（华氏温度–32）÷9×5 即为C=5/9（F–32）

（2）常见温度换算表（表4-7）

表4-7

温度/℉	温度/℃	温度/℉	温度/℃
32	0	270	132
50	10	300	149
70	21	330	166
90	32	360	182
120	49	390	199
150	66	420	216
180	82	450	232
210	99	480	249
240	116	500	260

三、烘焙计算公式

西点烘焙产品所用的材料种类繁多，每一种材料的性质功能都不尽相同，同时每种材料的用量也不一样，这就要求我们都要掌握烘焙计算公式。

（1）烘焙百分比=（材料重量÷面粉重量）×100%

（2）材料重量=面粉重量×材料烘焙百分比

（3）实际百分比=（烘焙百分比÷配方总百分比）×100%

（4）烘焙百分比=（实际百分比÷面粉实际百分比）×100%

（5）实际百分比=（材料重量÷配方材料总量）×100%

（6）总烘焙百分比=（面团重量÷面粉重量）×100%

（7）产品总量=产品面包重×数量

（8）面团总量=产品总量÷[（100%-发酵损耗）×（100%-烘焙损耗）]

（9）面粉重量=（某种原料重量÷某原料烘焙百分比）×100%

（10）发酵损耗百分比=[（发酵前面团重量-发酵后面团重量）÷发酵前面团重量]×100%

（11）烘焙损耗百分比=[（发酵面团重-成品面团总重）÷发酵后面团总重]×100%

以上是材料和生产的计算，在实际生产中我们还会遇到温度控制方面的问题，下面再将加冰等方法的计算作一介绍。

（12）最适水温=要求面团温度×3（如二次法则为4）-（室温+糖温+摩擦升温）

（13）摩擦升温=搅拌后面团温度×3（如二次法则为4）-（室温+粉温+水温）

（14）加冰量=总加水量×（自来水-实用水温）÷（80+自来水温）

（15）最后加冰量=总水量-加冰量

四、烘焙的百分比与实际百分比

烘焙百分比是烘焙工业的专业百分比，它是根据面粉的重量来推算其他材料所占的比例。它与一般我们所用的实际百分比有所不同。在实际百分比中，总百分比为100%，而在烘焙百分比中，则配方中的面粉永远是100%，它的总百分比超过100%（表4-8）。

表4-8

原料	重量/克	烘焙百分比/%	实际百分比/%
面粉	300	100	56.72
食盐	6	2	1.2
酵母	9	3	1.7
清水	186	62	35.6
砂糖	12	4	2.3
油脂	9	3	1.7
总量	522	174	±100

五、和面水温的计算方法

（一）面团制作时水温的计算

1. 直接法（一次发酵法）

$T_w=3(T_d-T_m)-T_f-T_r$

T_w：使用水的温度；

T_d：希望的面团温度；

T_m：搅拌时面团的摩擦升温；随季节和制作面团的量、搅拌机型不同而不同；

T_f：面粉温度；

T_r：搅拌锅内的温度。

2. 中种法（主面团制作时水温的计算）

$T_w=6(T_d-T_m)-4T_d{'}-T_r$

T_w：使用水的温度；

T_d：希望的面团温度；

T_m：搅拌时面团的摩擦升温；随季节和制作面团的量、搅拌机型不同而不同；

T_d：中种面团的温度；

T_f：面粉的温度。

（二）需要冰的量的计算

在夏季，尤其在我国南方地区，室温能高达30℃以上，水的温度也远远高于面团所需的水温，因此需要加一些碎冰来控制面团的使用温度。

加冰量＝总加水量×（自来水温－使用水温）÷（80＋自来水温）

备注：80为水的溶解热，1克的冰变为1克的水需吸收80卡的热量。

六、配方平衡

成功制作西式点心的诀窍之一是原料的分量和比例要严格遵守配方，它不像做菜肴加调料，可以边尝边调节，也不像中式面点，可以依赖经验和感觉，所以，制作西点要注意各种原料之间的平衡。

但在西点实际制作过程中，各类西点的配方是根据条件和需要在一定范围内进行变动。这种变动并非随意的，须遵循一定的原则即配方平衡原则。各种原辅料应有适当的比例，以达到产品的质量要求。

配方平衡原则建立在原料功能作用的基础上，原料按其功能作用的不同可分为以下几组。

第一组：干性原料，主要包括面粉、奶粉、泡打粉、可可粉等。

第二组：湿性原料，主要包括鸡蛋、牛奶、水等。

第三组：强性原料，主要包括面粉、鸡蛋、牛奶等。

第四组：弱性原料，主要包括糖、油、泡打粉等。

因为干性原料需要一定量的湿性原料润湿，才能调制成面团和浆料。强性原料含有高分子的蛋白质，特别是面粉中的面筋蛋白质，它们具有形成及强化制品结构的作用。弱性原料是低分子成分，它们不能成为制品结构的骨架，相反，具有减弱或分散制品结构的作用，同时需要强性原料的携带。

配方平衡原则的基本点是：在一个合理的配方中应该满足干性原料和湿性原料之间的平衡；强性原料和弱性原料之间的平衡。

（一）干湿平衡

不同品种在调制浆料或面团时所需的液体量不同。总的来说，浆料的含水量大于面团的含水量，调制时需要更多的液体。按液体比例从多到少可将浆料和面团作如下分类：稀浆（如海绵蛋糕）、浓浆（如油脂蛋糕）、软面团（如面包）、硬面团（如酥点心）。

例如：蛋糕液体的主要来源是蛋液，蛋液与面粉的基本比例为1：1，即面粉约需等量的蛋液来润湿。由于海绵蛋糕主要表现为泡沫体系，而气泡可以增加浆料的硬度。此外，鸡蛋蛋白质在结构方面的作用也可以平衡因液体增加对结构和成形的不利作用，所以海绵蛋糕在上述蛋、粉基本比例的基础上，还可以增加较多的蛋液。而油脂蛋糕则主要表现为乳化体系，水太多不利于油、水乳化且使浆料过稀，故蛋液的加入量一般不超过面粉量。

再如：面包面团形成时，面筋需要充分吸水膨润和扩展，故加水量较多，相当于面筋蛋白质及淀粉吸水量的总和。而酥点心面团吸水因受到油脂限制，且需要减少面筋的生成，所以加水量较少。

各类主要制品液体量的基本比例（对面粉百分比）如（表4-9）。

表4-9

西点品种	加水量参考
海绵蛋糕	加蛋量100%～200%或更多（相当于加水量75%～150%或更多）
油脂蛋糕	加蛋量约100%（相当于加水量75%）
面包	加水量50%左右
松酥点心	加水量10%～15%

此外，干湿平衡的调整还应注意以下几点。

第一，在制作低档蛋糕时，蛋量的减少可用水或牛奶来补充液体量，但总加水量不应超过面粉量。

第二，根据油、糖对吸水作用的影响，当配方中的油和糖增加时，加水量则相应减少。一般每增加1%的油脂，应降低1%的加水量。另外，配方中如增加了其他液体如鸡蛋、糖浆、果汁等，加水量也相应减少。

第三，配方中的总液体量大于糖量时有利于糖的溶解。

第四，由于各种液体的含水量不同，故它们之间的换算不是等量关系。例如：1000克面粉要用1000克鸡蛋，如减少一半鸡蛋由牛奶代替，所补充的牛奶是430克而不是500克。因为鸡蛋含水约75%，牛奶含水约87.5%。

第五，在制作可可型蛋糕时，可可粉的加入方式是代替原配方中的部分面粉。其加入量一般不应低于面粉量的4%。由于可可粉比面粉具有更强的吸水性，所以需要补充等量的牛奶或适量的水来调节干湿平衡。例如，原配方中面粉为1000克，加入40克可可粉后，配方调整为：面粉960克，可可粉40克，牛奶40克，泡打粉2克（其他原料不变）。

（二）强弱平衡

1. 油脂和糖的平衡

强弱平衡考虑的主要问题是油脂和糖对面粉的比例。不同特性的制品所加油脂量不同。一般而言，酥性制品（如油脂蛋糕和松酥点心）中油脂量较多，而且油脂越多，起酥性越好。但油脂量一般不超过面粉量，否则制品会过于酥散而不能成型。非酥性制品（如面包和海绵蛋糕）中油脂量较少，否则会影响制品的气泡结构和弹性。在不影响制品品质的前提下，根据甜味的需要，可适当调节糖的用量。同时，由于糖有较高的渗透压，能抑制细菌生长，还有较强的吸湿性和保水性，能使蛋糕保持柔润的质地，延长蛋糕的货架期。

在西点制作过程中，调节强弱平衡的基本规律是：当配方中增加了强性原料时，应相应增加弱性原料来平衡，反之亦然。例如：油脂蛋糕配方中如增加了油脂量，在面粉量与糖量不变的情况下要相应增加蛋量来平衡。此外，蛋量增加时，糖的量一般也要适当增加。在海绵蛋糕制作中，糖能维持鸡蛋打发所形成的泡沫的稳定性。而在油脂蛋糕制作中，油脂打发时，糖（特别是细粒糖）能促进油脂的充气膨松。在高比蛋糕（即高糖、高液蛋糕）配方中，太多的糖会加大对制品结构的散开作用，可由增加有收紧作用的牛奶来平衡。此外，针对过多的液体，应采用吸水性强的高比面粉和乳化性强的高比油脂。

再如：可可粉和巧克力都含有一定量的可可脂，而可可脂的起酥性约为常用固体脂的一半，因此，根据可可粉或巧克力的加入量，可适当减少原配方中的油脂量。

各类主要制品油脂和糖量的基本比例（对面粉百分比）大致如（表4-10）。

表4-10

西点品种	糖油量参考
海绵蛋糕	糖80%～110%，油脂0
奶油海绵蛋糕	糖80%～110%，油脂10%～50%
油脂蛋糕	糖25%～50%，油脂40%～70%
面包	糖0～20%，油脂0～15%

2．泡打粉的平衡

泡打粉（又称发酵粉）是一种化学膨松剂，常用于蛋糕、点心、饼干等制品中，协助或部分代替鸡蛋的发泡作用或油脂的酥松作用。因而在下列情况下应补充泡打粉：蛋糕中蛋量有所减少，油脂蛋糕和松酥点心中油脂或糖量有所减少。此外，配方中有牛奶加入时，可加适量的泡打粉使之平衡。

当海绵蛋糕配方中蛋量减少时，除应补充其他液体外，还应适当加入或增加少量泡打粉以弥补膨松不足。同时蛋减少得越多，泡打粉相应增加得也越多。一般而言，蛋与面粉之比超过150%时，可以不加泡打粉。高、中档蛋糕的泡打粉用量约为面粉量的0.5%～1.5%。较低档蛋糕（蛋量少于面粉量）的泡打粉用量约为面粉量的2%～4%。以上原则亦适用于加油脂较多的酥性制品如油脂蛋糕、松酥点心、饼干等。即油脂减少得越多，泡打粉增加得也越多。但必须指出的是，蛋量或油脂量过少，泡打粉过多将会影响制品质量。

此外，牛奶具有使制品结构收紧的作用，需要用具有相反作用的糖或泡打粉来平衡，以维持制品适当的酥松度。

（三）配方失衡对制品质量的影响

1．液体

一方面，液体太多会使蛋糕最终呈"锅底"形状。在热的烤炉中看不到过量液体产生的后果，因为这时液体以蒸汽的形式存在。然而一旦冷却后，蒸汽便重新凝结为液体，并沉积在蛋糕底部，形成一条"凹塘"，甚至使部分糕体随之坍塌，制品体积缩小。

另一方面，液体量不足则会使成品出现一个紧缩的外观，且内部结构粗糙，质地硬而干。

2．糖和泡打粉

糖和泡打粉过多会使蛋糕的结构变弱，造成顶部塌陷，形成"凹塘"状。在泡打粉和糖同时使用的情况下，有时难以判断究竟是糖还是泡打粉所引起的后果。如蛋糕口感太甜且发黏，可知是糖加得太多；泡打粉过多时，可能引起蛋糕底部发黑。糖和泡打粉不足则会使蛋糕质地发紧，不疏松，顶部突起太高甚至破裂。

3．油脂

油脂太多也能弱化蛋糕的结构，致使顶部下陷，且糕心油亮，口感油腻。如油脂不足，同糖不足一样，蛋糕发紧，顶部突起甚至裂开。

第二节　西点成形的基本方法

西点的制作是一项技术要求较高的工艺，操作者既要了解原料及辅料的特点及操作的基本要求，又应根据西点配方中所含原料的变化差异来合理调配比例，根据个人的审美观念，合理的操作手法，制作出精美的成品。

俗话说西点的制作是"三分原料，七分手艺"。下面就西点的成形方法及面包操作的手法给予简单的介绍，其目的是使西点师根据几种方法能得到启迪，举一反三，发挥丰富想象力，制作出更精美、可口的产品。

一、手工成形

（一）和

和是将粉料与水分或其他辅料掺和在一起揉成面团的过程，它是整个点心制作中最初的一道工序，也是一个重要的环节。和面的好坏直接影响成品的质量，影响点心制作工艺能否顺利进行。

（1）和的方法　和面的具体方法，大体可分为抄拌、调和两种手法。

①抄拌法：将面粉放入缸或盆中，中间掏一个坑，放入七八成的水，双手伸入缸中，从外向内，由上而下反复抄拌。抄拌时用力要均匀，待成为雪片状时，加入剩余的水，双手继续抄拌，至面粉成为结实的块状时，可将面搓、揉成面团（图4-1）。

②调和法：先将面粉放在案台上，中间开个"窝塘"，再将鸡蛋、油脂、糖等物料倒入中间，双手五指张开，从外向内进行调和，再搓、揉成面团（如混酥面）（图4-2）。

（2）和的技法操作注意事项

①要掌握液体配料与面粉的比例。

②要根据面团性质的需要，选用面筋含量不同的面粉，采用不同的和面手法。

③动作要迅速，干净利落，面粉与配料混合均匀，不夹粉粒。

④面光、手光、案板（或缸）光。

（二）揉

揉主要用于面包制品，目的是使面团中的淀粉膨润粘结，气泡消失，蛋白质均匀分布，从而产生有弹性的面筋网络，增加面团的劲力。揉匀、揉透的面团，内部结构均匀，外表光润爽滑，否则影响质量。

（1）揉的方法　揉可分为单手揉和双手揉两种。

①单手揉：单手揉适用于较小的面团，其方法是先将较小的面团分成小剂，置于工作台上，再将五指合拢，手掌扣住面剂，朝着一个方向旋转揉动。面团在手掌中能够自然滚动的同时要挤压，使面剂紧凑，光滑变圆，内部气体消失，面团底部中间呈旋涡形，收口向下。这样揉成的面坯再放置到烤盘上进行烤制（图4-3）。

②双手揉：双手揉适用于较大的面团。其方法是用一只手压住面剂的一端，另一只手压住面剂的另一端，用力向外推揉，再向内使劲卷起，双手配合，反复揉搓，使面剂光滑变圆。待收口集中后，最后压紧，收口向下放置到烤盘上进行烤制（图4-4）。

（2）揉的技法操作注意事项

①揉面时用力要轻重适当，要有"浮力"，俗称"揉得活"。特别是发酵膨松的面团更不能死揉，否则会影响成品的膨松。

②揉面要始终保持一个光洁面，不可无规则地乱揉，否则面团外观不完整，不光洁，还会破坏面筋网络的膨松。

③揉面的动作要利落，揉匀、揉透，揉出光泽。

④使用两种方法的揉面动作要越快越好，否则面团会因时间过长受手的体温影响，致使面团粗糙、发黏，影响质量。

（三）搓

搓是将揉好的面团运用手掌的压力改变成长条状，或将面粉与油脂融合在一起的操作手法。

（1）搓的方法　搓面团时先将揉好的面团改变成长条状，双手的手掌基部摁在条上，双手同时施力，来回地揉搓，边推边搓，前后滚动数次后面条向两侧延伸，成为粗细均匀的圆形长条（图4-5）。

搓油脂与面粉时，手掌向前，使面粉和油脂均匀地混合在一起。但不宜过多搓揉，以防面筋网络的形成，影响质量。

（2）搓的技法操作注意事项

①双手动作要协调，用力均匀。

②要用手掌的基部，按实推揉，双手同时施力，前后搓动，边搓边推。

③搓的时间不宜过长，用力不宜过猛，否则面团容易断裂、发黏。

④搓条要紧，粗细均匀，条面圆滑是品质的基本保证。

⑤保持双手的干燥，否则面团不光泽，同时出现发黏的现象。

（四）擀

擀是西点整形的常用手法（图4-6），将面团放在工作台上运用擀面棍等工具将面团压平或压薄的方法称为擀。面团经过擀制成平或薄的状态后，直接涂抹上或包入馅料即可成形。有的造型则是在包馅完成后再擀制成形，擀好的面团可利用折叠、卷等方法做出形态各异的造型，变化无穷。

（1）擀的方法　擀是将坯料放在工作台上，擀面棍置于坯料之上，用双手的中部摁住擀面棍，向前滚动的同时，向下施力，将坯料擀成符合要求的厚度和形状。如清酥面的擀制。用水调面团包入黄油后，擀制时要用力适当，掌握平衡。清酥面的擀制是较难的工序，冬季好擀，夏季擀制较困难，擀的同时还要利用冰箱来调节面团的软硬度。擀制好的成品起发高、层次分明、体轻个大；擀不好会造成跑油，层次混乱，虽硬不酥。

（2）擀的技法操作注意事项

①擀制面团时应干净利落，施力均匀。

②擀制品要平，无断裂。

③擀制品一般要厚薄均匀，表面光滑。

（五）包

包是将滚圆稍微醒置的面团，用手将其轻轻地压扁后，立即包入馅料的成形技法（图4-7）。

（1）包的方法 包制时，将分割、滚圆的面团，轻轻压扁，馅料较干的可视其需要先制成均等的若干小块，然后将面团拿起放在手掌上将馅料放在面团的中央包入。较稀的馅料则需借助工具将馅料放在手掌托起的面团中央部位。馅料放入后，运用右手拇指与食指拉取周围的面团包入馅料。再运用捏的手法将封口捏紧。

（2）包的技法操作注意事项

①包制时一般将面皮压扁，中间略厚，周围稍薄。

②包馅时应注意馅料不要沾在面片的边缘，否则封口难以捏紧，出现裂开现象，影响造型的美观。

（六）挤

挤又称裱形，是对西点制品进行美化、再加工的过程。通过这一过程增加制品的风味特点，以达到美化外观，丰富品种的目的（图4-8）。

（1）挤的方法

①布袋挤法：先将布袋装入裱花嘴，用左手虎口抵住挤花袋的中间，翻开内侧，用右手将所需材料装入袋中，切忌装得过满，装半袋为宜。材料装好后，即将口袋翻回原状，同时把口袋卷紧，内侧空气自然被挤出，使挤花袋结实硬挺。适时右手虎口捏住挤袋上部，同时手掌紧握花袋，左手轻扶挤花袋，并以45°角对着蛋糕表面挤出，此时原料经由花嘴和操作者的手法动作，自然形成花纹。

②纸卷挤法：将纸剪成三角形，卷成一头小，一头大的喇叭形圆锥筒，然后装入原料，用右手的拇指、食指和中指纸卷的上口用力挤出。

（2）挤的技法操作注意事项

①双手配合要默契，动作要灵活，只有这样才能挤出自然美观的花纹。

②用力要均匀，装入的物料要软硬适中，捏住口袋上部的右手虎口要捏紧。

③要有正确的操作姿势。

④图案纹路要清晰，线条要流畅，大小均匀，薄厚一致。

（七）搅打

搅打是将奶油、蛋清类原料，加入白糖后，用打蛋器进行搅打，使之成为体积膨松的装饰料的过程（图4-9）。

（1）搅打的方法 在缸或盆中加入奶油、蛋清类原料，加入白糖后，用打蛋器顺时针进行搅打，使之体积膨松为原来的4~5倍即可。

（2）搅打的技法操作注意事项

①搅打前，缸或盆等容器中，不要有油脂类的物质。

②搅打时用力要均匀。

③搅打时要兼有"挑"的动作，使空气能够更快地充入，形成均匀的泡沫。

（八）捏

捏是以拇指与食指抓住面团的动作称为捏，面团包入馅料以后需运用捏的方法使其封口，捏紧收口是为了防止馅料溢出或因面团的膨胀封口松开，捏与包的动作是连贯统一的，捏好包紧是成形的关键。面团包馅后的形状是由捏的形态决定的，包入馅料的面团可捏成圆形、长形、甚至三角形，或者做成各种栩栩如生的实物形态（图4-10、图4-11）。

捏是一种有较高艺术性的手法，西点制作常以细腻的杏仁膏为原料，捏成各种水果（如梨、香蕉、绿色的葡萄等）和小动物（如猪、狗等）。捏不只限于手工成形，还可以借助工具成形，如刀子、剪子等。

（1）捏的方法　由于制品原料不同，捏制的成品有两种，一种是实心的，一种是包馅的。实心的为小型制品，其原料全部由杏仁膏构成，根据需要点缀颜色，有的浇一部分巧克力。包馅的一般为较大型的制品，它是用蛋糕坯与蜂蜜调成团后，做出所需的形状，然后用杏仁膏包上一层。

捏是一种艺术性强、操作比较复杂的手法，用这种手法可以捏糖花、面人、寿桃及各种形态逼真的花鸟、瓜果、飞禽走兽等。例如捏一朵马司板原料的月季花，其操作手法是：首先把马司板分成若干小剂，滚圆后放在保鲜纸或塑料纸中，用拇指搓成各种花瓣，然后将大小不一的花瓣捏为一体，即可形成一朵漂亮的月季花。

（2）捏的技法操作注意事项

①捏制时，用力要均匀，面皮不能破损。

②制品封口时，要不留痕迹。

③制品要美观，形态要逼真。

（九）卷

卷是西点的成形手法之一，也是擀制的下一步骤，面团经擀制成薄的状态后，利用双手以滚动的方法将涂抹或包入馅料的面片由外向里，或由两头向中间卷制成一个或两个圆筒形条状的造型方式，卷的面料既不可松懈，又不可太紧而破坏面筋网络。

（1）卷的方法　需要卷制的品种较多，方法也不尽相同，有的品种要求熟制以后卷，有的是在熟制以前卷，无论哪种都是从头到尾用手以滚动的方式，由小而大地卷成。

卷有单手卷和双手卷两种形式。卷的方式很多，可视造型需要加以变化。

①单手卷：单手卷（如清酥类的羊角酥）是用一只手拿着形如圆锥形的模具，另一只手将面坯拿起，在模具上由小头向大头轻轻地卷起，双手的配合一致，把面片卷在模具上，卷的层次均匀（图4-12）。

②双手卷：双手卷（如蛋糕卷）是将蛋糕薄坯置于工作台上，涂抹上配料，双手向前推动卷起成形。卷制不能有空心，粗细要均匀一致。例如：羊角面包的卷制则是将面团先用手搓成头大尾小的长形，用擀面棍擀制成一头大一头小的尖形片，然后用左手拉着尾端右手捏着前端，向外拉长，使右手掌向里卷起形成一个一个的环节，卷到最后，尾端正好置于中间（图4-13）。

（2）卷的技法操作注意事项

①被卷的坯料不宜放置过久，否则卷起的面团松懈影响质量。

②用力均匀，双手配合要协调一致。

（十）抹

抹是将调制好的糊状原料，用工具平铺均匀，使制品平整光滑的操作方法。

（1）抹的方法　抹是西点制作和装饰的技法之一。如制作蛋卷时则采用抹的方法，不仅把蛋糊均匀地平抹在烤盘上，制品成熟后还要将果酱、打发的奶油等抹在制品的表面进行卷制（图4-14、图4-15）。

抹又是对蛋糕做进一步装饰的基础，蛋糕在装饰之前先将所用的抹料（如打发鲜奶油或黄油酱等）平整均匀地抹在蛋糕表面上，为成品的造型和美化创造有利的条件。

（2）抹的技法操作注意事项

①刀具掌握要平稳，用力要均匀。

②正确掌握抹刀的角度，保证制品的光滑平整。

（十一）淋

淋是将溶化的巧克力、果酱以及其他酱料，均匀浇裹在具体西点品种上的技法。

（1）淋的方法　淋是西点制作和装饰的技法之一。例如：在蛋糕装饰过程中，可以将溶化的巧克力、果酱以及其他酱料，浇淋在糕体的表面，形成纵横流淌、边角悬挂的艺术效果（图4-16）。

（2）淋的技法操作注意事项

①酱体要溶化均匀，稠度一致。

②浇淋时要用力均匀，手法熟练。

（十二）折叠

折叠是将擀制均匀的面皮，根据西点具体品种的要求，进行折叠成形的一种技法。

（1）折叠的方法

折叠是西点制作成形的技法之一。例如：在制作清酥制品时，在每一次擀制后，将面片进行二叠、三叠或四叠处理，最后熟制后才能形成分层的效果（图4-17、图4-18）。

（2）折叠的技法操作注意事项

①擀制后要厚薄均匀，折叠方正。

②折叠要整齐，尺寸要一致。

（十三）拉

拉是能够使面团增长或增宽，并配合整形变化的技法。

（1）拉的方法　有的制品是将面团拉长或拉宽后利用各种手法动作来整形，有些品种是将面团擀薄后再拉长。拉的动作须利用各种手法及造型的需要加以实施（图4-19）。

（2）拉的技法操作注意事项

①需要拉长或宽的面团需有足够的松弛时间，否则面团易断裂。

②拉时要用力均匀，防止面团断裂。

（十四）转

转是以双手捏住面团的两端，左手向里，右手向外的扭转，如此可使面团增加变化，制成各种品种。

（1）转的方法　有些制品是以先扭转成形，再配合拉、卷等其他的动作造型。部分品种的扭转则是以两种或两种以上颜色不同面团合为一体后，再扭转成形，花色更为奇特新颖（图4-20）。

（2）转的技法操作注意事项

①转时要用力均匀，防止面团断裂。

②需要转的面团需有足够的松弛时间，否则面团易断裂。

（十五）割

割是在被加工的坯料表面划裂口，并不切断的成形方法。制作某些面包品种时常采用割面团的方法，目的是为了西点制品烘烤后，表面应膨胀而呈现爆裂的效果（图4-21）。

（1）割的方法　为满足有些制品坯料在进行烘烤后更加美观，有的制品需先割出一个造型美观的花纹，然后经烘烤，使花纹处掀起，成熟后添入各种馅料，以丰富制品的造型和口味。具体方法是：右手拿刀，左手扶稳坯料，在坯料表面快速划上花纹即可。还有一种方法，是分割面坯，即将面坯搓成长条，左手扶面，由右手拿刮刀，将面坯分割。

（2）割的技法操作注意事项

①割裂制品的工具锋刃要快，以免破坏制品的外观。

②根据制品的工艺要求，确定割裂口的深度。

③割的动作要准确，用力要均匀。

④掌握割的时机。因为有些制品是在面团整形后进行，有些面包则是在完成最后醒发后进行的。

（十六）切

切是将大面团利用工具将其分成若干均等的小面团，然后运用其他的操作手法施以整形的第一步。分割成小面团整形的面坯同样可用切的方式制作出各种形态各异的形状。或将各个切好的小面团依据个人的创意组合成独特的造型，可配合造型的需要灵活掌握运用（图4-22）。

切可分为直刀切、推拉切、斜刀切等，以直刀切、推拉切为主。不同性质的制品，运用不同的切法，是提高制品质量的保证。

（1）切的方法　推拉切是刀与制品处于垂直状态，在向下压的同时前后推拉，反复数次后切断的切法。切酥脆类、绵软类的制品都采用此种方法，目的是保证制品的形态完整。

直刀切是把刀垂直放在要切的制品上面，向下施力使之分离的切法。

斜刀切是将刀面与案板成45°角，用推拉的手法将制品切断的切法。这种方法是在制作特殊形状的点心时使用。

（2）切的技法操作注意事项

①直刀切是用笔直的向下切，切时刀不前推，也不后拉，着力点在刀的中部。

②推拉切是在刀由上往下压的同时前推后拉，互相配合，力度应根据制品质地而定。

③斜刀切一定要掌握好刀的角度，用力要均匀一致。

④在切制成品时，应保证制品形态完整，要切得直，切得匀。

二、机械成形

（一）机器和面

机器和面是通过和面机搅拌桨的旋转，将主、辅料搅拌均匀，并经过挤压、揉捏等作用，使粉粒互相粘结成坯。在搅拌的作用下，分布在面粉中的蛋白质吸水胀润，胀润后的蛋白质颗粒互相连接形成面筋，多次搅拌后形成大量的面筋网络，即蛋白质骨架。经过搅拌器的剪切、揉挤等作用，面粉中的糖类（淀粉和纤维素）和油脂等调辅料均匀分布在蛋白质骨架之中，形成面坯。

（二）分割面团

借助分割机将大块面团分成若干块等量小面团。

（三）面剂滚圆

通过滚圆机将经分割机处理过的小面团反复揉搓，使粉料与辅料更为调和均匀，形成柔润光滑、外观一致、密度相同、表面光洁的小圆球。其目的是使面团中经醒发后的气体消失，重新充入空气，使其成为结实并有光泽、形态完整、内部组织蛋白质均匀分布的面团。

（四）面团整形

通过整形机把经中间发酵后已松弛的面团，压成薄片并卷成设定的大小，以方便放入烤盘中。

（五）压面成形

通过压面机将面团压成面片或擀压酥层，厚度由调节器控制。

（六）面包切片

面包切片机作为吐司面包切片之用。刀距为12毫米，能迅速将吐司切成30片，刀片锋利，经久耐用。操作过程中可将切割厚薄控制在设定的范围内，使成片厚薄一致。

（七）搅打成形

主要利用大型搅拌机、鲜奶油小型搅拌机、手提式搅拌机等，搅打蛋糕坯料浆糊和奶油浆料，其作用是将蛋糕坯料或奶油经快速旋转搅打充气，改变其内部物理性状结构，形成新的性状稳定组织，并能提高产值和口感，有利于稳定蛋糕装饰造型。

三、印模成形

印模成形是利用各种食品模具压印制作成形的方法。模具有各种各样的造型，比如：鸡心、桃叶、梅花、佛手、花卉、鸟类、蝶类、鱼类等。用模具制作面点的特点是形态逼真，栩栩如生，使用方便，规格一致。在使用模具时，不论是先入模后成熟还是先成熟后压模成型，都必须先将模具抹上熟油，以防粘连。

第三节　西点熟制的基本方法

西点的熟制方法是利用加热方法使制品生坯成熟的一道工序。不同的西点品种通常熟制方法也不一样，而且有些品种是先成熟后成形，例如：西点中的裱花蛋糕、夹心奶油蛋糕等。在日常生活中，大多数点心都是先成形后成熟的。这些制品的形态、特点基本上都在熟制前一次或多次定型，熟制中除了部分品种在体积上略有增大、色泽上有所改变外，基本上没有什么"形"的变化。

西点的熟制方法很多，主要可以分为蒸、煮、炸、煎、烙和烤六种。凡是采用其中一种方法使制品成熟的就称之为单加热法；凡是采用两种或两种以上方法使制品成熟的，就称为复加热法。具体采用单加热法或者复加热法要根据实际品种而定。

一、烘烤

烘烤又称烤，烤是利用烤炉中的辐射、对流和传导的方式使制品成熟的一种方法。

烤制品的特点是：色泽金黄、外部酥香、内部松软、富有弹性。它适应于膨松面团、油酥面团制品等，在西点制作中是一种常用的熟制方法。

（一）烤制的原理

当炉内温度升高到200℃左右时，生坯在辐射、对流的环境中；首先表面受热后，水分剧烈蒸发，淀粉转化为糊精，并发生糖分焦化，使制品形成色泽鲜明、韧脆的外壳；其次，当表面温度逐步传导制品内部时，温度不再保持原来的高温，降为100℃左右，这样的淀粉仍可使淀粉糊化变为黏稠状，使蛋白质变为胶体，再加上内部气体的作用，水分散发少，这样就形成了内部松软、外部焦嫩、富有弹性的熟制品。

（二）烤的要领

1．炉温

在烤制面点时，绝大部分面点表面受热温度在150～200℃为宜，即炉温应该保持在180～250℃，过高过低都会影响制品质量。过高，制品表面容易焦糊；过低既不能形成金黄色的表面光泽，也不能促使制品内部成熟，此时如增加烤制时间，则制品水分蒸发过多，就会出现干裂，失去内部松软的特色。

2．烤制时间

制品烤制时间应根据具体品种而定；若制品的体积较小、较薄则时间要短；体积厚、大的时间要长。此外，由于点心特色不同，在烤制时间上也有很大差别；如制品质地松软的烤制时间要短；质地较实的则烤制时间长些。

（三）烤制操作方法

现在一般烤制都用烤箱，具体方法是：将烤盘擦净，在烤盘底抹上一层油，然后将制品生坯整齐摆入烤盘内；把烤箱内部温度调节好后将烤盘连同生坯放在烤箱内，根据制品所需烤制时间，准时出炉。为了掌握烤制程度，有些制品烤制到一定时间，就要注意观察其外表，检查制品成熟与否（检查时可用一根小竹签插入制品中，拔出后竹签上没有黏着的糊状物为成熟）。

二、煎

煎是利用少量油的热传导使制品成熟的一种方法。

（一）煎制的原理

在油煎过程中，温度上升到180～200℃，生坯通过辐射、对流受热，表面水分蒸发，淀粉转化为糊精，并发生焦糖化反应，使制品形成金黄的色泽和酥脆的口感；在水油煎过程中，除了底部发生焦糖化反应之外，还会因为产生水蒸气，使制品上部发生淀粉的糊化作用，形成软糯的口感。这样就形成了内部松软、外部金黄酥脆的熟制品。

（二）煎的要领

煎分为油煎和水油煎两种，煎饼等，是利用水油煎法成熟的。水油煎是将锅内放入少量油脂，烧热以后将制品放入，待煎制底面焦黄后再加入少量水，盖上锅盖，将这部分水烧开变为蒸汽，然后，以蒸汽传热的形式使制品成熟。馅饼、煎吐司等则是利用油煎法直接成熟的。这样单一煎法的油量适当要多些，但不能超过摆放制品厚度的一半。这种煎法不盖锅盖，不能煎制一面，要使两面都受热，煎制时间要长于炸。锅底的火力对煎影响很大，为了均匀受热，必须转动锅的位置，防止局部焦糊。

（三）煎制操作方法

煎制时采用平锅，一般在锅底刷上一层油脂，温度在200℃左右，可正反两面煎，让制品两面都均匀受热，产生金黄色。另外，在煎制过程中，待煎至底面焦黄后再加入少量水，盖上锅盖，边煎边蒸成熟即可。

三、炸

炸是以油为传热介质使制品成熟的一种熟制方法。

（一）炸制的原理

油炸是将成形后的点心生坯投入已加热到一定温度的油内进行炸制成熟的过程。它具有两个特点：一是油量多；二是油温高。油炸时的热量传递，主要是以热传导的方式进行，其次是对流传热。油脂通常被加热到160～180℃时，热量首先从热源传递到油炸容器，油脂从容器表面吸收热量，再传递到制品的表面，然后通过导热把热量由制品外部逐步传向制品内部。在油炸过程中，被加热的油脂与点心进行剧烈的热对流循环，浮在油面的点心制品，受到沸腾的油脂强烈的对流作用，一部分热量被点心制品吸收，而使其内部温度逐渐上升，水分则不断受热蒸发。

油炸过程中热传导是主要的传热方式，同水相比，油脂的温度可达到160℃以上，点心被油脂四周包围同时受热，在这样高的温度下，点心被很快地加热至熟，而且色泽均匀一致。油脂不仅起着传热作用，其本身也被吸附在点心内部，成为点心的营养成分之一。

热量传递到点心内部的快慢，随着油温、制品厚薄的不同而有所不同。油温越高，制品中心温度上升越快，油温越低，制品中心温度上升越慢；制品越厚，内部温度上升越缓慢，炸制时间也稍长，制品越薄，内部温度上升越快，炸制时间也稍短。

（二）炸的要领

1. 注意油脂的清洁

炸制品所用的油脂必须清洁，若油脂不洁，会严重影响制品的质量和色泽，影响卖相，并且会影响热的传导和污染制品，使制品不易成熟。如使用植物油时应该事先熬制才能使用，这样才能去掉生油味道，保证制品的风味质量。如用已炸过食品的老油，则要经常清除杂质，以保证油质清洁。

在炸制品时一般选用花生油。花生油透明晶亮、色淡黄，不生烟（少量的烟）、不起沫，可使制品着色均匀。此外还可通过调节油温来改变制品的着色程度，并使之具有花生的芳香气味。

2. 掌握火力，控制油温

不同的制品需要不同的油温，有的需要温度较高的热油，有的需要温度较低的温热油，有的需要先高后低或先低后高，情况极为复杂。油温的高低直接影响制品的质量，如油温过高，就会炸焦炸煳，或外焦里不熟；油温过低，色淡，不酥不脆，耗油量大。因此，要根据制品所要求的口感、色泽及制品的体积大小、厚薄程度等灵活掌握油温。一般情况下，需要颜色浅的或个体较大的品种，油温要低些，炸制时间要略长；需要颜色较深或制品体积小而薄的油温可稍高，而炸制时间应该相应地缩短。

（三）炸制操作方法

在油炸炉或锅中加入适量油，烧热至预先设定的温度，放入生坯，浸入油中加热，根据具体品种的不同，控制油炸温度和炸制时间。炸制时用的油量较多，油温较高，制品一般都具有清香、酥脆、色泽美观等特点。

四、煮

煮是把成形的生坯投入水锅中，以水为传热介质使制品成熟的一种熟制方法。

（一）煮制的原理

煮是利用锅中的水作为传热介质产生热对流作用使制品生坯成熟的一种方法。沸水通过热对流将热量传递给生坯，生坯表面受热，通过热传导的方式，使热量逐渐向内渗透，最后制品内外均受热成熟。在成熟的过程中，制品中蛋白质的热变性和淀粉的糊化作用在不同温度阶段发生变化，随着温度的不断升高，蛋白质最后变性凝固，淀粉颗粒吸水膨胀、糊化，其成熟原理与蒸制基本相同。

煮制法具有两个特点：一是熟制较慢，加热时间较长；二是制品较黏实，熟后重量增加。由于煮制是以水为介质的传热，而水的沸点较低，在正常气压下。沸水温度为100℃，是各种熟制法中温度最低的，传热的能力不足。因而，制品成熟较慢，加热时间较长。另外，制品在水中受热，直接与大量水分子接触，淀粉颗粒在受热的同时，能充分吸水膨胀，因而，煮制的制品较湿润、蛋白质吸水溶胀使吃口劲爽，熟后重量增加。在熟制过程中应严格控制成品出锅时间，避免制品因煮制时间过长而变糊变烂。

（二）煮的要领

1. 开水下锅

煮制时一般事先将水烧沸，然后才能把生坯下锅。因为坯皮中的淀粉、蛋白质在水温60℃以上才吸水膨胀和发生热变性，并在较短的时间内受热成熟，所以，沸水下锅才不会使点心出现破裂和黏糊。

2. 制品下锅数量要适当

同一锅中煮制制品的数量要适当，数量过多（水量不足）易造成制品粘锅、粘连、糊化、破裂等现象。煮制时应该边下制品边用勺推动，以防制品粘连在一起，受热不均等现象的产生。

3. 掌握煮制时间和火力

在煮制过程中，要根据制品的特点掌握好煮制时间和火力。适时点几次水，使锅中的水"沸而不腾"，这样能防止爆裂开口，而且可使制品内外皆熟，保证制品的质量。

（三）煮制操作方法

煮制时将面点成形生坯，直接投入沸水锅中，利用沸水的热对流作用将热量传给生坯，使生坯成熟。煮的使用范围较广，一般适用于冷水面团制品等，其特点是清润、滑爽、有汤汁、有咬劲。

五、蒸

蒸是指在常压或高压的情况下，利用水蒸气传导使制品成熟的一种熟制方法。

（一）蒸制的原理

制品生坯入笼蒸制，制品表面很快同时受热，制品外部的热量通过导热，向制品内部低温区推进，使制品内部逐层受热成熟。蒸制时，传热空间热传递的方式主要是通过对流，而制品内部的热量传递主要是通过热传导。

制品在蒸制成熟过程中，制品生坯受热后蛋白质与淀粉发生变化。淀粉受热后膨胀糊化（50℃开始膨胀，65℃开始糊化，67.5℃全部糊化），糊化过程中，淀粉吸收水分变为黏稠胶体，出笼后，温度下降，冷凝成凝胶体，使成品表面光滑。另外，面粉中所含蛋白质在受热后开始热变性凝固（一般在45~55℃时热凝变性），并排出其中的"结合水"，随着温度的升高，变性速度加快，直至蛋白质全部变性凝固，此时，制品的分子内部结构基本稳定，制品外形基本定型。在蒸制生物膨松面坯制品或其他膨松面坯时，受热后会产生大量气体，或者本身内部所含的气体受热膨胀，气体在面筋网络的包裹下，不能逃逸，从而形成大量的气泡，带动制品的体积增大，制品内部呈现出多孔、疏松、富有弹性的海绵膨松结构。

蒸制品的成熟程度和成熟速度，是由蒸汽温度和气压决定的，而蒸汽的温度和压力与加热火力及蒸笼（蒸柜）的密封程度相关，压力越大，蒸汽量越足，制品成熟的速度越快。蒸是温度高、湿度大的熟制方法，一般来说，蒸汽的温度大都在100℃以上，即高于煮的温度，而低于炸、烤的温度。蒸锅的湿度，特别是盖严笼盖后，可达到饱和状态，即高于炸、烤的湿度，而低于煮的湿度，所以，根据这些特点，在对待不同的蒸制品时，要选择合适的蒸制方法。

（二）蒸的要领

1. 蒸锅内加水量以六到七成满为适宜

蒸汽是由蒸锅中的水产生的，所以水量的多少，直接影响蒸汽的大小。水量多，则蒸汽足；水量少，则蒸汽弱。因此，蒸锅中水量要充足。但是也要注意，水量过大时，水沸腾向上翻滚，容易浸湿制品，直接影响制品质量；过少时，蒸汽产生不足，则会使生坯死板不膨松，影响成熟效果。

2. 掌握制品的醒发要求

凡是膨松类制品在成形以后必须静置一段时间进行醒发，使制品生坯继续膨胀，以达到蒸后松软的目的。但要掌握好醒发的温度、湿度和时间，以免影响质量。醒发时一般温度控制在30℃左右，时间为10~30分钟（要根据不同品种，适当掌握）。

3. 生物膨松类制品要掌握好蒸制前的醒发时间和生坯摆放距离

生物膨松面团制品成形后，一般要在适宜的环境中放置一段时间，使坯内的酵母菌生长繁殖，产生二氧化碳气体，使生坯在成熟前含有足够的气体，成熟后制品继续膨松，从而达到膨松类制品产品质量要求。将醒发好的制品生坯按一定间隔距离，整齐地摆入蒸屉，其间距应使生坯在蒸制过程中有膨胀的余地。间距过密，会使制品相互粘连，影响制品形态。

4. 必须水开汽足，盖严笼盖（或关严蒸柜门）

无论蒸制什么制品，都要求火旺汽足以后再上笼（或上柜）。在蒸制过程中要始终保持旺火，锅中水量要足，笼盖要盖严（蒸柜门关严），否则会出现制品不易胀发膨松，或产生粘牙、瘫痪、塌陷、僵皮等现象。

5. 灵活掌握蒸制时间

根据点心品种、质量要求等的不同掌握好蒸制时间。

（三）蒸制操作方法

在蒸锅或蒸柜产生饱和蒸汽时，将上笼的制品放入蒸制成熟即可。经过蒸制的点心吃口松软、馅嫩卤多、味道纯正，并能够保持制品种的营养成分不被破坏，是一种使用较为广泛的熟制方法。蒸制的点心很多，最典型的品种有各种布丁等。

? 思考题

1. 烘焙的计算公式有哪些？各有什么应用？
2. 西点制作中手工成形的方法有哪些？各有什么应用？
3. 西点制作中机械成形的方法有哪些？各有什么应用？
4. 西点的熟制方法有哪些？各有什么应用？
5. 简述西点制作中烘烤的原理、要领和方法。
6. 简述西点制作中煎的原理、要领和方法。
7. 简述西点制作中炸的原理、要领和方法。
8. 简述西点制作中煮的原理、要领和方法。
9. 简述西点制作中蒸的原理、要领和方法。

第五章

CHAPTER 5

面包制作工艺

第一节 面包的概念、分类及特点

一、面包的概念

面包是一种经过发酵的烘焙点心。它是以小麦粉、酵母、盐和水为基本原料，添加适量糖、油脂、乳品、鸡蛋、果料、添加剂等，经过搅拌、发酵、成形、醒发、烘焙而制成的组织松软的方便食品。

二、面包的分类

面包的品种繁多，目前世界上市场销售的面包种类至少有300多种。面包通常有如下分类方法。

（一）**按照面包的柔软度来分类**

主要分为两大类，一为软式面包，以日本、美国、东南亚为代表；一为硬式面包，以德、英、法、意等欧洲各国，及亚洲的新加坡、越南等国为代表。

（1）软式面包　这种面包讲求式样漂亮，组织细腻，以糖、油或蛋为主要配方，以便达到香酥松软的效果。软式面包以日本制作的最为典型，面包的刀工、造型与颜色，均十分讲究，尤以内馅香甜，外皮酥软滑口著称；至于美国面包，则是重奶油与高糖。软式面包多采用平盘烤箱烘烤。

（2）硬式面包（欧式面包）　欧洲人把面包当主食，偏爱充满咬劲的"硬面包"。硬式面包的配方简单，着重烘焙过程控制，表皮松脆芳香，内部柔软又具韧性，一股浓郁的麦香，越嚼越有味道。硬式面包最普遍有德国面包、法国面包、英式茅屋面包、意大利面包等多种。欧式面包则采用旋转烤箱，因此于烘焙初段时可喷蒸汽，除可使面包内部保水率增加，又能防止面包表面干硬。

（二）按照各国面包配方特点来分类

（1）美式面包　美式面包主要富含砂糖、油脂和鸡蛋等辅助原料，高糖、高热量、高蛋白，质地柔软。

（2）欧式面包　欧式面包大量采用谷物、果仁和籽作为面团材料。谷物含有丰富的纤维素和矿物质，有助提高新陈代谢，而果仁和籽则有丰富的不饱和脂肪，有益身体健康。欧式类面包源自于欧洲古世纪，是欧洲人的主食，一般更注重天然、低糖、营养、健康。欧式面包的吃法很多，既可用以开胃，也可当作甜点。对多数人来说，面包是一日三餐的主食。三明治、吐司、面包屑都来源于面包，有时做汤也用到它，如法国洋葱汤、大蒜汤等。还可用面包制成水果奶油布丁、面包布丁及法国吐司。非新鲜出炉的面包可制成面包干、面包屑，还可制成馅料和面包汤。

（3）日本面包　日本面包的品种和花色虽然较多，但配料基本在一定的范围内变化。需要指出的是主食面包和学生营养餐面包的糖、油脂和鸡蛋等的添加量都受到严格的控制。如果主食面包的含糖量超过10%，就归入花色面包类。例如：豆沙面包是主要的日本传统花色面包，豆沙与小麦粉的比例在（5:5）~（4:6）。普通花色面包与高级花色面包的主要区别在于糖、鸡蛋、盐和酵母的添加量不同。高级面包添加的糖、酵母和鸡蛋较多，但盐含量较低。

（三）按照烘焙方法来分类

（1）装模烘焙的面包；

（2）在烤盘上烘焙的面包；

（3）直接在烤炉上烘烤的面包。

（四）按照消费习惯来分类

（1）主食面包　主食面包，顾名思义，即当作主食来消费的。配方中辅料较少，进餐时食用的面包。

（2）点心面包　点心面包主要指配方中油脂、砂糖、鸡蛋、乳品含量较高，代替点心食用的面包。

（五）按照面包风味来分类

（1）主食面包　主食面包的配方特征是油和糖的比例较其他的产品低一些。根据国际上主食面包的惯例，以面粉量作基数计算，糖用量一般不超过10%，油脂低于6%。其主要根据是主食面包通常是与其他副食品一起食用，所以本身不必要添加过多的辅料。主食面包主要包括平项或弧顶枕形面包、大圆形面包、法式面包。

（2）花色面包　花色面包的品种甚多，包括夹馅面包、表面喷涂面包、油炸面包圈及因形状而异的品种等几个大类。它的配方优于主食面包，其辅料配比属于中等水平。以面粉量作基数计算，糖用量12%~15%，油脂用量7%~10%，还有鸡蛋、牛奶等其他辅料。与主食面包相比，其结构更为松软，体积大，风味优良，除面包本身的滋味外，尚有其他原料的风味。

（3）调理面包　属于二次加工的面包，烤熟后的面包再一次加工制成，主要品种有：三明治、汉堡包、热狗等三种。实际上这是从主食面包派生出来的产品。

（4）酥油面包　这是近年来开发的一种新产品，由于配方中使用较多的油脂，又在面团中包入大量的固体脂肪，所以属于面包中档次较高的产品。该产品既保持面包特色，又近于馅饼（Pie）及千层酥（Puff）等西点类食品。有明显层次及膨胀感，入口酥脆，含油量高。其特性为产品面团中裹入很多有规则层次油脂，加热汽化形成一层层又松又软的酥皮，外观呈金黄色，内部组织为一层层松酥层次。产品问世以后，由于酥软爽口，风味奇特，更加上香气浓郁，备受消费者的欢迎，近年来获得较大幅度的增长。

三、面包的特点

面包在世界人民的生活中，占有重要地位，它既可以当主食，也可以作点心，广泛受到人们的欢迎。面包具有如下几个特点。

（一）具有一定的营养价值

面包是一种营养丰富、松软可口、易于消化，又便于携带的食品。

面包是以小麦面粉为主要原料，以白糖、鸡蛋、饴糖、乳品、油脂为辅料，经液体酵母二次发酵、再经成形、醒发、烘烤而制成。一般面包所用的主料和辅料均有很高的营养价值。

加上面包中含有大量酵母，当面包烘烤完成后，酵母体也就成为面包中的营养素中含有大量易被消化的蛋白质和丰富的B族维生素。每克酵母中含有维生素$B_1$80～150微克，维生素$B_2$50～65微克。表5—1是部分面包品种含有的营养素。

表5-1　部分面包的营养素含量表

食物/100克	能量/千卡	蛋白质/克	糖类/克	脂肪/克	水分/克	纤维/克	灰分/克
面包	312	8.3	58.1	5.1	27.4	0.5	0.6
面包（多维）	318	8.8	51.9	8.4	30.9	0	0
面包（法式牛角）	375	8.4	53.1	14.3	21.3	1.5	1.4
面包（法式配餐）	282	10	57.7	1.2	28.3	1	1.8
面包（果料）	278	8.5	56.2	2.1	31.2	0.8	1.2
面包（黄油）	329	7.9	54.7	8.7	27.3	0.9	0.5
面包（麦胚）	246	8.5	50.8	1	38	0.1	1.6
面包（麦维）	270	8.3	48.5	4.7	37.7	0.1	0.7
面包（维生素）	279	8.8	48.3	5.6	36.1	0.3	0.9
面包（咸）	274	9.2	50.5	3.9	34.1	0.5	1.8
面包（椰圈）	320	9.5	59.6	4.8	25.1	0.3	0.7

（二）易于消化吸收

面包的消化吸收率也较高，其中糖的消化吸收率为97%，脂肪为93%，蛋白质为85%。面包的消化吸收率高，主要有以下几方面的原因：第一，面包的结构疏松，内部有大量的蜂窝，显著增加它的面积，扩大了消化器官中各种酶与面包的接触面，从而促进消化吸收过程。第二，面包经两次发酵过程后，淀粉等物质在酶作用下，分解成结构更简单，更易于消化的物质。第三，面包色、香、味俱全，可以引起人们的食欲，令口腔中大量分泌唾液，提高对面包的消化和吸收率。

（三）便于储存

面包是经过烘焙的食品，其含水量仅为35%～42%，加上经过高温烘烤，杀菌比较彻底，因此容易保管储存，具有较长的货架期。

（四）食用方便

面包的食用方法多种多样，可以作主食，可以作点心，还可以与其他菜肴、小吃、饮品等搭配食用；冷食和热食均可。

第二节　面包制作的膨松原理

一、发酵原理

面包面团的发酵原理，主要是由构成面包的基本原料（面粉、水、酵母、盐）的特性决定的。

面粉是由蛋白质、碳水化合物、灰分等成分组成的，在面包发酵过程中，起主要作用的是蛋白质和碳水化合物。面粉中的蛋白质主要由麦胶蛋白、麦谷蛋白、麦清蛋白和麦球蛋白等组成，其中麦谷蛋白、麦胶蛋白能吸水膨胀形成面筋质。这种面筋质能随面团发酵过程中二氧化碳气体的膨胀而膨胀，并能阻止二氧化碳气体的溢出，提高面团的保气能力，它是面包制品形成膨胀、松软特点的重要条件。面粉中的碳水化合物大部分是以淀粉的形式存在的。淀粉中所含的淀粉酶在适宜的条件下，能将淀粉转化为麦芽糖，进而继续转化为葡萄糖供给酵母发酵所需要的能量。面团中淀粉的转化作用，对酵母的生长具有重要作用。

酵母是一种生物膨胀剂，当面团加入酵母后，酵母即可吸收面团中的养分生长繁殖，并产生二氧化碳气体，使面团形成膨大、松软、蜂窝状的组织结构。酵母对面包的发酵起着决定的作用，但要注意使用量。如果用量过多，面团中产气量增多，面团内的气孔壁迅速变薄，短时间内面团持气性很好，但时间延长后，面团很快成熟过度，持气性变劣。因此，酵母的用量要根据面筋品质和制品需要而定。一般情况，鲜酵母的用量为面粉用量的3%～4%，干酵母的用量为面粉用量的1.5%～2%。

水是面包生产的重要原料，其主要作用有：水可以使面粉中的蛋白质充分吸水，形成面筋网络；水可以使面粉中的淀粉受热吸水而糊化；水可以促进淀粉酶对淀粉进行分解，帮助酵母生长繁殖。

盐可以增加面团中面筋质的密度，增强弹性，提高面筋的筋力，如果面团中缺少盐，醒发后面团会有下塌现象。盐可以调节发酵速度，没有盐的面团虽然发酵的速度快，但发酵极不稳定，容易发酵过度，发酵的时间难于掌握。盐量多则会影响酵母的活力，使发酵速度减慢。盐的用量一般是面粉用量的1%～2.2%。

综上所述，面包面团的四大要素是密切相关，缺一不可的，它们的相互作用才是面团发酵原理之所在。其他的辅料（如：糖、油、奶、蛋、改良剂等）也是相辅相成的，它们不仅仅是改善风味特点，丰富营养价值，对发酵也有着一定的辅助作用。糖是供给酵母能量的来源，糖的含量在5%以内时能促进发酵，超过6%会使发酵受到抑制，发酵的速度变得缓慢；油能对发酵的面团起到润滑作用，使面包制品的体积膨大而疏松；蛋、奶能改善发酵面团的组织结构，增加面筋强度，提高面筋的持气性和发酵的耐力，使面团更有胀力，同时供给酵母养分，提高酵母的活力。

二、影响面团发酵的因素

面团发酵，一是要保持旺盛的产生二氧化碳的能力；二是面团必须保持好气体，不使之逸散，即形成具有良好伸展性、弹性和可以持久地包住气泡的结实的膜。影响面团发酵的主要因素如下。

（一）糖（碳水化合物）

酵母在发酵过程中只能利用单糖。一般情况下，面粉中的单糖很少，不能满足面团发酵的需要。酵母发酵所需的单糖主要来自两方面：一是面粉中淀粉经一系列水解成单糖；二是配料中加入的蔗糖经酶水解成单糖。

在发酵过程中，淀粉在淀粉酶的作用下水解成麦芽糖。酵母本身可分泌麦芽糖酶和蔗糖酶，将麦芽糖和蔗糖水解成相应的单糖。在整个面团发酵过程中，酵母利用这些糖类及其他营养物质进行有氧呼吸和无氧发酵，促使面团发酵成熟。

面粉中不含乳糖，只有加入乳及乳制品时才含有乳糖。酵母不能分解乳糖，故发酵过程中，乳糖保持不变，但它对面包的着色起着良好的作用。只有在面团中含有乳酸菌引起乳酸发酵时，乳糖含量才减少。在面团发酵中，各种糖被利用的次序是不同的。当葡萄糖与果糖共存时，酵母首先利用葡萄糖，只有葡萄糖被大量消耗后，果糖才被利用。当葡萄糖、果糖、蔗糖三者共存时，葡萄糖先被利用，然后利用蔗糖转化生成的葡萄糖，其结果是蔗糖比最初存在于面团中的果糖先被利用。这样，随着发酵的进行，葡萄糖、蔗糖量降低，而果糖的浓度则有所增加。但当浓度达到一定时，受酵母强烈发酵作用的影响，果糖的含量也会减少。

麦芽糖与上述三种糖共存时，大约需1小时后才能被利用发酵。因此可以说麦芽糖是发酵后期才起作用的糖。

（二）温度

温度是酵母生命活动的重要因素。面包酵母的最适宜温度为25～28℃。如果发酵温度低于25℃，会影响发酵速度而延长生产周期；如果提高温度，虽然缩短了发酵时间，但温度过高会给杂菌生长创造有利条件，进而影响产品质量。例如，醋酸菌最适宜温度是35℃，乳酸菌最适宜温度是37℃，这两种菌生长繁殖会提高面包酸度，降低制品质量。另考虑到面团发酵过程中，酵母菌代谢活动也会产生一定的热量而提高面团温度，故发酵温度应控制在25～28℃为宜，最高不超过35℃。

（三）酵母的质量和数量

在面团发酵过程中，酵母发酵力对面团发酵有着很大的影响，它也是酵母质量的重要指标。在酵母用量相同的情况下，用发酵力高的酵母发酵速度快，否则发酵速度慢。所以，一般要求鲜酵母发酵力在650毫升以上，活性干酵母的发酵力在600毫升以上。

在酵母发酵力相同的情况下，适当增加酵母的用量可以加快发酵速度，并且酵母用量与面粉质量有一定关系。用标准粉制造面包时，酵母用量在0.8%～1%；用精粉生产面包时，酵母用量在1%～2%。需注意的是酵母用量并非越多越好，若酵母量太高，则酵母的繁殖率反而下降。只有在发酵面团中酵母数量恰当时，其繁殖率才最高。

（四）酸度

在酵母发酵的同时，也发生着其他发酵反应，如乳酸发酵、醋酸发酵、丁酸发酵、酪酸发酵等。

乳酸发酵是面团中经常发生的过程，面团在发酵中受乳酸菌污染，在适宜条件下乳酸菌便生长繁殖，分解单糖而产生乳酸。面包中约60%的酸度来自于乳酸，其次是醋酸。乳酸虽然增加了面团酸度，但可以与乙醇发酵中产生的乙醇发生酯化反应，改善面包风味。

醋酸发酵是由醋酸菌将酵母发酵过程中产生的乙醇化成醋酸过程，醋酸会给面包带来刺激性酸味，在面包生产中就尽量避免这类发酵作用。

丁酸发酵是丁酸菌将单糖分解成丁酸和二氧化碳，丁酸菌含有很多酶，这些酶能水解多糖成为可发酵糖，供发酵使用。

酪酸发酵的条件是乳酸的积蓄，正常条件下酪酸发酵极微，当发酵温度较高、时间较长时，会发生酪酸发酵，带来的异臭味。

面团在发酵过程中酸度增高是由这些杂菌繁殖引起的，它们主要混杂于鲜酵母中，故保持酵母的纯度非常重要；面团中加入酵母数量的多少，也是影响到面团酸度的重要因素，面团酸度也会随着酵母用量的增加而升高。同时，作为酵母营养液而加入的氯化铵分解后，氨被酵母所利用，而残存的盐酸也具有提高面团的酸度的作用。另外，这些产酸菌主要是嗜温性菌，所以要严格控制面团的发酵温度，以防止产酸菌的生长和繁殖。

综上所述，在面团pH为5.5时，对气体保持能力最合适，体积最大，这是因为在等电点时蛋白质充分显露出两性性质，蛋白质分子易于互相结合，形成面筋网络。但随着发酵的进行，pH降到5.0以下时，偏离等电点（5.5），气体保持能力会急速恶化，面团体积就越小。所以，在面团发酵管理上，一定控制面团pH在4～6。

（五）加水量

酵母的芽孢增长率因面团中水分多少而异。在一定范围内，面团内含水量越多，酵母芽孢增殖越快，反之越慢。

正常情况下，加水量多的面团面筋水化和结合作用越容易进行，容易被二氧化碳气体所膨胀，加快面团的发酵速度，因此气体保持力也好，但要是超过了一定限度，加水过多，面团的膜的强度会变得软弱，气体保持力也会下降。同时，较软的面团（加水多的面团），易受酶的分解作用，所以气体保持力很难长久。加水量少的面团对气体的抵抗力较强，从而抑制了面团的发酵速度。所以面团适当调得软些，对发酵是有利的。

面团中加水量要根据面粉的吸水能力和面粉中蛋白质含量多少而定。不同种类面粉的蛋白质含量及其吸水率如表5-2所示。

表5-2　不同面粉蛋白质含量及其吸收率表

面粉种类	蛋白含量/%	吸水率/%
软质小麦粉	11.00	47.8
硬质小麦粉	18.15	51.8

从表5-2中可知：面粉中蛋白质含量高则吸水率高，反之，则吸水率低。所以在调粉时，一般要根据测得的面粉面筋含量来决定水量。

（六）面粉

来自面粉的影响主要是面粉中面筋和酶及其新陈程度的影响。

1．面筋

面团发酵过程中产生大量二氧化碳气体，需要用强力面筋形成的网络包住，才能使面团膨胀形成海绵状结构。如果面粉中含弱力面筋时，在面团发酵中产生的大量气体不能被保住而逸，易造成面包坯塌架。所以生产面包时要选择面筋含量高且筋力强的面粉。

2．酶

酵母在发酵过程中，需要淀粉酶将淀粉不断地分解成单糖供酵母利用。如果使用已变质或者经过高温处理的面粉，淀粉酶的活力受到抑制，会降低淀粉的糖化能力，影响面团正常发酵。此时，可以添加一些淀粉酶作为改良剂，也有用麦芽粉或麦芽糖汁作为面团改良剂来弥补上述不足的，但用量不能过多，否则面团变软、面包发黏。

3．面粉的新陈程度

面粉不管是太新或是太陈，气体保持能力都会下降。如果属于新粉，那么延长发酵时间或使用氧化剂等方法可以调整，如果太陈，则比较困难。即使蛋白质很多，但等级低的面粉，也就是麸皮多的面粉，气体保持力也小。

4．调粉

当小麦粉的品质一定，掌握好调粉的程度是得到理想面团的保证。调粉不足和过度，都会引起面团气体保持能力下降。但是当调粉时面团的结合不够理想时，可以通过增加发酵时间，使面团在发酵过程中结合扩展，提高气体保持力。当采用快速发酵法时，调粉就成为面团气体保持力形成的决定因素。

5．翻面

翻面也称撤粉。即当面团发酵到一定程度时，将发酵槽的面团向下按压，将四周的面拉向中间来的操作过程。这样不仅放跑面团中气体，而且使各部分互相掺和。一般中种法时不用翻面，直到第二次调粉时进行。但直接发酵法，当面团发酵到一定程度时需要翻面，否则，面团变得易脆裂，保气性差。翻面的作用主要是：①使面团温度均匀，发酵均匀；②混入新鲜空气，以降低面团内二氧化碳的浓度，因为当二氧化碳在面团内浓度太大时会抑制发酵；③促进面团面筋的结合和扩展，增加面筋对气体的保持力，这是翻面最重要的作用。直接法面团发酵到一定程度，如不翻面，发酵产生的二氧化碳会漏失。但如适时翻面，介入新鲜氧气，不仅会刺激发酵，而且气体保留性会增加，翻面之后面团膨胀增快。因此，翻面的主要目的不在于产生气体，而在于增加气体的保留性。

第三节　面包的生产方法

一、面包制作流程

面包的生产制作方法很多，采用哪种方法主要应以工厂的设备、工厂空间、原料的情况甚至以顾客的口味要求等因素来决定，所谓生产方法不同是指发酵工序以前各工序的不同，从整形工序以后都是相同的。目前世界各国普遍使用的基本方法有五种，即一次发酵法或称直接发酵法、二次发酵法或称中种发酵法、快速发酵法、基本中种面团发酵法、连续发酵法（液体发酵法）等，其中以一次发酵法和二次发酵法为最基本的生产法。

1．一次发酵法面包生产工艺流程

原料选择与处理 → 面团调制 → 发酵 → 分块 → 搓圆 → 中间醒发 → 压片 → 成形 → 装盘装听 → 最后醒发 → 烘焙 → 冷却 → 切片 → 包装

一次发酵法或称为直接法。这种方法被使用最普遍，无论是较大规模生产的工厂或家庭式的面包房都可采用一次发酵法制作各种面包，这种方法的优点如下。

①只使用一次搅拌，节省人工与机器的操作。

②发酵时间较二次发酵法短，减少面团的发酵损耗。

③使面包具有更佳的发酵香味。

但一次发酵法也有缺点，主要表现在酵母用量大，生产灵活性差，产品质量不如二次法。

2．二次发酵法面包生产工艺流程

原料选择与处理 → 种子面团调制 → 发酵 → 主面团搅拌 → 延续发酵 → 分块 → 搓圆 → 中间醒发 → 压片 → 成形 → 装盘装听 → 最后醒发 → 烘焙 → 冷却 → 切片 → 包装

二次发酵法是使用二次搅拌的面包生产方法。第一次搅拌时将配方中60%～80%的面粉，55%～60%的水，以及所有的酵母，改良剂全部倒入搅拌缸中慢速搅匀成表面粗糙而均匀的面团，此面团就叫作中种面团（接种面团）。然后把中种面团放入发酵室内发酵至原来面团体积的4～5倍，再把此中种面团放进搅拌缸中，与配方中剩余的面粉、水、糖、盐、奶粉和油脂等一齐搅拌至面筋充分扩展，再经过短时间的延续发酵（一般为20～30分钟）就可做分割和整形处理。"这第二次搅拌而成的面团"叫主面团，材料则称为主面团材料，采用二次发酵法比一次发酵法有如下优点。

①在接种面团的发酵过程中，面团内的酵母有理想条件来繁殖，所以配方中的酵母的用量较一次发酵法节省20%。

②用二次发酵法所做的面包，一般体积较一次发酵法的要大，而且面包内部结构组织均细密柔软，面包的发酵香味好。

③一次发酵法的工作时间固定，面包发好后须马上分割整形，不可稍有耽搁，但二次发

酵法发酵时间弹性较大，发酵后的面团如因遇其他事故不能立即操作时可以在下一工序补救处理。

但二次发酵法也有缺点，它需要较多的劳力来做二次搅拌和发酵工作，需要较多和较大的发酵设备和场地。

二、关键环节说明（以二次发酵法为例）

（一）原料选择与处理

（1）原材料处理　直接关系到面团调制、发酵，成品质量。

（2）小麦粉的处理　在投料前小麦粉应过筛，除去杂质，使小麦粉形成松散而细小的微粒，还能混入一定量的空气，有利于面团的形成及酵母的生长和繁殖，促进面团发酵成熟。在过筛的装置中要安装磁铁，以利于清除磁性金属杂质。

（3）酵母的处理　压榨酵母、活性干酵母，在搅拌前一般应进行活化；如使用压榨酵母，则加入酵母重量5倍、30℃左右的水；如使用干酵母，则加入酵母重量约10倍的水，水温40～44℃，活化时间为10～20分钟。活化期间不断搅拌。

为了增强发酵力，也可在酵母分散液中加5%的砂糖，以加快酵母的活化速度。酵母溶解后应在30分钟内使用，如有特殊情况，溶解后不能及时使用，要放在0℃的冰箱中或冷库中短时间储存；使用高速成搅拌机时，酵母不需活化而直接投入搅拌机中。即发活性干酵母不需进行活化，可直接使用。

（二）种子面团调制

将配方中60%～80%的面粉，55%～60%的水，以及所有的酵母，改良剂全部倒入搅拌缸中慢速搅匀成表面粗糙而均匀的面团，此面团就叫做中种面团（接种面团）。

（1）搅拌投料顺序

①先将水、糖、蛋、面包添加剂置于搅拌机中充分搅拌，使糖全部溶化，面包添加剂均匀地分散在水中，能够与面粉中的蛋白质和淀粉充分作用；

②将奶粉、即发酵母混入面粉中，然后放入搅拌机中搅拌成面团；

③当面团已经形成，面筋还未充分扩展时加入油脂；

④最后加盐，一般在面团中的面筋已经扩展，但还未充分扩展或面团搅拌完成前的5～6分钟加入。

（2）搅拌时间的控制　影响面团搅拌的因素很多，如小麦粉的质量，搅拌机的形，转数，加水率，水质，面团温度和pH，辅助材料，添加剂等等。

搅拌时间应根据搅拌机的种类来确定：搅拌机不变速，搅拌时间15～20分钟；变速搅拌机，10～20分钟。防止搅拌不足和搅拌过度。

（3）面团温度的控制　适宜的面团温度是面团良好形成的基础，又是面团发酵时所要求的必要条件。因此应根据加工车间情况和季节的变化来适当调整面团的温度。

影响面团温度的因素：面粉和主要辅料的温度、室温、水温、搅拌时增加的温度等。面包面团的理想温度为26～28℃。

（三）发酵

即中种面团的发酵，当配方中所使用的酵母（新鲜）量为2%左右，在温度26℃，相对湿度为75%的发酵环境中，如果搅拌后的中种面团温度为25℃时，所需的时间为2~3.5小时左右。观察接种面团是否完成发酵，可由面团的膨胀情况和两手拉扯发酵中面团的筋性来决定。主要特征如下。

①发好的面团体积为原来搅拌好的面团体积的4~5倍。

②完成发酵后的面团顶部与缸侧齐平，甚至中央部分稍微下陷，此下陷的现象在烘焙学中称为"面团下陷"，表示面团已发酵好；

③用手拉扯面团的筋性进行测试。可用中、食指捏取一部分发酵中的面团向上拉起，如果在轻轻拉起时很容易断裂，表示面团完全软化，发酵已完成；如拉扯时仍有伸展的弹性，则表示面筋未完全成熟，尚需要继续发酵。

④面团表面干燥。

⑤面团内部会发现很多规则的网状结构，并有浓郁的酒精香味。

影响发酵的因素很多，如配方中酵母用量过多，水分过多，搅拌后中种面团温度过高，发酵室内温度过高，均会影响面团的发酵。这些因素之一或全部，会使面团膨胀及很快下陷，如果只由观察的判断可以认为面团至此已完成发酵。可是如果用手拉扯面团则会发现面筋仍有强韧的伸展性，如果以此来做面包，则不会得到良好的产品，因为面筋尚未完全软化，所以上述因素，对于基本发酵是很重要的，良好的发酵必须使面团达到膨胀的极限（面团下陷）和面团成熟的程度同时完成。

（四）主面团搅拌

再把发酵至原来面团体积的4~5倍的中种面团放进搅拌缸中，与配方中剩余的面粉、水、糖、盐、奶粉和油脂等一齐搅拌至面筋充分扩展。

（五）延续发酵

即主面团的发酵。第二次搅拌完成后的主面团不可立即分割整形，因为刚搅拌好的面团面筋受机器的揉动像拉紧的弓弦一样，必须有适当的时间松弛，这是主面团延续发酵的作用。一般主面团延续发酵的时间必须根据接种面团和主面团粉的使用比例来决定，原则上85/15（接种面团85%，主面团面粉15%），需要延续发酵15分钟，75/25的则需要25分钟，60/40的约为30分钟。

（六）分块

分块就是按着面包成品的质量要求，把发酵好的大块面团分割成小面团，并进行称量。

（七）搓圆

（1）搓圆的作用

①使分割的面团有一光滑的表皮，在后面操作过程中不会发黏，烤出的面包表皮光滑好看。

②新分割的小块面团，切口处有黏结性，搓圆施以压力，使皮部延伸将切口处覆盖或使分割得不整齐的小块面团变成完整的球形。

③分割时面筋的网状结构被破坏而紊乱，搓圆可以恢复其网状结构。

④排出部分二氧化碳，使各种配料分布均匀，便于酵母的进一步繁殖和发酵。

（2）搓圆方法　搓圆分为手工搓圆或机械搓圆。

（八）中间醒发

（1）中间醒发的作用

①使搓圆后的紧张面团，经中间醒发后得到松弛缓和，以利于后道工序的压片操作。

②使酵母产气，调整面筋的延伸方向，让其定向延伸，压片时不破坏面团的组织状态，又增强持气性。

③使面团的表面光滑，持气性增强，不易黏附在成形机的辊筒上，易于成形操作。

（2）中间醒发的工艺要求

①温度：以27～29℃为最适宜，温度过高会促进面团迅速老熟，持气性下降；温度过低，面团冷却，醒发迟缓，延长中间醒发时间。

②相对湿度：适宜的相对湿度为70%～75%。太干燥，面包坯表面易结成硬壳，使烤好的面包内部残存硬面块，组织差；湿度过大，面包坯表面结水使黏度增大，影响下一工序的成形操作。

③中间醒发时间：12～18分钟。

④中间醒发适宜程序的判别：中间醒发后的面包坯体积相当于中间醒发前体积的0.7～1倍时为合适。

（九）压片

压片是提高面包质量，改善面包纹理结构的重要手段，压片的主要目的是把面团中原来的不均匀大气泡排除掉，使中间醒发时产生的新气体在面团中均匀分布，保证面包成品内部组织均匀，无大气孔。

压片和不压片的面包最主要的区别就在于前者内部组织均匀，而后者则不均匀，气孔多，气孔大。一般采用压片机。技术参数：转速为140～160转/分钟，辊长220～240毫米，压辊间距0.8～1.2厘米。压片时，面团在压辊间辊压，同时用手工拉、捅。每压一次，需折叠一次，如此反复，直至面片光滑、细腻为止。

（十）成形

成形是把压片后的面团薄块做成产品所需要的形状，使面包外观一致，式样整齐。成形分为手工和机械成形两种方式。我国大多数面包厂采用手工或半手工、半机械化成形方法。一般情况下，手工成形多用于花色面包和特殊形状面包的制作。而机械成形多用于主食面包的制作，形状简单，产量大。

（十一）装盘装听

装盘（听）就是把成形后的面团装入烤盘或烤听内，然后送入醒发室醒发。

（1）烤盘刷油和预冷　在装入面团前，烤盘或烤听必须先刷一层薄薄的油，防止面团与烤盘粘连，不易脱模。刷油前应将烤盘（听）先预热到60～70℃。

（2）烤盘（听）规格及预处理　需特别注意烤听的体积和面团大小相匹配。体积太大，会使面包成品内部组织均匀，颗粒粗糙；体积太小，则影响面包体积膨胀和表面色泽，并且顶部胀裂得太厉害，易变形。

（十二）最后醒发

（1）醒发的目的　面团经过压片、整形后处于紧张状态，醒发可以增强其延伸性，以利于体积充分膨胀；使面包坯膨胀到所要求的体积；改善面包的内部结构，使其疏松多孔。

（2）醒发的影响因素　醒发的温度、时间、湿度以及面粉中面筋的含量和性能等。温度

38～40℃，相对湿度80～90%，以85%为宜。醒发的时间：60～90分钟。

（3）面团醒发时的注意事项

①温度可凭室内的温度计控制。湿度主要靠观察面团表面干湿程度来调节。正常的湿度应该是面团表面呈潮湿、不干皮状态。

②根据烘焙进度及时上下倒盘，使之醒发均匀，配合烘焙，如果已醒发成熟，但不能入炉烘焙时，可将面团移至温度较低的架子底层或移出醒发室，防止醒发过度。

③从醒发室取盘烘焙时，必须轻拿轻放，不得振动和冲撞，防止面团跑气塌陷。

④特别注意控制湿度，防止滴水。醒发适度的面团表皮很薄，很弱。如果醒发室相对湿度过大，水珠直接滴到面团上，面团表皮会很快破裂，跑气塌陷，而且烘焙时极不易着色。

（十三）烘焙

烘烤是面包加工的关键工序，由于这一工序的热作用，使生面包坯变成结构疏松、易于消化、具有特殊香气的面包。在烘烤过程中，面包发生一系列变化。

（1）面包的烘烤原理　面团醒发入炉后，在烘烤过程中，由热源将热量传递给面包的方式有传导、对流和辐射。这三种传热方式在烘烤中是同时进行的，只是在不同的烤炉中主次不一样。

①传导：传导是热源通过物体把热量传递给受热物质的传热方式。其作用原理是物料固体内部分子的相对位置不变，较高温度的分子具有较大的动能，通过激烈振动，把热量通过传导方式传给温度较低的分子。即通过烤盘或模具传给面包底部或两侧。在面包内部，表皮受热后的热量也是通过一个质点传给另一个质点的方式进行的。传导是面包加热的主要方式。传导加热的特点是火候小，对面包内部风味物质的破坏少，烘烤出的食品香气足，风味正。至今，在法国巴黎、哈尔滨的秋林公司食品厂等地，仍用木炭加热的砖烤炉烘烤面包。

②对流：对流是依靠气体或液体的流动，即流体分子相对位移和混合来传递热量的传热方式。在烤炉中，热蒸汽混合物与面包表面的空气发生对流，使面包吸收部分热量。没有吹风装置的烤炉，仅靠自然对流所起的作用是很小的。目前，有不少烤炉内装有吹风装置，强制对流，对烘烤起着重要作用。

③辐射：辐射是用电磁波来传递热量的过程。热量不通过任何介质，像光一样直接从热源射出，即热源把热量直接辐射给模具或面包。例如，目前在全国广泛使用的远红外烤炉以及微波炉，即是现代化烤炉辐射加热的重要手段。

（2）面包在烘烤过程中的温度变化　在烘烤过程中，面包内外温度的变化，主要是由于面包内部温度不超过100℃，而表皮温度超过100℃。在烘烤中，面包内的水分不断蒸发，面包皮不断形成与加厚以至面包成熟。烘烤过程中面包温度变化情况如下。

①面包皮各层的温度都达到并超过100℃，最外层可达180℃以上，与炉温几乎一致。

②面包皮与面包心分界层的温度，在烘烤将近结束时达到100℃，并且一直保持到烘烤结束。

③面包心内任何一层的温度直到烘烤结束均不超过100℃。

（3）面包在烘烤过程中的水分变化　在烘烤过程中，面包中发生的最大变化是水分的大量蒸发，面包中水分不仅以气态方式与炉内蒸汽交换，而且也以液态方式向面包中心转移。当烘烤结束时，使原来水分均匀的面包坯成为水分不同的面包。

当冷的面包坯送入烤炉后，热蒸汽在面包坯表面很快发生冷凝作用，形成薄薄的水层。

这小部分水分一部分被面包坯所吸收。这个过程大约发生在入炉后的3~5分钟。因此，面包坯入炉后5分钟之内看不见蒸发的水蒸气。主要原因是在这段时间内面包坯内部温度才只有大约40℃。同时，面包有一个增重过程，但随着水分蒸发，面包重量迅速下降。

面包皮的形成过程如下：在200℃的高温下，面包坯表面剧烈受热，很短时间内，面包坯表面几乎失去了所有的水分，并达到与炉内温度相适应的水分动态平衡。这样就开始形成面包皮。

当面包坯表层与炉内达到平衡温、湿度时，就停止蒸发，因而这层就很快加热到100℃以上，故面包皮的温度都超过100℃。由于面包表皮与瓤心的温差很大，表皮层的水分蒸发很强烈，而里层向外传递的水分小于外层的水分蒸发速度，因而在面包坯表面开始形成一个蒸发区域（或称蒸发层或干燥层），随着烘烤的进行，这个蒸发层就逐渐向内转移，使蒸发区域慢慢加厚，最后就形成一层干燥无水的面包皮。蒸发层的温度总是保持在100℃，它外面的温度高于100℃，里边的温度接近100℃。

同时，面包皮的厚度受烘烤温度和时间的影响。由于面包的水分蒸发层是平行面包表面向里推进的，它每向里推进一层，面包皮就加厚一层。故烘烤进行越长，面包皮就越厚。为了保证面包质量，在烘烤过程中，必须遵守烘烤温度和时间的规定。

烘烤时间不同，面包各部位的含水量变化也不同。炉内的湿度越高、温度越低以及面包坯的温度越低，则冷凝时间越长，水的凝聚量越多；反之，冷凝时间越短，凝聚量越少。随后不久，当面包表面的温度超过零点时，冷凝过程便被蒸发过程所取代。

随着面包表面水分的蒸发，形成了一层硬的面包皮。这层硬的皮阻碍着蒸汽的散失，加大了蒸发区域的蒸汽压力；也由于面包瓤内部的温度低于蒸发区域的温度，加大了内外层的蒸汽压差。于是，就迫使蒸汽向面包内部推进，遇到低温就冷凝下来，形成一个冷凝区。随着烘烤时间的延长，冷凝区域逐渐向中心转移。这样，面包外层的水分便逐渐移向中心。

（4）面包在烘烤过程中的体积变化　体积是面包最重要的质量指标。面包坯入炉后，面团醒发时积累的二氧化碳和入炉后酵母最后发酵产生的二氧化碳、水蒸气、酒精等受热膨胀，产生蒸汽压，使面包体积迅增大，这个过程大致发生在面包坯入炉后的5~7分钟内，即入炉初期的面包起发膨胀阶段。因此，面包坯入炉后，应控制上火，即上火不要太大，应适当提高底火温度，促进面包坯的起发膨胀。如果上火大，就会使面包坯过早形成硬壳，限制了面包体积的增长，还会使面包表面断裂、粗糙、皮厚有硬壳，体积小。

将面包坯放入烤炉后，面包的体积便有显著的增长，随着温度提高，面包体积的增长速度减慢，最后停止增加。面包体积的这种变化是由于它产生的物理、微生物和胶体化过程而引起的。

面包在烘烤中的体积变化，可分为两个阶段：第一个是体积增大阶段；第二个是体积不变阶段。在第二阶段中，面包体积的不再增长，显然是受面包皮的形成和面包瓤加厚的限制。

在烘烤中，当面包皮形成以后，开始丧失延伸性，降低了透气性，形成了面包体积增长的阻力。而且蛋白质凝固和淀粉糊化构成的面包瓤的加厚，也限制了里边面包瓤层的增长。

所以，烘烤开始时，如果温度过高，很快停止了面包体积的增长，就会使面包体积小或造成表面的断裂。如果炉温过低而过多地延长了体积变化的时间，将会引起面包外形的凹陷或面包底部的粘连。由于没有遵守操作规程，都会导致面包质量变坏。

面包的重量越大，它们单位体积越小，听型面包比非听型面包的体积增长值要大些。用喷水湿润的烤炉制出来的面包，由于面包皮形成慢，厚度小，使面包的高度和体积都有所增加。此外，影响面包体积变化的还有烤炉温度，面团的产气能力和面团的稠度等。

（十四）冷却

面包冷却不可少，因为面包刚出炉时表皮干脆而内心柔软，还要让其在常温下自然散热。如果用电风扇直接吹，会使面包表皮的温度急速下降，面内部的水分不能自然排出，水分就会回流而使底部含水量不稳定，最终会使面包粘牙及保质期变短（底部发霉）。当面包充分冷却后就要及时进行包装。

（十五）切片

一些面包在充分冷却后，还要进行切片操作。例如：切片面包等。因为刚刚烤好的面包表皮高温低湿，硬而脆，内部组织过于柔软易变形，不经冷却，切片操作会十分困难。

（十六）包装

一是为了卫生避免在运输、储存和销售过程中受到污染；二是可以防止面包的水分过分损失，防止面包老化，使面包保鲜期延长；三是美观漂亮的包装也能增加消费者的食欲。

第四节　面包制作实例

一、主食面包

1. 法国面包（法棍）（图5-1）

法国面包（baguette），因外形像一条长长的棍子，所以俗称法棍，是世界上独一无二的法国特产的硬式面包。其被作为主食面包的特点就是低糖量、低脂肪而且表皮香脆，内里松软，弹性佳，咬劲十足，渐渐被人们接受和喜爱。

原料配方：高筋粉800克，低筋粉200克，酵母12克，盐20克，改良剂10克，水640克。

制作工具或设备：和面机，笔式测温计，西餐刀，醒发箱，擀面杖，烤盘，烤箱。

制作过程：

①搅拌：将所有材料放入搅拌，搅拌好的面团温度在26℃左右，法式面团要控制搅拌时间，面筋不必完全扩展。

②醒发：面团基本发酵30分钟，温度设定28℃，相对湿度40%。面团在28～30℃范围内醒发，如室内温度高，可直接放在外面，为避免表面干燥，上盖塑料袋。由于法国面包面团中不含糖、蛋、油脂等柔性材料，为了使面团更为柔软，整形时容易延展，所以基本醒发要进行得柔和，在28℃环境内醒发60分钟。过度搅拌会使面团过度伸展，以致使烤制好的面包味道过于清淡。延长醒发以求保持面团的最低膨胀度，最大限度地发挥出材料原有的风味，使法国面包具有独特的麦香味。

③分割滚圆：分割每个面团重量为350克，共可分割5个面团。滚圆时面团不要滚太紧，避免成形时面团难以延伸。分割滚圆后面团松弛30分钟，根据面团的收缩伸展状况以及面团

筋性的强弱可适度延长松弛时间。

④成形：棍状面包的长度一般为55厘米左右，接缝处下放入烤盘。

⑤发酵：面团最后醒发60分钟左右。

⑥烤焙：发酵好的面团需割刀后再烘烤，所划刀数没有规定，但要从面团的一端到另一端均匀分布。割刀时刀片45度角，第一刀刀尾的前1/3是第二刀的刀头，两刀之间的间隔不超过1厘米。进炉喷蒸汽，法国面包急速膨大，表皮由于蒸汽喷入，形成一层薄薄的焦皮，面包烤至成熟时焦皮就会变得很脆，出炉后表面会有龟裂现象，面包进炉如果不是喷入蒸汽，而是采用喷水，会使烤炉内热能减少温度降低，面包的体积膨胀性变差，表面坚硬而非酥脆，也不会有龟裂。

焙烤温度：上火190℃，下火210℃，喷蒸汽6~10秒，烘烤25~30分钟。

⑦面包出炉，自然冷却即可。

风味特点：表皮香脆，内里松软，弹性佳，咬劲十足。

2．牛奶硬面包

原料配方：高筋面粉300克，低筋面粉30克，糖40克，酵母5克，盐3克，牛奶125毫升，鸡蛋1个，奶粉20克，淡奶油125克。

制作工具或设备：搅拌桶，笔式测温计，西餐刀，醒发箱，擀面杖，烤盘，烤箱。

制作过程：

①将牛奶加热到沸腾，晾温后化开酵母和砂糖，静置10分钟。

②将所有的原料和酵母液混合，和成光滑的面团，静置到面团发酵至原来的2倍大。

③面团用手揉扁，分割成8份，滚圆，盖保鲜膜静置15分钟。

④取一份面团，擀成一个长条的面片，然后三折，折叠后翻过去，再擀成一个细长的条，再翻过来，把长条卷起来。

⑤折腾好的面团放入烤盘，每个面团之间要保留很大的空隙，盖上保鲜膜静置到面团发酵到原来的2倍大。

⑥烤箱预热210℃，面团表面刷上一层蛋液，放入烤箱烘烤20~25分钟。

⑦面包出炉，自然晾凉即可。

风味特点：色泽金黄，口感膨松。

3．面包圈（图5-2）

原料配方：高筋面粉250克，低筋面粉50克，酵母7克，蜂蜜10克，奶粉25克，鸡蛋1个，黄油30克，温水140克，豆沙馅150克，芝麻仁15克，椰蓉10克。

制作工具或设备：搅拌桶，笔式测温计，西餐刀，醒发箱，擀面杖，烤盘，烤箱。

制作过程：

①除黄油外的全部材料拌匀，和成面团，这时把黄油一点点地揉进面里，揉至成团，手工揉面30分钟左右。

②第一次发酵，揉好的面装进保鲜袋裹上，放入醒发箱保温保湿，发酵一个小时成原体积的2倍多。

③将发好的面团分成4份，轻轻地将里面的空气排出，盖温布静置20分钟。

④将一份醒好的面团，用擀面杖稍擀压将红豆馅包进面团里，稍压扁后再擀成长舌形，长舌面包坯上划十几条口子，不要切断，将面包坯翻个面，卷成长条圆柱状，圆柱收口处捏

紧，弯成圆形头尾相交捏紧。码放在加有烘焙纸的烤盘上，这样一个面包卷就做好了，其他3只按步骤做好后，放进醒发箱里进行第二次发酵，以湿手指轻按表面不弹起为发酵好了。

⑤发酵好的面包坯抹蛋黄汁、撒椰蓉。

⑥预热烤箱180℃，烤制30分钟左右，时间过半观察上色后，上扣烤盘继续烤好为止。

⑦面包出炉，自然晾凉即可。

风味特点：色泽金黄，形状美观，馅心味美。

4. 鲜奶油吐司面包（图5-3）

原料配方：高筋面粉300克，鲜奶油30克，牛奶30克，酵母10克，鸡蛋2个，白糖30克，盐4克，奶粉20克，黄油25克，水150克。

制作工具或设备：面包机，笔式测温计，西餐刀，醒发箱，擀面杖，吐司模，烤盘，烤箱。

制作过程：

①汤种制作：将20克高筋面粉加上100克清水拌成糊，放火上熬到能搅拌出圈痕，汤种晾凉后，用保鲜膜封口，保持水分。（汤种是将面粉与水一起加热，让淀粉糊化，使得吸水量增多，这样做出来的面包组织柔软，具有弹性，保湿性好。）

②在面包机中放入30克鲜奶油、30克牛奶、10克酵母、鸡蛋2个、汤种，再加入280克高筋面粉、30克白糖、4克盐、20克奶粉、50克水，启动甜面包程序。

③15分钟后，面团已经成形，将25克黄油切碎放入，35分钟之后停止，然后再次启动该程序，同样是35分钟。

④揉好的面团放入醒发箱容器中发酵。第一次发酵好的面团，用手指头戳一下，小坑不反弹就是发酵成功了。

⑤把面团拿出来，轻轻压压，排出空气，用保鲜膜包裹好，放在室温下发酵15分钟，面团再次膨松。

⑥将面团轻轻拍压出气体，分割成两个面团，用擀面杖擀成牛舌饼状。

⑦将牛舌饼折叠，翻转使折叠处朝下，擀成长条再次翻转，从一头卷起来成短粗圆筒状，放入吐司模中。

⑧将吐司模放入醒发箱中，第二次发酵，面包坯子涨到吐司盒边上，表面刷上牛奶蛋液。

⑨烤箱预热至185℃，烤制30分钟。

⑩面包出炉晾凉脱模即可。

风味特点：色泽金黄，形似枕头，膨松软绵。

5. 牛奶吐司面包（图5-4）

原料配方：高筋面粉450克，酵母6克，白糖15克，食盐7克，鸡蛋50克，炼乳25克，牛奶270毫升，黄油50克。

制作工具或设备：搅拌桶，和面机，笔式测温计，西餐刀，醒发箱，擀面杖，吐司模，烤盘，烤箱。

制作过程：

①将除黄油外的其他材料放入搅拌桶内，用和面机进行搅拌，低速3分钟，中低速8分钟，加入黄油继续搅拌，低速3分钟，中低速5分钟。面团温度为27℃。

②调制后的面团在温度28℃，相对湿度75%的条件下发酵1小时30分钟。

③将面团分割成小块，揉搓成形，放入吐司模，放入醒发箱，在温度30℃，相对湿度80%的条件下发酵45分钟。

④刷上蛋液，在200℃下烘烤28～30分钟。

⑤面包出炉后，晾凉即可。

风味特点：色泽金黄，刚刚烤好的制品散发出浓郁的奶香，质地柔软。

6. 咸吐司面包

原料配方：

种子面团原料：高筋面粉700克，酵母10克，水450克。

主面团原料：高筋面粉300克，盐20克，水200克，糖50克，黄油80克，奶粉20克，面包改良剂3克。

制作工具或设备：搅拌桶，和面机，笔式测温计，西餐刀，醒发箱，擀面杖，吐司模，烤盘，烤箱。

制作过程：

①种子面团制作：将高筋面粉、酵母和水放入搅拌桶，用搅拌机搅拌，低速3分钟，中低速8分钟，然后放入醒发箱，以26℃发酵1～3小时，至原体积2倍大。

②主面团制作：在种子面团中添加高筋面粉、盐、水、糖、黄油、奶粉和面包改良剂，继续搅拌8分钟，至表面光滑。以28℃发酵20～30分钟，至原体积2倍大。

③将面团分割成小块，揉搓成形，放入吐司模。

④最后醒发：温度36℃，相对湿度85%～90%，时间45～60分钟。

⑤烘烤温度180～200℃，时间30～40分钟。

⑥面包出炉后冷却，包装。

风味特点：色泽金黄，暄软味咸。

7. 奶酪面包

原料配方：

面团配方：高筋面粉250克，砂糖35克，盐2克，鸡蛋50克，酵母4克，温水110克，黄油25克。

奶酪馅配方：奶油奶酪200克，砂糖75克，黄油50克，鸡蛋1个，玉米粉10克。

香酥粒配方：砂糖25克，低筋面粉50克，奶油35克。

制作工具或设备：搅拌桶，和面机，笔式测温计，西餐刀，醒发箱，擀面杖，烤盘，烤箱。

制作过程：

①面团制作：把除盐和黄油以外的所有材料搅拌均匀，放入搅拌机打成面团，然后加入盐，最后一点一点放进黄油，以能拉出薄膜为止。在温度26℃，相对湿度75%的醒发箱中发酵30分钟。

②奶酪馅制作：将奶酪、砂糖充分拌匀，加入黄油搅拌均匀，分次加入鸡蛋，拌至硬性发泡，最后加入玉米粉拌匀即成奶酪馅。

③香酥粒制作：将砂糖和黄油拌匀后加入低筋面粉，用叉子碾碾搓匀呈颗粒，即成香酥粒。

④面团成形、发酵：将面团用擀面杖擀开和烤盘大小一致，放入烤盘整理平整，在面团上扎洞，最后进醒发箱发酵，温度35度，相对湿度75%。

⑤面团上馅、烘焙：将奶酪馅倒在发酵好的面团上，用刮板将奶酪馅抹平整，撒上香酥粒，入烤箱中层，170℃烘烤15～20分钟。

⑥出炉后要放在凉架上散热。

风味特点：色泽金黄，奶酪味香。

8. 芝麻面包棒

原料配方：高筋面粉400克，低筋面粉50克，黄油50克，细砂糖35克，盐5克，干酵母10克，水250毫升，黑白芝麻各25克。

制作工具或设备：搅拌桶，和面机，笔式测温计，西餐刀，醒发箱，擀面杖，烤盘，烤箱。

制作过程：

①将除黄油外的原料放入搅拌桶中，揉搓均匀，然后加入黄油揉至面团可以拉出薄膜的完成阶段，滚圆继续发酵至两倍大。

②发好的面团挤压出空气，盖上保鲜膜静置松弛20～30分钟；然后将面团平均分成2份滚圆，再次盖上保鲜膜静置松弛10分钟。

③用擀面杖把面擀成厚度约1厘米的长方形薄片，撒少许高筋面粉，切割成1厘米宽的长条状，排列在烤盘上。抹上蛋清液，撒黑白芝麻，略扭转后盖保鲜膜，静置20分钟最后发酵。

④烤箱预热至180℃，在烤炉的内壁喷水产生水气，然后把面团放进烤箱，烤制30分钟。

⑤面包出炉后，自然晾凉即可。

风味特点：色泽金黄，微咸酥脆。

9. 井字葵花面包

原料配方：高筋面粉400克，低筋面粉50克，黄油50克，细砂糖35克，盐5克，干酵母10克，牛奶250毫升，椰蓉25克，红豆馅100克。

制作工具或设备：搅拌桶，笔式测温计，西餐刀，醒发箱，擀面杖，烤盘，烤箱。

制作过程：

①将除黄油外的原料放入搅拌桶中，揉搓均匀，然后加入黄油揉至面团可以拉出薄膜的完成阶段，滚圆继续发酵至两倍大，等手指按下去不反弹即可。

②发好的面团挤压出空气，盖上保鲜膜静置松弛20～30分钟；然后将面团平均分成2份滚圆，再次盖上保鲜膜静置松弛10分钟。

③用擀面杖把面擀成厚度约1厘米的长方形薄片，撒少许高筋面粉，包进红豆馅，揉搓成圆面包状。

④切井字葵花样，刷上蛋液，撒上椰蓉。

⑤静置，待其二次发酵，发成两倍大小，烤盘上铺锡低，放上生面坯，置烤箱中，上下火180℃，烤制28分钟。

⑥面包出炉后，自然晾凉即可。

风味特点：色泽金黄，形状美观。

10．十字花小面包

原料配方：高筋面粉380克，低筋面粉70克，黄油50克，细砂糖35克，盐5克，干酵母10克，牛奶250毫升，黑芝麻25克，红豆馅100克。

制作工具或设备：搅拌桶，笔式测温计，西餐刀，醒发箱，擀面杖，烤盘，烤箱。

制作过程：

①将除黄油外的原料放入搅拌桶中，揉搓均匀，然后加入黄油揉至面团可以拉出薄膜的完成阶段，滚圆继续发酵至两倍大，等手指按下去不反弹即可。

②发好的面团挤压出空气，盖上保鲜膜静置松弛20～30分钟；然后将面团平均分成2份滚圆，再次盖上保鲜膜静置松弛10分钟。

③用擀面杖把面擀成厚度约1厘米的长方形薄片，撒少许高筋面粉，包进红豆馅，揉搓成圆面包状。

④切十字花样，刷上蛋液，撒上黑芝麻。

⑤静置，待其二次发酵，发成两倍大小，烤盘上铺锡低，放上生面坯，置烤箱中，上下火200℃，烤制20分钟。

⑥面包出炉后，自然晾凉即可。

风味特点：色泽金黄，形状美观。

二、花色面包

1．奶油夹心包

原料配方：

面团配方：面粉500克，水250克，酵母5克，盐5克，糖100克，鸡蛋50克，奶粉25克，改良剂15克。

馅心配方：鲜奶油100克，吉士粉100克，糖粉25克。

制作工具或设备：和面机，笔式测温计，西餐刀，醒发箱，擀面杖，烤盘，烤箱。

制作过程：

①馅料调制：将鲜奶油、糖粉15克和即溶吉士粉搅拌均匀成奶油吉士馅。

②面团调制：把面团配方中所有原料（改良剂除外）放入搅拌桶中，一起用低速搅拌5分钟，然后用高速搅拌8分钟。加入改良剂再用低速搅拌2分钟，高速搅拌5分钟，形成均匀光滑的面团，搅拌完成的面团理想温度为28℃。

③将面团盖上保鲜膜放入醒发箱基本醒发20分钟，至原来面团体积的2～3倍大。

④将面团揉匀，分割成60克/个，搓圆后松弛15分钟。

⑤将面团揉匀，搓成长条形并拧扭成形，放入醒发箱继续发酵（温度30℃，相对湿度80%）。

⑥在面包坯表面刷上蛋液，放入烤箱以上火190℃，下火190℃，烤制15分钟。

⑦冷却后，将面包切开一边口，挤入奶油吉士馅，撒上糖粉。

风味特点：色泽金黄，馅心嫩黄，膨松细腻。

2．布鲁面包

原料配方：

面团配方：高筋面粉500克，低筋面粉100克，盐6克，白糖100克，酵母7克，蛋黄100克，黄油50克，改良剂5克，水250克。

馅心配方：低筋面粉200克，鸡蛋80克，色拉油80克，蓝莓酱180克。

制作工具或设备：和面机，笔式测温计，西餐刀，醒发箱，擀面杖，烤盘，烤箱。

制作过程：

①馅料调制：将鸡蛋打开，略打发膨松，加入低筋面粉拌匀，然后加入蓝莓酱和色拉油调拌均匀。

②面团调制：将配方中所有原料（除黄油外）一起用低速搅拌3分钟，然后转高速搅拌7分钟，面筋扩展至80%，最后加入黄油，用低速搅拌均匀，使面筋扩展至95%～100%，面团温度为28℃。

③将面团盖上保鲜膜放入醒发箱醒发20分钟。

④将面团分割、搓匀，再松弛20分钟。

⑤再次搓匀，滚圆造型，最后醒发30分钟，温度35℃，相对湿度75%～80%，至原来面团体积的2倍大。

⑥在面包坯表面用西餐刀划一刀，在其中挤注馅心填充装饰。

⑦放入烤箱烘烤，上火200℃，下火180℃，时间约15分钟。

风味特点：色泽金黄，馅嫩味美。

3. 柠檬奶露面包

原料配方：高筋面粉500克，水250克，酵母5克，盐5克，白糖90克，黄油50克，鸡蛋50克，奶粉15克，改良剂2克。

馅心配方：即溶吉士粉50克，黄油100克，牛奶200克。

制作工具或设备：和面机，笔式测温计，西餐刀，醒发箱，擀面杖，烤盘，烤箱。

制作过程：

①馅料调制：把即溶吉士粉放到牛奶中快速搅拌，放置10分钟让其充分吸水，然后快速搅拌至光滑面糊；然后将在室温下化软的黄油加入其中，快速搅拌成光滑面糊即可。

②面团调制：将面团部分的所有原料（黄油除外）一起搅拌均匀，先高速搅拌4分钟，加入黄油用慢速拌匀，然后用高速搅拌2分钟以上，直至面筋充分扩展。

③将面团盖上保鲜膜，放入醒发箱基本发酵20分钟。

④将面团取出分割成面剂子，滚圆，松弛20分钟。

⑤将搓匀的面剂子造型，最后继续放入醒发箱醒发90分钟。

⑥烘烤前用西餐刀在面包坯上划几道纹路，放入烤箱烘烤，上火180℃，下火190℃，烤制25分钟。

⑦出炉后趁热用裱花袋挤注馅心于面包表面即可。

风味特点：色泽金黄，面包松软，馅心软嫩。

4. 草莓忌廉包

原料配方：

面团配方：高筋面粉500克，水250克，酵母5克，盐5克，糖90克，鸡蛋50克，黄油50克，奶粉15克，改良剂3克。

馅心配方：即溶吉士粉50克，黄油100克，草莓果酱200克，牛奶150克。

制作工具或设备：和面机，笔式测温计，西餐刀，醒发箱，擀面杖，烤盘，烤箱。

制作过程：

①馅料调制：把即溶吉士粉放到牛奶中快速搅拌，放置10分钟让其充分吸水，然后快速搅拌为光滑面糊；然后将在室温下化软的黄油和草莓果酱加入其中，快速搅拌成光滑面糊即可。

②面团调制：所有原料（黄油除外）一起用低速搅拌2分钟，然后用高速搅拌4分钟；加入黄油用低速拌匀，再转高速搅拌1分钟，直至面筋充分扩展，面团理想温度为28℃。

③让面团放入醒发箱发酵20分钟，分割、滚圆，再发酵20分钟。

④将面包剂子搓圆造型，最后醒发100分钟，醒发温度为38℃，相对湿度为80%。

⑤烘烤前用西餐刀在面包坯上划几道纹路，放入烤箱烘烤，上火200℃，下火180℃，烤制时间约18分钟。

⑥出炉后趁热用裱花袋挤注馅心于面包表面，即可。

风味特点：色泽金黄，面包松软，馅心软嫩。

5．香蕉味面包

原料配方：

面团配方：高筋面粉500克，水250克，酵母5克，盐5克，糖90克，黄油40克，鸡蛋50克，奶粉15克，改良剂3克。

表面装饰馅心配方：玉米淀粉15克，低筋面粉10克，黄油200克，盐1克，水110克，香蕉果馅180克，即溶吉士馅100克。

制作工具或设备：和面机，笔式测温计，西餐刀，醒发箱，擀面杖，烤盘，烤箱。

制作过程：

①馅料调制：将玉米淀粉、即溶吉士馅、低筋面粉、黄油、盐拌匀，再分次加入水拌匀，最后加入香蕉果馅搅拌均匀待用。

②面团调制：将所有原料（除黄油）一起用低速搅拌2分钟，高速搅拌4分钟，然后加入黄油用低速拌匀，再用高速搅拌1分钟，直至面筋充分扩展，面团温度为28℃。

③让面团放入醒发箱发酵20分钟，分割、滚圆，再发酵20分钟。

④将面包剂子搓圆造型，最后醒发100分钟，醒发温度为38℃，相对湿度为80%。

⑤烘烤前用西餐刀在面包坯上划几道纹路，放入烤箱烘烤，上火200℃，下火180℃，烤制时间约18分钟。

⑥出炉后趁热用裱花袋挤注馅心于面包表面即可。

风味特点：色泽金黄，面包松软，馅心软嫩。

6．奶酪豌豆面包

原料配方：高筋面粉350克，牛奶70毫升，盐3克，糖15克，酵母8毫升，奶粉30克，黄油30克，水150克，奶酪片25克，豌豆粒15克，色拉油15克。

制作工具或设备：微波炉，和面机，笔式测温计，西餐刀，醒发箱，擀面杖，烤盘，烤箱。

制作过程：

①汤种调制：将50克高筋面粉加上150克开水拌匀，微波炉里转10秒取出搅拌，再转10秒，直到拌出纹路为止。

②依次往搅拌机里放牛奶、盐、糖、高筋面粉、酵母、奶粉、全量汤种，搅拌15分钟后，放入黄油，再次搅拌成光滑的面团。

③让面团盖上保鲜膜放入醒发箱发酵20分钟，直至按一个坑不反弹就取出来。

④将面团取出揉匀，揉成长条，分成八个小剂，滚圆，用西餐刀片割一个大口子，放在烤盘上，喷些清水，放入醒发箱继续发酵20分钟。

⑤奶酪片切成小丁，与切碎的豌豆粒拌匀，撒在面包剂的刀口子上，再用少许牛奶和色拉油拌匀后涂抹在面包坯上。

⑥烤箱预热后，以上下火190℃，烤20分钟左右。

风味特点：色泽金黄，奶酪和豌豆味香。

7. 意大利黑橄榄面包

原料配方：高筋面粉500克，橄榄油30克，盐渍黑橄榄100克，温水250克，干酵母3克，盐3克。

制作工具或设备：搅拌桶，和面机，笔式测温计，西餐刀，醒发箱，擀面杖，烤盘，烤箱。

制作过程：

①把干酵母溶于温水中，以手感觉温度差不多即可，不可超过40℃，以免把酵母烫死。

②将除黄油外其他原料放入搅拌桶中，用手搅拌直至面筋出现，最后加入黄油揉拌光滑。

③将面团放入醒发箱发酵到面团变大1.5倍，之后取出，稍微揉圆，松弛10分钟。

④把黑橄榄略微切碎，然后揉倒面团里。揉好后，把面团分成2份，每一份都擀匀成椭圆形的饼。

⑤盖保鲜膜，静置直到体积增大一倍，至面皮完全没有弹性（以手指轻触，不回弹）。

⑥刷上全蛋液放入预热至175℃的烤箱烘焙，约18分钟。

⑦面包出炉，自然晾凉即可。

风味特点：色泽金黄，膨松香甜。

8. 双色面包

原料配方：

白面团配方：高筋面粉 125克，奶粉15克，糖15克，干酵母2克，盐1.5克，牛奶50克，汤种40克，黄油15克。

可可面团配方：高筋面粉125克，奶粉15克，糖15克，干酵母2克，盐1.5克，牛奶60克，汤种40克，可可粉15克，黄油15克。

制作工具或设备：搅拌桶，和面机，笔式测温计，西餐刀，醒发箱，擀面杖，烤盘，烤箱。

制作过程：

①汤种调制：另取20克高筋面粉与100克冷水调匀，小火加热，不停搅拌，熬制成面糊，搅拌的时候会有纹路出现即可，称量出两份40克，分别加入到白面团和可可面团中。

②白面团配方中除黄油以外的所有材料揉成面团，再将黄油加入揉进面团，至面团光滑到完成阶段。可可面团同白面团一样操作。

③分别将揉好的面团放到醒发箱中进行第一次发酵，至原来面团体积的2.5～3倍大。

④分别将发酵好的面团取出，擀成两个长方片，白色的比可可色稍大一点点，然后把可可色的面片放在白色面片上，卷起。

⑤卷好的面团放到醒发箱中进行第二次发酵，至原来面团体积的2～2.5倍大。

⑥烤箱预热至185℃，面团表面刷全蛋液，放入烤箱中层烤制15分钟左右。

风味特点：双色双味，质地膨松。

9. 酒香葡萄面包

原料配方：高筋面粉350克，奶粉25克，白糖50克，干酵母5克，汤种95克，鸡蛋60克，牛奶85克，盐2克，红酒25克，葡萄干50克。

制作工具或设备：搅拌桶，和面机，笔式测温计，西餐刀，醒发箱，擀面杖，烤盘，烤箱。

制作过程：

①酒香葡萄泡制：将葡萄干洗净，用红酒泡制20分钟。

②汤种调制：另取20克高筋面粉与100克冷水调匀，小火加热，不停搅拌，熬制成面糊，搅拌的时候会有纹路出现即可。汤种晾凉后，用保鲜膜封口，保持水分。

③先在和面机中放入全部汤种、鸡蛋、牛奶、盐，再放高筋面粉、奶粉、白糖、干酵母，搅拌15分钟，然后将30克黄油切碎放入，继续搅拌揉面，35分钟之后停止，此时面团光滑、面筋形成。

④将揉好的面团盖上保鲜膜，放入醒发箱发酵，直至用手指头戳一下，小坑不反弹就是发酵成功了。

⑤把面团拿出来，轻轻按压，排出空气，用保鲜膜包裹好，放在室温下发酵15分钟。

⑥将面团取出，轻轻按压，再次排气，然后分割成四个面剂，取其中之一擀成长条状，将酒香葡萄撒在长面片上。

⑦从面片一头卷起成圆桶状，再轻轻擀大一点，将两头翻转捏死封口即可，烤盘上垫锡纸，将面包坯子放入醒发箱进行第二次发酵。

⑧取出，刷上蛋黄液。

⑨烤箱预热，以200℃烤20分钟即可。

风味特点：色泽金黄，充满酒香。

10. 荞麦芝麻面包

原料配方：荞麦面粉100克，高筋面粉150克，黑芝麻粉20克，速溶燕麦片15克，酵母3克，黄油25克，鸡蛋1个，盐3克，糖30克，温水75克。

制作工具或设备：搅拌桶，和面机，笔式测温计，西餐刀，醒发箱，擀面杖，烤盘，烤箱。

制作过程：

①酵母放入少许温水（60毫升左右）溶解，静置10分钟，备用。

②将荞麦面粉、高筋面粉、芝麻粉和一半的麦片放入搅拌桶，混合在一起，加入盐，鸡蛋混合均匀，然后加入酵母水，放入糖溶化，慢慢倒入面粉里面，边倒入边搅拌，最后加入黄油搅拌，直至形成面筋而且表面光滑的面团。

③将面团盖上保鲜膜，放入醒发箱开始湿温发酵到原来体积的2倍大。

④面团发酵好取出，用擀面杖压出里面的气泡，分割成适合大小的面剂子。

⑤烤盘内涂油，将搓圆的面包坯间隔地放在烤盘上，再放入醒发箱发酵30分钟，表面撒上燕麦片。

⑥烤箱预热至170℃，烤8分钟，改下火150℃烤5分钟，直到烤熟为止。

风味特点：色泽金黄，表面粗糙厚重，内部松软。

11．网红奶酪包

原料配方：

面团配方：高筋面粉250克，牛奶125克，奶油奶酪30克，全蛋液35克，细砂糖30克，盐2克，干酵母3克，黄油30克。

奶酪馅：奶油奶酪120克，牛奶10克，糖粉20克。

表面奶粉：奶粉25克，糖粉15克。

制作工具或设备：搅拌桶，和面机，笔式测温计，西餐刀，醒发箱，擀面杖，烤盘，烤箱。

制作过程：

①将面包坯的所有材料用后油法揉至扩展阶段。在温暖的地方发酵到2倍大。

②发酵好的面团分成三等份，滚圆。

③转移到铺有油纸的烤盘上，放在温暖的地方发酵到2.5倍大。

④放入170℃预热好的烤箱烤25分钟左右。

⑤表面上色后就加盖锡纸。

⑥烤好的面包凉透后分成四等份。

⑦每块面包沿着横截面划两个口。

⑧奶酪馅的所有材料放在一起打发到略蓬松。

⑨表面的糖粉和奶粉混合均匀。

⑩在面包的划口处和切面都涂上一层奶酪馅，然后在切面上均匀撒上奶粉混合物即可。

风味特点：色泽粉白，奶香四溢。

12．网红脏脏包（巧克力味）

原料配方：

面团配方：高筋面粉450克，低筋面粉100克，水270克，盐5克，奶粉15克，细糖55克，黄油25克，起酥黄油200克。

表面淋饰：蛋液20克，黑巧克力150克，白巧克力100克，淡奶油250克，巧克力棒10根，可可粉25克。

制作工具或设备：搅拌桶，和面机，笔式测温计，西餐刀，醒发箱，擀面杖，烤盘，烤箱。

制作过程：

①将高筋面粉、低筋面粉、奶粉、盐、细糖、酵母、倒入搅拌器皿内，慢速混合1分钟；将水加入搅拌器皿内，慢速搅至无干粉。

②加入黄油和盐快速搅拌至面团表面光滑。

③取出面团、将面团松弛10分钟，擀成2厘米厚形状，保鲜膜包起，冷冻30分钟，将面团取出擀开，包入起酥黄油擀开，厚度为0.5厘米，长宽比例为3∶2，一端往2/3处折叠，再将另一端1/3折上（三折一次）。

④重复两次上一步骤操作（三折三次）。

⑤将面团擀开，厚度为0.3～0.4厘米，切成宽11厘米，高15厘米的长方形，巧克力棒放入面皮上，卷起；均匀地码入烤盘，注意间距。

⑥最后醒发，将面团放入烤箱中，底下放一盆热水，发酵至2倍大，约1.5小时，取出刷蛋液。

⑦入烤箱中下层，以190℃烤制约15分钟，颜色金黄出炉即可。

⑧淡奶油加热，冲入黑、白巧克力中，混合均匀后；浇淋在面包上，筛可可粉装饰。

注：若室温高于25℃，可将每次折好的面放在冷藏松弛10分钟发酵的温度，不能太高，否则容易出现油面分离，影响成形。

风味特点：巧克力色，口感膨松。

13．原谅包（抹茶味脏脏包）

原料配方：

面团配方：高筋面粉150克，中筋面粉700克，冰水485～495克，黄油40克，奶粉30克，耐高糖酵母20克，可可粉30克，盐20克，白砂糖100克，黄油片500克，巧克力块20小块（包入面团）。

表面饰料：白巧克力酱（淡奶油加白巧克力1∶1混合物）500克，抹茶粉50克。

制作工具或设备：和面机，笔式测温计，西餐刀，醒发箱，擀面杖，烤盘，烤箱，操作台。

制作过程：

①将高筋面粉和中筋面粉混匀，倒入冰水、奶粉、白砂糖、盐、酵母、可可粉和黄油，混合揉匀。

②用擀面杖拍打黄油片，使黄油片的软硬程度和面团一样。

③揉好的面团放操作台上，用擀面杖把面团擀成黄油片的两倍大，放入黄油片，折叠起来。

④把折叠好的面片放入冰箱冷藏半小时，半小时后拿出来，再次擀开面皮，对折叠好，再次放入冰箱，此步骤重复三次即可。

⑤把冷藏好的面皮用擀面杖擀成长方形，四周不规则的部分用刀切掉，分成20份，再切好的面片上放入巧克力块，自上而下卷成卷，卷好后于27℃低温发酵2小时。

⑥提前预热烤箱至180℃，把发酵好的面包坯放进去烤15分钟，烤好后取出放凉。表面蘸取混合好的巧克力酱（淡奶油加热到微微起泡关火，加入切碎的白巧克力碎静置片刻，混合均匀，比例1∶1），放入冰箱冷藏，待巧克力酱凝固后取出。

⑦撒上适量抹茶粉即可。

风味特点：抹茶色泽，口感膨松。

14．干净包（原味脏脏包）

原料配方：

面团配方：高筋面粉150克，中筋面粉700克，冰水485～495克，黄油40克，奶粉30克，耐高糖酵母20克，可可粉30克，盐20克，白砂糖100克，黄油片500克，巧克力块20小块（包入面团）。

表面饰料：白巧克力酱（淡奶油加白巧克力1∶1混合物）500克，糖粉50克。

制作工具或设备：和面机，笔式测温计，西餐刀，醒发箱，擀面杖，烤盘，烤箱，操作台。

制作过程：

①将高筋面粉和中筋面粉混匀，倒入冰水、奶粉，白砂糖，盐，酵母，可可粉和黄油，混合揉匀。

②用擀面杖拍打黄油片，使黄油片的软硬程度和面团一样。

③揉好的面团放操作台上，用擀面杖把面团擀成黄油片的两倍大，放入黄油片，折叠起来。

④把折叠好的面片放入冰箱冷藏半小时，半小时后拿出来，再次擀开面皮，对折叠好，再次放入冰箱，此步骤重复三次即可。

⑤把冷藏好的面皮用擀面杖擀成长方形，四周不规则的用刀切掉，分成20份，再切好的面片上放入巧克力块，自上而下卷成卷，卷好后于27℃低温发酵2小时。

⑥提前预热烤箱至180℃，把发酵好的面包坯放进去烤15分钟，烤好后取出放凉。表面蘸取混合好的巧克力酱（淡奶油加热到微微起泡关火，加入切碎的白巧克力碎静置片刻，混合均匀，比例1∶1），放入冰箱冷藏，待巧克力酱凝固后取出。

⑦撒上适量糖粉即可。

风味特点：色泽纯白，口感膨松。

15. 网红冰面包

原料配方：

面团配方：高筋面粉1000克，砂糖80克，酵母10克，盐15克，改良剂4克，奶粉40克，鸡蛋200克，水550克，乳脂发酵黄油170克，玉米淀粉50克。

夹心配方：草莓打发果酱300克，淡奶油200克。

制作工具或设备：搅拌桶，和面机，笔式测温计，西餐刀，醒发箱，擀面杖，烤盘，烤箱。

制作过程：

①将除了乳脂发酵黄油、玉米淀粉以外的所有原料倒入容器中慢速搅拌2分钟，快速搅拌6分钟，使面筋扩展至8成。

②此时加入乳脂发酵黄油，搅拌均匀，使其松弛。

③常温下松弛30分钟，分割为40克/个，搓圆。

④沾上玉米淀粉，然后摆盘发酵。

⑤入发酵箱，温度38℃，相对湿度85℃，发酵时间为50分钟左右。

⑥放入烤箱，喷水烘烤，上火130℃，下火170℃，烘烤时间20分钟左右。

⑦把冷藏好的草莓于8℃条件下打发为果酱，同时将淡奶油打发，混合成馅备用。

⑧每个夹馅20克即可。

风味特点：色泽金黄，口感冰凉。

三、调理面包

1. 基本比萨（图5-5）

原料配方：

饼皮配方（基本饼皮可以制作11寸/1个、8寸/2个、5寸/5个）：干酵母3克，温水165克，普通面粉300克，糖15克，盐2克，软化黄油30克。

基本比萨汁配方：洋葱1/4个，大蒜头1瓣，黄油10克，番茄酱50克，水100克，盐3克，黑胡椒粉2克，比萨香草2克，糖10克，马苏里拉奶酪80克。

制作工具或设备：煮锅，搅拌机，笔式测温计，轮刀，西餐叉，醒发箱，比萨烤盘，烤箱。

制作过程：

①酵母与水、面粉、糖、盐等放入搅拌桶中，搅拌成面团。

②加入软化黄油搅拌10分钟到表面光滑有弹性，然后放在醒发箱中盖好发酵2小时（冬天要3小时），面团体积比原来大一倍就好。

③案板上撒上干面粉，把发好的面团倒在上面分成需要的份数，再发酵15分钟。

④擀成圆饼，铺在比萨烤盘上，整理好形状，边缘要厚点。

⑤用叉子在饼皮上刺洞，以免烤时鼓起。

⑥基本比萨汁调制：把洋葱和大蒜头去皮剁碎；炒锅加热，加黄油炒香洋葱、蒜末；加入剩下的番茄酱、盐、黑胡椒粉、比萨香草、糖、水等炒匀，烧开煮浓即可。

⑦烤箱预热至210℃，放在烤箱下层，烤20~25分钟，取出撒上乳酪丝，继续烤5~10分钟即可。

风味特点：色泽艳丽，口味多样。

附：

6寸比萨原料组合配方：饼皮材料（干酵母1克，中筋面粉75克，糖5克，盐2克，黄油8克，温水35克），比萨汁调味料包（黄油8克，糖5克，盐2克，黑胡椒粉1克，比萨香草1克）以及刨好丝的马苏里拉奶酪40克。

8寸比萨原料组合配方：饼皮材料（干酵母2克，中筋面粉150克，糖10克，盐3克，黄油15克，温水75克），比萨汁调味料包（黄油10克，糖8克，盐3克，黑胡椒粉1.5克，比萨香草1.5克）以及刨好丝的马苏里拉奶酪80克。

9寸比萨原料组合配方：饼皮材料（黄油15克，干酵母3克，中筋面粉200克，糖15克，盐4克，黄油25克，温水110克），比萨汁调味料包（黄油15克，糖10克，盐4克，黑胡椒粉2克，比萨香草2克）以及刨好丝的马苏里拉奶酪100克。

2. 家常比萨

原料配方：

饼皮配方（8英寸比萨盘）：干酵母2克，温水90克，中筋面粉150克，糖10克，盐3克，橄榄油10克。

比萨汁配方：洋葱1/4个，蒜头3瓣，橄榄油8克，番茄沙司50克，水110克，糖10克，盐3克，胡椒1克，比萨香草2克。

比萨饼面材料：马苏里拉奶酪80克，红椒丝35克，火腿丝75克，甜玉米粒50克，青椒丝35克。

制作工具或设备：煮锅，搅拌机，笔式测温计，轮刀，西餐叉，醒发箱，比萨烤盘，烤箱。

制作过程：

①温水溶于酵母，搅拌均匀，静置10分钟备用。

②与面粉、糖、盐等放入搅拌桶中搅拌混合成面团，再将橄榄油揉进面团。

③加了油揉好的面团，盖上保鲜膜，放醒发箱中发酵。

④比萨汁的调制。将洋葱蒜头剁碎；炒锅加热，放入橄榄油，将剁碎的洋葱，蒜头放入，炒香（颜色开始变黄）；将番茄沙司、水、糖、盐、黑胡椒粉、比萨香草全部加入，烧开煮浓，关火即成比萨汁。

⑤面团取出，滚圆，放比萨烤盘上松弛10分钟。

⑥待面团松弛完成，用手推匀，直到将其推到盖满比萨烤盘，成一个饼。边上稍注意一点，给推个边出来，上面用牙签扎孔。

⑦将比萨汁淋到面饼上，边缘就不抹了。抹好之后，铺一些奶酪丝和红椒丝、火腿丝、甜玉米粒、青椒丝等饼面材料。

⑧饼皮边缘刷上鸡蛋液。

⑨烤箱预热至200℃。

⑩将比萨入烤箱中下层，以200℃上下火，烤制15分钟，取出，将剩余的奶酪丝铺上，入烤箱，再烤5分钟左右，奶酪丝化掉，即可。

风味特点：色泽艳丽，口味多样。

3. 什锦海鲜比萨（图5-6）

原料配方：

饼皮配方（6英寸比萨盘）：干酵母1克，中筋面粉75克，糖5克，盐2克，黄油8克，水35克。

比萨汁配方：黄油8克，糖5克，盐2克，黑胡椒粉1克，比萨香草1克。

饼面材料：马苏里拉奶酪40克，各种海鲜共300克。

制作工具或设备：煮锅，搅拌机，笔式测温计，轮刀，西餐叉，醒发箱，比萨烤盘，烤箱。

制作过程：

①饼皮调制：把面团配方中所有原料（黄油除外）放入搅拌桶中，一起用低速搅拌5分钟，然后用高速搅拌8分钟。加入改良剂再用低速搅拌2分钟，高速搅拌5分钟，形成均匀光滑的面团，搅拌完成的面团理想温度为28℃。将面团盖上保鲜膜放入醒发箱醒发20分钟，至原来面团体积的2～3倍大。

②案板上撒上干面粉，把发好的面团倒在上面分成需要的分数，再发酵15分钟；然后擀成圆饼，铺在比萨烤盘上，整理好形状，边缘要厚点；用叉子在饼皮上刺洞，以免烤时鼓起。

③比萨汁调制：将洋葱蒜头剁碎；炒锅加热，放入黄油，将剁碎的洋葱，蒜头放入，炒香（颜色开始变黄）；将番茄沙司、水、糖、盐、黑胡椒粉、比萨香草全部加入，烧开煮浓，关火即成比萨汁。

④面皮做好刺洞，抹上比萨汁，边缘不涂。虾仁洗净挑去泥肠、新鲜干贝横切片、蟹肉、蛤蜊烫过、墨鱼切成短条、蟹肉棒撕碎。任选海鲜共300克排在饼皮上，铺上一部分奶酪丝。

⑤将比萨入烤箱中下层，以200℃上下火，烤制15分钟，取出，将剩余的奶酪丝铺上，入烤箱，再烤5分钟左右，奶酪丝化掉，即可。

风味特点：色泽艳丽，海鲜味浓。

4. 汉堡包（图5-7）

原料配方：高筋面粉500克，面包改良剂2.5克，酵母5克，白糖50克，奶粉15克，鸡蛋1个，水约225克，无盐黄油50克，盐5克。

制作工具或设备：搅拌机，笔式测温计，西餐刀，醒发箱，烤盘，烤箱。

制作过程：

①将高筋面粉、面包改良剂、酵母、白糖、奶粉等倒入搅拌桶里混合拌匀，再加入鸡蛋和水慢速拌成面团再用慢速搅拌3～5分钟加入无盐黄油和盐搅拌至面团光滑有弹性（搅拌至面筋扩展，用手撑开有薄膜即可）静置松弛15分钟。

②将面团取出分割成12个小面团，分别滚圆并将面团内的大气泡压出，覆盖上保鲜膜或湿毛巾静置松弛10～15分钟，使面筋变软。

③整形：用手掌将滚圆松弛后的面团略为压扁一点，表面喷水，撒上芝麻放入烤盘中。

④将面团放入醒发箱，发酵至原面团体积的2～3倍大，要注意不要让面团表面干掉，可喷水保湿。

⑤烤箱预热至180℃，面团表面刷蛋液入炉烘烤12～15分钟，出炉后放凉备用。

风味特点：色泽金黄，表面芝麻均匀，质地香软。

5. 鸡腿汉堡

原料配方：

面团配方：高筋面粉210克，低筋面粉56克，奶粉20克，细砂糖42克，盐1/2茶匙，快速干酵母6克，全蛋30克，水85克，汤种84克，无盐牛油22克。

馅心配方：带皮去骨鸡腿肉块100克，番茄片2个，生菜条100克，沙拉酱1瓶，姜粉2克，蒜粉2克，鸡粉2克，辣椒粉1克，胡椒粉0.3克，食盐6克，味精0.4克，酱油20克，水50克。

制作工具或设备：煎锅，搅拌机，笔式测温计，西餐刀，醒发箱，烤盘，烤箱。

制作过程：

①将高筋面粉、面包改良剂、酵母、白糖、奶粉和撕成块的汤种等倒入搅拌桶里混合拌匀，再加入鸡蛋和水慢速拌成面团再用慢速搅拌3～5分钟加入无盐黄油和盐搅拌至面团光滑有弹性（搅拌至面筋扩展，用手撑开有薄膜即可）静置松弛15分钟。

②将面团取出分割成12个小面团，分别滚圆并将面团内的大气泡压出，覆盖上保鲜膜或湿毛巾静置松弛10～15分钟，使面筋变软。

③整形：用手掌将滚圆松弛后的面团略为压扁一点，表面喷水撒上芝麻放入烤盘中。

④将面团放入醒发箱，发酵至原面团体积的2～3倍大，要注意不要让面团表面干掉，可喷水保湿。

⑤烤箱预热至180℃，面团表面刷蛋液入炉烘烤12～15分钟，出炉后放凉备用。

⑥在制作面包坯的同时，制作馅心。首先，将姜粉、蒜粉、鸡粉、辣椒粉、胡椒粉、食盐、味精、酱油、水等制成腌汁，然后，将腌汁倒入一个干净的保鲜袋中，然后将鸡腿块放进保鲜袋，再把保鲜袋打结以防腌汁漏出，将保鲜袋反复搅动半小时，再静置1小时左右。最后，将腌制好的鸡腿肉于平底锅中煎熟。

⑦将面包横切剖开，涂上一层沙拉酱，然后放上番茄片，少量生菜，再涂上少量沙拉

酱，放上已熟的鸡腿块，涂上一点沙拉酱，最后盖上一片面包。

风味特点：色泽金黄，外软内嫩，荤素搭配，具有鸡肉的香味。

6.牛肉汉堡（图5-8）

原料配方：

面团配方：高筋面粉210克，低筋面粉56克，奶粉20克，细砂糖42克，盐1/2茶匙，快速干酵母6克，全蛋30克，水85克，汤种84克，无盐牛油22克。

馅心配方：白芝麻15克，生菜9片，火腿片9片，烟熏乳酪片9片，熟汉堡牛肉饼9个，番茄片9片，酸黄瓜35克，番茄沙司75克。

制作工具或设备：煎锅，搅拌机，笔式测温计，西餐刀，醒发箱，烤盘，烤箱。

制作过程：

①将高筋面粉、面包改良剂、酵母、白糖、奶粉和撕成块的汤种等倒入搅拌桶里混合拌匀，再加入鸡蛋和水慢速拌成面团再用慢速搅拌3~5分钟，加入无盐黄油和盐搅拌至面团光滑有弹性（搅拌至面筋扩展，用手撑开有薄膜即可），静置松弛15分钟。

②将面团取出分割成12个小面团，分别滚圆并将面团内的大气泡压出，覆盖上保鲜膜或湿毛巾静置松弛10~15分钟，使面筋变软。

③整形：用手掌将滚圆松弛后的面团略为压扁一点，表面喷水撒上芝麻放入烤盘中。

④将面团放入醒发箱，发酵至原面团体积的2~3倍大，要注意不要让面团表面干掉，可喷水保湿。

⑤烤箱预热至180℃，面团表面刷蛋液入炉烘烤12~15分钟，出炉后放凉备用。

⑥将面包横切剖开，分别夹上煎熟的熟汉堡肉饼，叠上火腿片、烟熏乳酪片、酸黄瓜片、生菜，浇上番茄沙司，最后盖上面包盖即成。

风味特点：色泽金黄，外表松软，内部嫩香，荤素搭配。

7.鱼肉汉堡

原料配方：

面团配方：高筋面粉500克，面包改良剂2.5克，酵母5克，白糖50克，奶粉15克，鸡蛋1个，水约225克，无盐黄油50克，盐5克。

馅心配方：鱼肉饼1个，面包糠100克，面粉80克，鸡蛋2个，生菜15克，番茄片50克，甜黄瓜片10克，太太汁40毫升，黄油30克，薯条1包，盐2克，白胡椒1克。

制作工具或设备：煎锅，搅拌机，笔式测温计，西餐刀，醒发箱，烤盘，烤箱。

制作过程：

①将高筋面粉、面包改良剂、酵母、白糖、奶粉等倒入搅拌桶里混合拌匀，加入鸡蛋和水慢速拌成面团再用慢速搅拌3~5分钟，加入无盐黄油和盐搅拌至面团光滑有弹性（搅拌至面筋扩展，用手撑开有薄膜即可），静置松弛15分钟。

②将面团取出分割成12个小面团，分别滚圆并将面团内的大气泡压出，覆盖上保鲜膜或湿毛巾静置松弛10~15分钟，使面筋变软。

③整形：用手掌将滚圆松弛后的面团略为压扁一点，表面喷水撒上芝麻放入烤盘中。

④将面团放入醒发箱，发酵至原面团体积的2~3倍大，要注意不要让面团表面干掉，可喷水保湿。

⑤烤箱预热至180℃，面团表面刷蛋液入炉烘烤约12~15分钟，出炉后放凉备用。

⑥在制作面包坯的同时，制作馅心。首先，将鱼肉饼沾上面粉，拖上鸡蛋液，再沾上面包糠，放入油中炸至两面金黄，外酥里嫩。

⑦将面包横切剖开，涂上一层黄油，放上鱼肉饼，浇上太太汁，夹入生菜叶、番茄圆片及甜黄瓜，盖上面包盖，配上薯条即可。

风味特点：色泽金黄，质地香软，具有鱼肉的香味。

8．热狗面包（图5-9）

原料配方：高筋面粉200克，低筋面粉50克，干酵母3克，细砂糖25克，盐2.5克，奶粉1大匙，黄油30克，全蛋25克，牛奶130克，肉肠8根。

制作工具或设备：煎锅，搅拌机，笔式测温计，西餐刀，醒发箱，烤盘，烤箱。

制作过程：

①将面团原料中除黄油以外所有的原料放入搅拌桶中，搅拌至面团出筋。

②加入黄油，继续搅拌至扩展状态。

③将面团放入搅拌桶中，盖保鲜膜，放醒发箱中，进行基础发酵。

④基础发酵结束后，将面团分割成60克左右一份，滚圆后松弛15分钟。

⑤将面团压扁，擀成宽度与肉肠长度相同的椭圆形，再将边角拉开，成长方形。

⑥将一根肉肠放在中间，两边包起来捏紧。

⑦在包好的面团上均匀切五刀，分成六块，底边不切断，要连在一起。

⑧将切好的小圆形交叉向两边翻开即成。

⑨排入烤盘，送入烤箱或微波炉或醒发箱进行最后发酵。（烤箱或微波炉里放一碗热水以增加湿度。）

⑩发酵完成的团面表面刷蛋液，送入预热至180℃的烤箱中层，上下火，烤制15分钟。

风味特点：色泽金黄，外酥里嫩。

9．葱花热狗

原料配方：

面团配方：高筋面粉200克，低筋面粉100克，干酵母6克，盐6克，细砂糖30克，奶粉12克，全蛋60克，水65克，汤种75克，无盐黄油45克，脆皮热狗肠10根。

表面葱花馅配方：葱花25克，全蛋液25克，色拉油1匙，盐1/2小匙，黑胡椒粉1小匙。

制作工具或设备：煎锅，搅拌机，笔式测温计，西餐刀，醒发箱，烤盘，烤箱。

制作过程：

①葱花馅调制：将葱花、全蛋液、色拉油、盐、黑胡椒粉等拌匀在一起即可。

②汤种调制：面粉和水比例1：5。另取20克面粉加上100克水搅拌均匀，放入小盆中以电磁炉小火加热，边加热边不断搅拌，至65℃左右离火（搅拌时出现纹路，面糊略浓稠），盖上保鲜膜降至室温或冷藏24小时后使用。

③酵母溶入温水中搅拌均匀，静置10分钟。

④在搅拌桶中依次放入盐、糖、蛋液、汤种、高筋面粉、低筋面粉、奶粉，最后倒入酵母水，中速搅拌12分钟，面团搅拌成团时加入软化过的黄油，搅拌至面团光滑可拉出薄膜。

⑤将搅拌好的面团放到醒发箱中，进行基础发酵至原来面团体积的2～3倍大。（可以在烤箱中进行，空烤箱打开电源，以40℃炉温预热10分钟后关掉，底层放热水，中层放面团，温度28℃，相对湿度75%，时间1小时左右。）用手指蘸干面粉，戳洞到面团底部，如果不回

弹就表示基础发酵完成，反之则表示没完成。

⑥取出面团，揉匀排气，分成个9个小面团，每个约60克，滚圆盖湿布，中间发酵10分钟。

⑦小面团收口朝下按扁，从中间往上下擀成椭圆形，翻面，收口朝上，放上热狗肠后卷成长条状，用切面刀切割4刀，不要切断。将头尾交叉错开，再将所有切割面翻至朝上。

⑧放入醒发箱，进行最后发酵。温度38℃，湿度85%左右，时间约40分钟，不要超过1小时。

⑨发酵完成的面团刷上蛋液，放葱花馅，撒白芝麻，185℃烤15分钟左右。

风味特点：色泽金黄，葱香浓郁。

10．奶酪火腿三明治（图5-10）

原料配方：法式棍面包1段，火腿片12片，奶酪12片，番茄片12片，生菜叶50克，芥末酱75克。

制作工具或设备：煎锅，西餐刀，烤盘，烤箱。

制作过程：

①将面包从横断面剖开，取底下的那片面包，在其上面抹上适量芥末酱。

②然后依次铺上生菜叶、火腿片、奶酪片、番茄片，挤上芥末酱。

③最后，再用上面的那片面包将其覆盖，即可食用。

风味特点：几何体成形，荤素搭配，营养丰富。

11．鸡蛋三明治

原料配方：咸面包片3片，鸡蛋2只，薄方火腿2片，黄油10克。

制作工具或设备：煎锅，西餐刀，烤盘，烤箱。

制作过程：

①面包片要稍厚些，先放进烤箱里烤至微黄，备用。

②把鸡蛋打散，在平锅里放少许黄油后，将蛋液倒入铺开，放入方火腿肉，取出后用刀一分为二切开，备用。

③把一片面包抹上黄油，铺上方火腿鸡蛋，盖上第二片面包，再放上方火腿鸡蛋。

④然后，把第三片面包抹上黄油，并油面朝下覆盖，再用刀把三明治对角切成两个三角形即成。

风味特点：色泽鲜艳，营养丰富，美味可口。

12．蛋汁面包

原料配方：全麦面包50克，鸡蛋2个。

制作工具或设备：煎锅，煎铲，西餐刀，烤盘，烤箱。

制作过程：

①把全麦面包稍切小块，裹上蛋液。

②煎锅里倒少许油，用中火煎黄。

③撒上盐和胡椒粉即可。

风味特点：色泽金黄，口感酥脆。

四、酥油面包

1. 三瓣丹麦吐司（图5-11）

原料配方：高筋面粉280克，低筋面粉70克，温开水235克，盐3克，糖20克，脱脂奶粉15克，黄油50克，酵母3克，鸡蛋1只。

制作工具或设备：搅拌桶，笔式测温计，西餐刀，醒发箱，擀面杖，吐司模，烤盘，烤箱。

制作过程：

①面团搅拌扩展成薄膜展开状，置于室温：基本发酵15～20分钟后，放入冷冻。

②冷冻后用手压入面团有指纹表示松弛够，取预先冷藏备好裹入黄油，包在面团内接口两边压紧，放入冰箱。

③将面团取出，擀开面带，长度96厘米左右，3折一次，再接着擀3折两次，入冷冻室冰25～30分钟。

④再次取出面团，再擀开长度96厘米左右3折第三次，再放入冷冻室25～30分钟冰硬面带。

⑤取出擀成长40厘米，宽30厘米起酥面带，将面带两边修整齐。

⑥分割成6等份，每份360克，再切成3条（上端不要切断）。

⑦先将左辫放入中辫及右辫之间，将三条交叉编成麻花辫，最后将编成辫子两头对折到底部，长度与烤模长度相同。

⑧用手压平后放入烤模中，纹路向上，放入模中，最后放入醒发箱，发酵50～55分钟。

⑨取出发酵约9分满的麻花辫，表面均匀刷上蛋汁后入烤箱烤焙。

⑩烤焙后立即出炉，脱模，以防产品收缩变形。

风味特点：色泽金黄，外酥脆内松软。

2. 丹麦牛角面包（图5-12）

原料配方：高筋面粉240克，低筋面粉60克，水120克，黄油30克，酵母7克，砂糖20克，盐5克，鸡蛋1个，人造黄油200克。

制作工具或设备：搅拌桶，笔式测温计，西餐刀，醒发箱，擀面杖，吐司模，烤盘，烤箱。

制作过程：

①水加热至微热，将酵母溶于水中搅拌混合，静置10分钟备用。

②将高筋面粉、低筋面粉、糖、盐、鸡蛋加上酵母水，放入搅拌桶中，中速搅拌10分钟成团，最后再加入黄油，继续搅拌成光滑、面筋扩展的面团。

③将揉匀的面团用保鲜膜盖好，放在室温中松弛20分钟。

④放入冰箱冷藏1～4小时。

⑤从冰箱取出，再放置回温，用擀面棍擀开成2厘米厚的长方形。

⑥将人造黄油擀成面团的1/2大小，然后将人造黄油放在面团的左边摆齐。

⑦将面团对折，覆盖住人造黄油，用手将面团重叠口轻轻松压实捏紧。

⑧用擀面杖来回擀，将面团擀开成1厘米厚的长方形，擀面时力度适中以免擀穿面团。

⑨将面团三折后就保鲜膜包好放入冰箱冷冻20分钟。

⑩冷却20分钟后取出再次擀开，再将三折，再次冷冻。

⑪如此来回三次后把面团擀开成0.5厘米厚的长方形。

⑫将擀成0.5厘米厚切成适量大的等腰三角形，在三角形底边中间开一小口。

⑬将小口处的面块向左右两边轻轻稍微撕开，撕开的小角向内折入。

⑭用左手捏住三角形顶角，右手把面块从底边向顶角卷起成牛角形。

⑮排入烤盘，中间发酵1小时至体积为原来的3倍左右。

⑯烤前刷上蛋液，烤箱预热175℃，烤15分钟左右，至表面呈金黄色即可。

风味特点：色泽金黄，外皮酥脆，内部松软，形状美观。

3．起酥小面包

原料配方：高筋面粉150克，黄油10克，水60克，奶粉5克，糖10克，盐2克，鲜酵母5克，面团包油50克。

制作工具或设备：搅拌桶，笔式测温计，西餐刀，醒发箱，擀面杖，吐司模，烤盘，烤箱。

制作过程：

①除黄油外所有原料按规定顺序放入搅拌桶内，慢速搅拌2分钟，待拌匀后改中速搅拌至面筋扩展使面团较硬。

②面团温度24℃，放入醒发箱，基本发酵2小时。

③面团发好后放在案板上用擀面杖擀成长方形，将黄油铺在面团表面2/3处，用三折法折3次后立刀切成5厘米宽的长条形，再切成小块，将切面向上放在烤盘中，置于醒发箱，最后发酵45分钟。

④烤炉温度185℃，烘焙15分钟即可。

风味特点：色泽金黄，奶香十足，酥脆可口。

4．三角面包

原料配方：高筋面粉350克，牛奶200克，快速干酵母8克，细砂糖15克，盐8克，软化黄油35克，裹入用黄油250克。

制作工具或设备：搅拌桶，笔式测温计，西餐刀，醒发箱，擀面杖，吐司模，烤盘，烤箱。

制作过程：

①牛奶加热至沸腾，冷却至温热后，加入酵母溶解，静置10分钟备用。

②添加除裹入用黄油外的所有原料，放入搅拌桶中搅拌5分钟，形成光滑的面团，用保鲜膜包裹，放在冰箱内冷藏30分钟。

③取裹入用黄油，用刀切成小块，然后装入保鲜袋，用擀面杖压成薄片，压好后放冷藏室冷藏至硬。

④将冷藏好的面团取出，擀成长方形，把黄油薄片放在中央。

⑤把一端的面片折起来，盖在黄油上，把另一端的面片也向中间折。

⑥用手把一端捏死。从捏死的一端，用手贴着面片向另一端方向压，把面片里的气泡压向另一端，等气泡排出后，把另一端也捏死。

⑦面片收口向下放置，再一次擀开成长方形。用擀面杖向面片的四个角擀，容易擀成规则的长方形。如果在擀的过程中，发现面片里还裹有气泡，用牙签扎破，使空气放出。

⑧擀开后的面片三折。放入冰箱松弛20～30分钟，这是第一轮三折。

⑨松弛好的面片，再次擀开成长方形，进行第二轮三折。三折后再擀开成长方形，进行第三轮三折。至此三轮三折完成。如果在擀的过程中，感到面片回缩不好擀开，或者黄油开始融化，则可以再放到冰箱松弛20分钟。如遇天气太热黄油太软，可以放到冷冻室，使黄油冻硬后再操作。

⑩三轮三折后的面团，用擀面杖轻轻擀成长条状。

⑪分割切成三角状，重量每片45克。

⑫每个三角形尖端朝下压住捏紧。

⑬放入盘中，置于醒发箱，做最后发酵（40～45分钟）。

⑭烘焙前先行在表面均匀刷上蛋汁。置烤箱烤焙，完成后取出即可。

⑮放入烤箱，以185℃烤制15分钟。

风味特点：色泽金黄，外酥里嫩。

5．羊角面包

原料配方：高筋面粉1500克，鲜酵母30克，水600克，食盐25克，糖100克，黄油350～450克。

制作工具或设备：搅拌桶，笔式测温计，西餐刀，醒发箱，擀面杖，吐司模，烤盘，烤箱。

制作过程：

①将配方中除黄油外所有原料放入搅拌桶中，先用30转/分钟的慢速搅拌3分钟，再用70～80转/分钟的高速搅拌12分钟，形成面筋扩展、光滑的面团。

②调好的面团放在冷藏室（0℃）1～24小时。

③冷冻后的面团压成片，包上黄油再反复压几次。

④取出擀好的面团，用轮刀切成长方形面坯，斜卷成卷，呈羊角或新月状。

⑤成形后在室温条件下醒发90分钟，然后在38℃，相对湿度85%的条件下最后醒发10～15分钟。

⑥在醒发的羊角面包坯刷上蛋液。

⑦在230℃条件下烘烤17分钟左右（面包重约50克）。

风味特点：色泽金黄，形似羊角或新月，起酥好，层次分明，松软香酥。

6．丹麦面包

原料配方：高筋面粉230克，低筋面粉80克，砂糖45克，鸡蛋1个，黄油120克，奶粉20克，水140毫升，酵母3克，盐2克。

制作工具或设备：搅拌桶，搅拌机，笔式测温计，西餐刀，醒发箱，擀面杖，塔模，烤盘，烤箱。

制作过程：

①将高筋面粉、低筋面粉过筛后和砂糖、鸡蛋、奶粉、温水化开的酵母一起放入搅拌桶中，用搅拌机搅拌成面团。

②面团搅拌均匀后，加入20克左右提前从冰箱拿出放软的黄油继续搅拌，然后放入冰箱冷藏，15分钟后取出。

③面团从冰箱拿出后，擀成长方形，包入拍扁的黄油后，擀平，再三折，再擀平，如是

三、四次，折好后松弛半小时。

④松弛好的面包擀成0.5厘米厚的薄片，再松弛15分钟，然后用刀割成长长的三角形，从宽的一头卷至尖的一头。

⑤卷好的面包坯在醒发箱中发酵至原来体积的两倍大。

⑥刷上蛋液入预热过的烤箱，上下火180℃，烤制20分钟左右。

风味特点：色泽金黄，酥松油润。

7. 五瓣面包（图5-13）

原料配方：高筋面粉400克，红薯泥180克，糖40克，盐4克，酵母5克，牛奶150克，黄油40克。

制作工具或设备：搅拌桶，笔式测温计，西餐刀，醒发箱，擀面杖，烤盘，烤箱。

制作过程：

①除黄油外其余原料一起放入搅拌桶，用搅拌机搅拌至筋性完成后再加入软化的黄油后慢速拌匀。

②面团搅拌好后，放置基本发酵（面团基本发酵时间60分钟，是装饰用面团，因较好成形搓长。若要食用时，基本发酵时间90分钟，口感会较佳。），完成后分割100克×20个，用手搓滚圆球形，排至烤盘内，用塑料袋或保鲜膜盖上，放置"中间发酵"15～20分钟。

③取滚圆面团，用手搓成长条状后，用擀面棍擀开成长椭圆形扁平状。擀成扁平椭圆状，稍松弛后，用手边挤紧边卷成长条状，再用手前后搓动至长度约为40～43厘米，放置稍微松弛备用。

④整形取5条，面带先行排成扇子形状，接头依序用力粘压在一起，不可松脱。

⑤编辫口诀1：2上3，将第2条压过第3条。

⑥编辫口诀2：5上2，将第5条压过第2条。

⑦编辫口诀3：1上3，将第1条压过第3条。

⑧依口诀1、2、3，重复动作完成五瓣面包。注意面团上下的接头要紧密，但编结成瓣时不可太紧，否则发酵后易爆裂开来。

⑨编完后，选定最佳辫纹当作表面，编辫时要紧密不要有空洞产生，表面先刷一次蛋液，待干。

⑩烤盘刷油，面包入烤炉前再刷一次蛋液，烤出的成品会较光亮。

⑪面包入烤箱，以210℃烤制20分钟。

⑫出炉后趁热立即脱模，倒在架上冷却。

风味特点：色泽金黄，形似辫子。

8. 起酥面包

原料配方：

面团配方：高筋面粉250克，奶粉15克，盐2克，砂糖40克，鸡蛋1只，酵母8克，黄油25克。

酥皮配方：高筋面粉500克，低筋面粉500克，黄油50克，细砂糖50克，全蛋100克，水500克，盐5克，裹入油500克。

制作工具或设备：搅拌桶，笔式测温计，西餐刀，醒发箱，擀面杖，吐司模，烤盘，烤箱。

制作过程：

①面团调制：将所有原料（除黄油）一起用低速搅拌2分钟，高速搅拌4分钟，然后加入黄油用低速拌匀，再用高速搅拌1分钟，直至面筋充分扩展，面团温度为28℃；让面团放入醒发箱发酵20分钟，分割、滚圆、再发酵20分钟；把面团分割60克/个（里面可以包红豆、椰子、奶酥、肉松等），最后醒发100分钟，醒发温度为38℃，相对湿度为75%～80%。

②酥皮调制：将高筋面粉、低筋面粉、酥油、细砂糖、全蛋、水、盐搅拌至微光滑，取出冷藏松弛30分钟；然后放入裹入油500克，3折2次，冷藏松弛30分钟再3折1次，成长和宽为13厘米，厚为0.25厘米的正方形（冷藏备用）。

③喷水或刷全蛋，表面盖上起酥皮刷全蛋，进炉烘焙。

④放入烤箱，以上火210℃，下火200℃，烤制25分钟。

风味特点：小巧适度，色泽迷人，口感松脆。

9. 麻花起酥面包

原料配方：

面团配方：高筋面粉300克，奶粉15克，砂糖35克，盐3克，酵母6克，改良剂1克，鸡蛋30克，水150克，黄油45克，老面90克，人造黄油165克。

制作工具或设备：搅拌桶，笔式测温计，西餐刀，醒发箱，擀面杖，吐司模，烤盘，烤箱。

制作过程：

①将除黄油、人造黄油外所有的原料混合，放入搅拌桶中，中速搅拌成团，加入黄油，搅拌至扩展状态。

②盖保鲜膜，送入冰箱隔夜松弛12小时以上。

③将人造黄油打薄，将面团擀成人造黄油的2倍大，然后把它包住，压好边。

④将包好人造黄油的面皮擀开，三折后放入保鲜袋，入冰箱冷冻松弛30分钟。

⑤将面团取出，擀开，再三折，放入保鲜袋，入冰箱冷藏松弛30分钟。

⑥将面团取出，再次擀开，三折，放入保鲜袋，入冰箱冷藏松弛30分时。

⑦三次三折之后擀成长方形，分成三份，每份切成厚0.5厘米，宽2厘米长条形。

⑧编成麻花形，折起，整形，三个一盒，放入醒发箱，最后发酵110分钟。

⑨取出面包坯刷上蛋液，放入烤箱，盖盖以180℃烤35分钟。

风味特点：色泽金黄，松软油润。

10. 丹麦卷面包

原料配方：高筋面粉200克，低筋面粉80克，奶粉15克，盐3克，细砂糖30克，干酵母7克，鸡蛋30克，水140克，黄油15克，人造黄油160克。

制作工具或设备：搅拌桶，笔式测温计，西餐刀，醒发箱，擀面杖，烤盘，烤箱。

制作过程：

①将除黄油、人造黄油以外的其他原料放在一起，和成团。

②加入黄油揉至面团光滑，将面团放入冰箱冷藏松弛30分钟。

③松弛面团时，将人造黄油打薄并擀成正方形的薄片。

④将面团取出，擀成人造黄油2倍大的正方形。

⑤将人造黄油放在面片中间，四角内折，封好口，包住人造黄油。

⑥将面团擀成长方形大片，两边向中间三折，然后送入冰箱冷藏松弛20分钟。

⑦共三折三次，最后一次三折后，送入冰箱冷藏2个小时。

⑧取出面团，擀成0.5厘米的大片。

⑨沿长边将面片切成条状，两头向相反方向卷，然后盘卷起来。

⑩排入烤盘，送入醒发箱，进行最后发酵。

⑪最后发酵结束后，表面刷蛋液（不要刷到切口处）。

⑫入预热至180℃的烤箱，中层，上下火烘烤15分钟，烤好后不要马上出炉，在烤箱中再焖5分钟。

风味特点：色泽金黄，外酥里嫩，油润适口。

第五节　面包的质量鉴定与质量分析

一、面包的鉴定标准

由于受地区、民族习惯、原辅料来源和质量、工艺配方和设备等方面的影响，各地区、各国家生产的面包在质量上存在很大的差异。一般情况下，完整面包应具备的质量鉴定标准如下。

（1）面包表面　光滑、清洁、无明显撒粉粒，没有气泡、裂纹、粘边和变形等。

（2）面包形状　具有各品种应有的形状，两头大小应相同。

（3）面包色泽　表面呈金黄或棕黄色，色泽均匀一致，有光泽，无烧焦或发白的现象。

（4）面包内部组织　从面包断面观察，气孔细密均匀，色泽洁白，无大的孔洞，富有弹性；果子面包果料要均匀，无变色现象。

（5）面包味道　应具有产品特有的香味，无酸或其他异味。

（6）卫生情况　表面整洁，内外无杂质，符合卫生要求。

（7）面包水分　一般含水量应在30%～40%以内，最高不超过40%。

（8）面包酸度　发酵正常的甜面包，酸度在6度以下，咸面包则在5度以下。

二、面包的质量分析与改进措施

面包制作是一项工艺性能强，操作比较繁杂的技术，同时注意材料的合理搭配也十分重要，学会了解、检验和分析制品的质量，掌握解决质量问题的技巧才能不断改进工艺性能，提高面包产品的质量。

1．面包表面部分

（1）案例　面包的体积过小

原因分析：

①酵母用量不足。

②酵母失去活力。

③面粉筋力不足。

④搅拌时间过长或过短。

⑤盐的用量不足或过量。

⑥缺少改良剂。

⑦糖分过多。

⑧最后醒发时间不够。

改进措施：

①增加酵母的用量。

②对于新购进的或贮存时间较长的酵母要在检验其发酵力后再进行使用，失效的酵母不用。

③选择面筋含量高的面粉。

④正确掌握搅拌的时间，时间短而筋打不起来，时间长易把形成的面筋打断。

⑤盐的用量应控制在面粉用量的1%～2.2%之间。

⑥减少配方中糖的用量配比。

⑦加入改良剂。

⑧醒发的程度以原体积的2～3倍大为宜。

（2）案例　体积过大

原因分析：

①面粉质量差，盐量不足。

②发酵时间太久。

③焗炉温度过低。

改进措施：

①选用合适的面粉品种。

②控制发酵时间。

③把握烤制温度。

（3）案例　面包表皮颜色太浅

原因分析：

①烤炉上火不足或烘烤时间不足。

②最后发酵室温过低。

③面团发酵太久。

④整形时撒面粉太多。

⑤糖量不足。

⑥搅拌不适当。

⑦水质硬度太低（软水）。

⑧改良剂使用过多。

改正措施：

①调整好烤箱温度，掌握好烤制时间。

②减少改良剂的使用量。

③提高糖的使用量。

④整形时尽量减少撒面粉量。

⑤缩短发酵时间，同时提高最后发酵温度。

⑥注意整个搅拌过程。

（4）案例　面包表皮颜色过深

原因分析：

①烤箱的温度过高，尤其是上火。

②发酵时间不足。

③糖的用量太多。

④烤箱内的水气不足。

改进措施：

①按不同品种正确掌握烤箱的使用温度，减少上火的温度。

②延长发酵的时间。

③减少糖的用量，糖的用量应控制在面粉用量的6%～8%。

④烤箱内加喷水蒸气设备或用烤盘盛热水放入烤箱内以增加烘烤湿度。

（5）案例　面包头部有顶盖

原因分析：

①使用的是刚磨出来的新面粉，或者筋度太低，或者品质不良。

②面团太硬。

③发酵室内湿度太低，或时间不足。

④焗炉蒸汽少，或火力太高。

改进措施：

①根据面包品种选用合适的面粉。

②控制面包面团的软硬度。

③烤箱内加喷水蒸气设备或用烤盘盛热水放入烤箱内以增加烘烤湿度。

④掌握烤制时间。

（6）案例　表皮有气泡

原因分析：

①面团软。

②发酵不足。

③搅拌过度。

④发酵室湿度太大。

改进措施：

①控制面包面团的软硬度。

②增大酵母的用量或适当延长发酵时间。

③注意整个搅拌过程。

④减少蒸汽喷出量。

（7）案例　表皮裂开

原因分析：

①配方成分低。

②老面团。

③发酵不足，或发酵湿度、温度太高。

④烤焗时火力大。

改进措施：

①严格按照面包配方制作，不要擅自增减原辅料。

②面团存放时间不宜过长。

③掌握酵母的用量、发酵湿度和发酵温度。

④控制烤制温度。

（8）案例　表面无光泽

原因分析：

①缺少盐。

②配方成分低，改良剂太多。

③老面团，或撒粉太多。

④发酵室温度太高，或缺淀粉酵素。

⑤焗炉蒸汽不足，炉温低。

改进措施：

①盐的用量应控制在面粉用量的1%～2.2%。

②适量使用改良剂。

③面团存放时间不宜过长，减少撒粉量。

④调整温度，增加蒸汽喷气量。

（9）案例　表面有斑点

原因分析：

①奶粉没溶解或材料没拌匀，或沾上糖粒。

②发酵室内水蒸气凝结成水滴。

改进措施：

①在调制面团的过程中，使用颗粒细，便于溶解的原辅料。

②表面做好清洁工作。

③改善发酵室的设备条件。

（10）案例　面包表皮过厚

原因分析：

①烤箱温度过低。

②基本发酵时间过长。

③最后醒发不当。

④糖、奶粉的用量不足。

⑤油脂不足。

⑥搅拌不当。

改进措施：

①提高烤箱的温度。

②减少基本发酵的时间。

③严格控制醒发室的温度和湿度，醒发的时间过久或无湿度醒发，表皮会因失水过多而干燥。

④加大糖及奶粉的用量。

⑤增加油脂4%～6%。

⑥注意搅拌的程序。

2．面包内部部分

（1）案例　面包内部组织粗糙

原因分析：

①面粉筋力不足。

②搅拌不当。

③造型时使用干面粉过多。

④面团太硬。

⑤发酵的时间过长。

⑥油脂不足。

改进措施：

①使用高筋面粉。

②将面筋充分打起，并正常掌握搅拌时间。

③造型、整形时所使用的干面粉越少越好。

④加入足够的水分。

⑤注意调整发酵所需的时间。

⑥加入4%～6%的油脂润滑面团。

（2）案例　面包内部有硬质条纹

原因分析：

①面粉质量不好或没有筛匀，与其他材料如酵母搅拌不匀，撒粉多。

②改良剂、油脂用量不当。

③烤盘内涂油太多。

④发酵湿度大或发酵效果不好。

改进措施：

①选用优质原辅料，按照配方制作。

②适量使用改良剂和油脂。

③减少烤盘内涂油。

④控制发酵全过程。

（3）案例　面包内部有孔洞

原因分析：

①刚磨出的新粉。

②水质不合标准。

③盐少或油脂硬、改良剂太多。

④搅拌不均匀，过久或不足，速度太快。

⑤发酵太久或靠近热源，温度、湿度不正确。

⑥撒粉多。

⑦烤焗温度不高，或烤盘大。

⑧整形机滚轴太热。

改进措施：

①选用优质面粉原料。

②改善水质，控制软硬度。

③改用优质辅料。

④控制面团搅拌全过程。

⑤把握发酵全过程。

⑥减少撒粉。

⑦选择合适的机械设备。

⑧合理使用设备。

（4）案例　面团发酵缓慢

原因分析：

①酵母用量不足，处理不当或品质不佳。

②盐、糖的使用量过多。

③奶粉的使用量过多或品质不佳。

④水分不足或水质不合格。

⑤油脂的使用量过多。

⑥搅拌不足。

⑦面团本身温度太低。

⑧发酵室温度过低。

改进措施：

①增加酵母的使用量，正确掌握酵母的使用方法，同时注意酵母的质量。

②相应减少糖、盐、油脂的使用量。

③增加水的用量，同时也要注意水质。

④搅拌要充分。

⑤提高发酵室的温度，但不能过高。

⑥控制好面团的温度，可通过加温水的方法来提高面团温度。

（5）案例　面团发酵太快

原因分析：

①酵母用量太多。

②改良剂用量太多。

③食盐用量太多。

④搅拌过度。

⑤面团本身温度太高。

⑥发酵室温度过高。

改进措施：

①减少酵母、改良剂的用量。

②相应增加盐的用量。

③掌握好搅拌程度。

④控制面团温度，可通过加冰的方法来降低面团的温度。

⑤适当降低发酵室的温度。

（6）案例　面团太黏手

原因分析：

①面粉筋度太差。

②糖的使用量太足。

③食盐使用量太少。

④水分使用过量。

⑤油脂用量不足。

⑥鸡蛋用量过多。

⑦搅拌不足。

改进措施

①尽量使用高筋面粉。

②适当减糖、奶粉以及水的用量。

③增加盐、油脂的用量。

④搅拌要充分。

3．面包整体部分

（1）案例　面包在入烤箱前或进烤箱初期下陷

原因分析：

①面粉筋力不足。

②酵母用量过大。

③盐太少。

④缺少改良剂。

⑤糖、油脂、水的比例失调。

⑥搅拌不足。

⑦面包的醒发时间过长。

⑧移动时拌动太大。

改进措施：

①选用高筋面粉。

②减少酵母的用量。

③增加盐的用量。

④增加改良剂。

⑤糖油为柔性材料，有降低面筋的骨架作用，应正确掌握其比例。

⑥增加搅拌时间将面筋打起。

⑦缩短最后醒发的时间。

⑧面包在入烤箱时动作要轻。

（2）案例　面包的口味不佳

原因分析：

①原材料质量不佳。

②发酵所需的时间不足或过长。

③最后醒发过度。

④生产用具不清洁。

⑤面包变质。

改进措施：

①应选用品质较好的新鲜原材料。

②根据不同制品的要求正确掌握发酵所需的时间。如发酵的时间不足则无香味，发酵过度则产生酸味。

③严格控制醒发的时间及面团胀发的程度，一般面团醒发后的体积以原体积的2～3倍为宜。

④经常清洗生产用具。

⑤注意面包的储藏温度及存放的时间。

（3）案例　不易贮藏，易发霉

原因分析：

①面粉质劣或储放太久。

②糖、油脂、奶粉用量不足。

③面团不软或太硬，搅拌不均匀。

④发酵湿度不当，湿度大，时间久。

⑤撒粉太多。

⑥烤焗出炉冷却太久，烤炉温度低，缺蒸汽。

⑦包装、运输条件不好。

改进措施：

①选用优质原料制作。

②按照配方制作，不随意增减原辅料。

③掌握面包面团的软硬度。

④控制发酵湿度环境。

⑤减少撒粉。

⑥掌握烤制整个过程。

⑦改善包装、运输条件。

1. 面包的概念是什么?
2. 面包如何分类?
3. 面包的特点有哪些?
4. 简述面包的发酵原理。
5. 影响面包发酵的因素有哪些? 如何理解?
6. 简述面包制作的一般流程。
7. 简述面包的烘焙原理。
8. 面包的质量鉴定标准有哪些?

第六章 蛋糕制作工艺

CHAPTER 6

第一节　蛋糕的概念、分类及特点

一、蛋糕的概念

蛋糕是由面粉、鸡蛋和砂糖等材料经过搅拌而组成的含气泡的均一分散组织，而且在制作过程中可以添加油脂、牛奶、坚果或水果等辅料，经过烘烤后形成色泽鲜艳，口感膨松香甜，造型美观的一类点心。

二、蛋糕的分类

蛋糕的种类很多，根据使用原料、搅拌方法和面糊性质不同，常见的有海绵蛋糕、油脂蛋糕等两种基本类型，以及由此变化而来的各种花式蛋糕、装饰蛋糕等。

（一）海绵蛋糕

海绵蛋糕是利用蛋白起泡性能，使蛋液中充入大量的空气，加入面粉烘烤而成的一类膨松点心。因为其结构类似于多孔的海绵而得名。国外又称为泡沫蛋糕，国内称为清蛋糕（Plain Cake）。海绵蛋糕不含或含有少量的油脂，组织疏松，口感绵软。

在蛋糕制作过程中，蛋白通过高速搅拌使其中的球蛋白降低了表面张力，增加了蛋白的黏度，因黏度大的成分有助于泡沫初期的形成，使之快速地打入空气，形成泡沫。蛋白中的球蛋白和其他蛋白，受搅拌的机械作用，产生了轻度变性。变性的蛋白质分子可以凝结成一层皮，形成十分牢固的薄膜将混入的空气包围起来，同时，由于表面张力的作用，使得蛋白泡沫收缩变成球形，加上蛋白胶体具有黏度和加入的面粉原料附着在蛋白泡沫周围，从而形成均匀的面糊，经过烤制后达到膨松的效果。

由于海绵蛋糕中所使用的鸡蛋成分不同，有些只用蛋清，有些用全蛋，有些又加重蛋黄的用量，因此，又可分为天使蛋糕、戚风蛋糕和全蛋海绵蛋糕等。

（二）油脂蛋糕

油脂蛋糕，是用鸡蛋、黄油、面粉、白糖等搅拌、烘烤而成。油脂蛋糕则含有较多的固体油脂，其弹性和柔软度不如海绵蛋糕，组织相对较紧密，吃口细腻滑润，油润感、饱腹感强，另具特色。

在制作过程中，空气通过搅拌进入油脂形成气泡，使油脂膨松、体积增大；当蛋液加入到打发的油脂中时，蛋液中的水分与油脂即在搅拌下发生乳化。乳化对油脂蛋糕的品质有重要影响，乳化越充分，制品的组织越均匀，口感也越好；为了改善油脂的乳化，在加蛋液的同时可加入适量的蛋糕油，可使油和水形成稳定的乳液，使蛋糕烤制后质地更加细腻。

（三）花式蛋糕

花式蛋糕是指各式各样的小型蛋糕，可以看作是以上两类基本蛋糕变化的另一种形式，它小巧玲珑、美观大方、便于携带而且食用方便。制作时，可以将蛋糕先烤制成长条形或大块蛋糕胚，然后再加工成小型的各种形状或图案的蛋糕品种。

（四）装饰蛋糕

装饰蛋糕的品种很多，按用途及工艺特点通常分为两大类，一类是一般装饰蛋糕，如奶油裱花蛋糕、水果蛋糕、巧克力装饰蛋糕等；另一类是艺术造型蛋糕，这类蛋糕工艺难度大，欣赏价值高，多用于装饰橱窗、宴会、各种大型活动的布景及客人的特殊需要。

装饰蛋糕通常以海绵蛋糕或油脂蛋糕为坯料，其装饰料则据制品需要灵活选择。一般常用的装饰原料有：奶油膏、糖粉膏、巧克力、干鲜果、杏仁膏、各式水果罐头及胶冻类原料等。

三、蛋糕的特点

（一）富有营养

蛋糕多以乳品、蛋品、糖类、油脂、面粉、干鲜水果等为常见原料，而这些原料含有丰富的蛋白质、脂肪、糖及维生素等营养物质，它们是人体健康所必不可少的营养素。

（二）色泽漂亮

在蛋糕的制作过程中，由于配料中使用了白糖等糖类，在烤制成熟时发生了焦糖化反应，使之形成了漂亮的金黄色或褐黄色，刺激消费者的食欲。

（三）口味清香

同样由于蛋糕所用的主料为面粉、乳品、干鲜水果等，这些原料本身具有芳香的味道，而且这些原料在烘烤过程中发生美拉德反应等形成了特异的香气，更不用说个别蛋糕添加少量的香精提香了，所以，蛋糕在口味上往往显现出清香的特点。

（四）口感松软

在蛋糕制作过程中，无论是利用鸡蛋膨松、油脂膨松或是其他添加剂膨松等技法，生产出来的蛋糕产品，都有膨松的口感，从而形成了蛋糕的另一特色。

（五）工艺简洁

蛋糕从选料到搅拌、从灌模到烘烤、从脱模到造型、从整理到装饰，每一个线条到图案，每一种色调，都清晰可辨，简洁明快，给人赏心悦目的感受。

总之，蛋糕都具有丰富的营养，漂亮的色泽，清香的风味，松软的口感和简洁的制作工艺。

第二节　蛋糕制作的基本原理

一、海绵蛋糕的制作原理

（一）空气的作用

在海绵蛋糕制作过程中，蛋白通过高速搅拌，使之快速地打入空气，形成泡沫。同时，由于表面张力的作用，使得蛋白泡沫收缩变成球形，加上蛋白胶体具有黏度和加入的面粉原料附着在蛋白泡沫周围，使泡沫变得很稳定，能保持住混入的气体，加热的过程中，泡沫内的气体又受热膨胀，使蛋糕制品疏松多孔并具有一定的弹性和韧性。

（二）膨松剂的作用

在海绵蛋糕制作过程中，为了使蛋糕制品膨松，通常要添加一些膨松剂，如小苏打、泡打粉等，在加热时会产生二氧化碳气体，此外，还可产生阿摩尼亚及水蒸气，这都可使烘焙产品体积膨胀。

这一类的膨松剂虽然都有使蛋糕膨松的特性，但是过量的使用反而会使成品组织粗糙，影响风味甚至外观，因此使用上要注意分量。

（三）水蒸气的作用

在海绵蛋糕烘焙制作过程中，常会加入水，水在烘焙时会因受热而变成水蒸气，即会产生蒸汽压，使产品体积膨大。

（四）油脂的乳化作用

在海绵蛋糕烘焙制作过程中，经常会加入一些油脂，改善蛋糕的口感。这些油脂最后搅拌后，会形成水包油型（油分散在水中）的乳化液，在烘焙初期，当温度达到40℃时，油脂中的气泡会转移到水相中，然后在水蒸气的作用下，形成膨松的效果。

二、油脂蛋糕的制作原理

（一）油脂的搅拌打发作用

油脂的打发即油脂的充气膨松。在搅拌作用下，空气进入油脂形成气泡，使油脂膨松、体积增大。油脂膨松越好，蛋糕质地越疏松，但膨松过度会影响蛋糕成形。

油脂的打发膨松与油脂的充气性有关。此外，细粒砂糖有助于油脂的膨松。

（二）油脂与蛋液的乳化作用

当蛋液加入到打发的油脂中时，蛋液中的水分与油脂即在搅拌下发生乳化。乳化对油脂蛋糕的品质有重要影响，乳化越充分，制品的组织越均匀，口感也越好。

（三）蛋糕油的乳化作用

为了改善油脂的乳化，在加蛋液的同时可加入适量的蛋糕油（为面粉量的3%～5%）。蛋糕油作为乳化剂，可使油和水形成稳定的乳液，蛋糕质地更加细腻，并能防止产品老化，延长其保鲜期。

第三节　蛋糕的生产方法

一、制作流程

蛋糕制作流程主要体现在以下几个方面：

蛋糕的选料 → 搅拌打蛋 → 拌面粉 → 灌模成形 → 烘烤（或蒸） → 冷却脱模 → 裱花装饰 → 包装储存

二、关键环节说明

（一）蛋糕的选料

选料对于蛋糕制作十分重要，制作蛋糕时，应根据配方选择合适的原料，准确配用，才能保证蛋糕产品的规格质量。

以制作一般海绵蛋糕选料为例：原料主要有鸡蛋、白糖、面粉及少量油脂等，其中新鲜的鸡蛋是制作海绵蛋糕的最重要的条件，因为新鲜的鸡蛋胶体溶液稠度高，能打进气体，保持气体性能稳定；存放时间长的蛋不宜用来制作蛋糕。制作蛋糕的面粉常选择低筋粉，其粉质要细，面筋要软，但又要有足够的筋力来承担烘时的胀力，为形成蛋糕特有的组织起到骨架作用。如只有高筋粉，可先进行处理，取部分面粉上笼熟，取出晾凉，再过筛，保持面粉没有疙瘩时才能使用，或者在面粉中加入少许玉米淀粉拌匀以降低面团的筋性。制作蛋糕的糖常选择蔗糖，以颗粒细密、颜色洁白者为佳，如绵白糖或糖粉。颗粒大者，往往在搅拌时间短时不容易溶化，易导致蛋糕质量下降。

（二）搅拌打蛋

搅拌打蛋是蛋糕制作的关键工序，是将蛋液、砂糖、油脂等按照一定的次序，放入搅拌机中搅拌均匀，通过高速搅拌使砂糖融入蛋液中并使蛋液或油脂充入空气，形成大量的汽泡，以达到膨胀的目的。蛋糕成品的好坏与打蛋时间、蛋液温度、蛋液质量，搅拌打蛋方法等相互关联。

1．海绵蛋糕的搅拌打蛋方法

（1）蛋白、蛋黄分开搅拌法　蛋白、蛋黄分开搅拌法其工艺过程相对复杂，其投料顺序对蛋糕品质更是至关重要。通常需将蛋白、蛋黄分开搅打，所以最好要有两台搅拌机，一台搅打蛋白；另一台搅打蛋黄。先将蛋白和糖打成泡沫状，用手蘸一下，竖起，尖略下垂为止；另一台搅打蛋黄与糖，并缓缓将蛋白泡沫加入蛋糊中，最后加入面粉拌和均匀，制成面糊。在操作的过程中，为了解决吃口较干燥的问题，可在搅打蛋黄时，加入少许油脂一起搅打，利用蛋黄的乳化性，将油与蛋黄混合均匀。

（2）全蛋与糖搅打法　蛋糖搅拌法是将鸡蛋与糖搅打起泡后，再加入其他原料拌和的一种方法。其制作过程是将配方中的全部鸡蛋和糖放在一起，入搅拌机，先用慢速搅打2分钟，待糖、蛋混合均匀，再改用中速搅拌至蛋糖呈乳白色时，用手指勾起，蛋糊不会往下流时，再改用快速搅打至蛋糊能竖起，但不很坚实，体积达到原来蛋糖体积的3倍左右，把选用的面粉过筛，慢慢倒入已打发好的蛋糖中，并改用手工搅拌面粉（或用慢速搅拌面粉），拌匀即可。

（3）乳化法 乳化法是指在制作海绵蛋糕时加入了乳化剂的方法。蛋糕乳化剂在国内又称为蛋糕油，能够促使泡沫及油、水分散体系的稳定，它的应用是对传统工艺的一种改进，尤其是降低了传统海绵蛋糕制作的难度，同时还能使制作出的海绵蛋糕中能溶入更多的水、油脂，使制品不容易老化、变干变硬，吃口更加滋润，所以它更适宜于批量生产。

其操作时，在传统工艺搅打蛋糖时，使蛋糖打匀，即可加入面粉量的10%的蛋糕油，待蛋糖打发白时，加入选好的面粉，用中速搅拌至奶油色，然后可加入30%的水和15%的油脂搅匀即可。

2．油脂蛋糕的搅拌打蛋方法

（1）糖、油搅打法 首先，将油脂（奶油或人造奶油）与糖一起搅打至呈淡黄色、膨松而细腻的膏状。其次，蛋液呈缓缓细流分次加入上述油脂与糖的混合物中，每次均须充分搅拌均匀。再次，将筛过的面粉轻轻混入浆料中，混匀即止。注意不能有团块，不要过分搅拌以尽量减少面筋生成。最后加入液体（水或牛奶），如有果干或果仁也可在这一步加入，混匀即可。注意如果配方中有奶粉、泡打粉等干性原料，可与面粉一起混合过筛。如有色素和香精，可溶入液体中一并加入，也可在第一步加入。

（2）粉、油搅打法 首先，将油脂与等量的面粉（事先过筛）一起搅打成膨松的膏状。其次，将糖与蛋搅打起发成泡沫状。第三，将糖、蛋混合物分次加入到油脂与面粉的混合物中，每次均须搅打均匀。第四，将剩余的面粉加入浆料中，混匀至光滑、无团块为止。最后加入液体、果干、果仁等，混匀即可。

（3）混合搅打法 首先，将所有的干性原料包括面粉、糖、奶粉、泡打粉、可可粉等一起过筛。其次，将过筛后的干性原料与油脂一起搅拌混合至呈"面包渣"状为止，注意不要过分搅拌成糊状。再次，将所有湿性原料包括蛋液、水（或牛奶）等混合在一起。最后，边搅拌边将混合液呈缓缓细流状逐渐加入到干性原料与油脂的混合物中，搅拌至无团块、光滑的浆料为止。

（4）糖油-糖蛋搅拌法 该法是将糖分为两部分，一部分与油脂一起搅打；另一部分与糖一起搅打。

首先，将油脂与一半糖打发。其次，将另一半糖与蛋一起打发（可加面粉量3%～5%的蛋糕油），再加入一半面粉混匀。最后，将另一半面粉与糖蛋交替加入打发的糖和油中，并用慢速混匀。

制作过程中，机器操作应注意：凡属于搅打的操作宜用中速；凡属于原料混合的操作宜用慢速；须随时将黏附在桶边、桶底和搅拌头上的糊料刮下，再让其参与搅拌，使整个糊料体系均匀。

以上四种方法中以粉、油搅打法及糖油-糖蛋搅打法制成的蛋糕质地最好，但操作过程稍复杂。混合搅打法操作较简便，适用于机器生产。糖、油搅打法是种传统的油脂蛋糕制作方法，既适用于机器生产，也适用于手工制作。

（三）拌面粉

拌面粉是搅拌打蛋后的一道工序。制作时先将面粉过筛，然后均匀拌入蛋浆或油浆中。在拌入面粉的过程中，搅拌速度宜采用中速，搅拌时间不宜过长，以拌至见不到生面粉为止，防止面粉"上劲"。也可根据配方，加入部分熟面粉或玉米粉，减少面筋的拉力，使蛋糕制品膨松。

1．蛋糕面糊的温度

面糊温度直接影响到蛋糕的体积、组织和品质。面糊温度高将导致蛋糕体积异常，内部粗糙、有碎屑，表皮色深，整体上松散干燥。而面糊温度低则成品体积小，内部组织紧密。导致面糊温度变化基本上离不开环境温度和物料温度。通过大量实验，已知面糊入炉的最佳温度是22℃。此温度的面糊入炉后膨胀性最好，体积饱满组织细腻。而在环境温度和物料温度相对恒定的条件下，水温是调整面糊温度的最佳选择。

水温计算公式：

理想水温=（6×需要面糊温度）-（室温+面粉温度+糖温度+油温度+蛋温度+摩擦热力）

例：需要面糊温度22℃，室内温度26℃，面粉温度24℃，糖温度25℃，油温度24℃，蛋温度22℃，摩擦热力假定6℃。则理想水温=（6×22）-（26+24+25+24+22+6）=5℃

说明：摩擦热力是面糊在搅拌过程中因摩擦产生的温度，其计算公式如下：

摩擦热力=（6×搅拌后面糊温度）-（室温+面粉温度+糖温度+油温度+蛋温度+水温度）

冰量添加公式：

冰的需求量=配方类水的总量×（实际水温-理想水温）/（实际水温+80）

例：配方水量1000克，实际水温20℃，理想水温5℃，则冰的添加量=1000×（20-5）/（20+80）=150克，也就是添加850克水和150克冰块以达到需要的水温。

2．蛋糕面糊的密度

面糊密度是测定其充气程度的重要指标，是判断蛋糕搅拌程度是否得当的重要依据。面糊在搅拌过程中不断地充入空气，空气充入越多，面糊密度越轻，成品蛋糕体积越大，内部组织亦较疏松。但如果搅拌过度，充入的空气太多，面糊密度变得过小，则成品蛋糕内部组织粗糙，气孔多，烘烤时蛋糕受热较快，容易使烤出来的蛋糕水分损失太多而变得干燥口感差，形状也不规整。如果搅拌不足，则充入的空气少，面糊密度大，入炉后膨胀无力，成品体积小，内部组织紧密、坚韧。所以每种蛋糕因选用原料不同、搅拌工艺不同，面糊密度亦不同。因而每一种蛋糕在搅拌时都有一定密度标准，以此作参照，如果烘烤时炉温控制得当，所烤出来的蛋糕一定是成功的好蛋糕。

面糊密度的测定方法是先称出一个平底量杯的质量，然后将量杯注满水后称出量杯和水的总质量，以此总质量减去量杯质量，即为此满杯水的质量。把水倒掉，再用此杯装满面糊，在装面糊时注意杯中不要留有气囊，也不要将量杯在桌上拍打，以免将面糊内的空气囊震破失去准确性。用刮刀将量杯口的西面糊抹平，去掉多余面糊。再把盛装面糊的量杯放在秤上称出量杯和面糊的总质量，然后以此总质量减去量杯质量，即为此满杯面糊的质量。再以面糊的质量除以相同体积水的质量，即得到此面糊的密度。

每类蛋糕因配方成分存在差异，因此面糊密度标准也是不同的。在尝试做一个新配方的蛋糕生产前，应该先做一连串试验，等到试验结果满意时，就可以此配方面糊密度作为以后搅拌的依据。

（四）灌模成形

蛋糕原料经调搅均匀后，一般应立即灌模进入烤炉烘烤。蛋糖调搅法应控制在15分钟之内，乳化法则可适当延长些时间。蛋糕的形状是由模具的形状来决定的。

1．模具的选择

蛋糕的成形一般都是借助于模具来完成的。一般常的用模具有马口铁、不锈钢、白铁皮、金属铝以及耐热玻璃材料制成。其形状圆形、长方形、花边形、鸡心形、正方形等。边沿还可分为高边和低边两种。选用时要依据蛋糕的配方不同、比重不同、内部组织状况的不同，灵活进行选择。海绵蛋糕因其组织松软，易于成熟而可以灵活地进行选择模具，一般可依据成品的形状来选择模具。

2．蛋糕糊灌模的要求

为了使烘烤的蛋糕很容易地从模具中取出，避免蛋糕黏附在烤盘或模具上，面糊在装模前必需使模具清洁，还要在模具四周及底部铺上一层干净的油纸，在油纸上还要均匀地涂上一层油脂。如能在油纸上撒一层面粉则效果更佳。

蛋糕依据打发的膨松度和蛋糖面粉的比例不同而不同，一般以填充模具的七八成满为宜。在实际操作中，以烤好的蛋糕刚好充满烤盘，不溢出边缘，顶部不凸出，这时装模面糊容量就恰到好处。如装的量太多，烘烤后的蛋糕膨胀溢出，影响制品美观，造成浪费。相反，装的量太少，则在烘烤过程中由于水分过多地挥发而降低蛋糕的松软性。

（五）烘烤（或蒸）

正确设定蛋糕烘烤的温度和时间。烘烤的温度对所烤蛋糕的质量影响很大。温度太低，烤出的蛋糕顶部会下陷，内部较粗糙；烤制温度太高，则蛋糕顶部隆起，中央部分容易裂开，四边向里收缩，糕体较硬。通常烤制温度以180～220℃为佳。烘烤时间对所烤蛋糕质量影响也很大。正常情况下，烤制时间为30分钟左右。如时间短，则内部发黏、不熟；如时间长，则易干燥，四周硬脆。烘烤时间应依据制品的大小和厚薄来进行决定，同时可依据配方中糖的含量灵活进行调节。含糖高，温度稍低，时间长；含糖量低，温度则稍高，时间长。

如果蒸制蛋糕，则先将水烧开后再放上蒸笼，大火加热蒸2分钟后，在蛋糕表面结皮之前，用手轻拍笼边或稍振动蒸笼以破坏蛋糕表面气泡，避免表面形成麻点；待表面结皮后，火力稍降，并在锅内加少量冷水，再蒸几分钟使糕坯定型后加大炉火，直至蛋糕蒸熟。出笼后，撕下白细布，表面涂上麻油以防粘皮。冷却后可直接切块销售，也可分块包装出售。

（六）冷却脱模

出炉前，应鉴别蛋糕成熟与否，比如观察蛋糕表面的颜色，以判断生熟度。用手在蛋糕上轻轻一按，松手后可复原，表示已烤熟，不能复原，则表示还没有烤熟。还有一种更直接的办法，是用一根细的竹签插入蛋糕中心，然后拔出，若竹签上很光滑，没有蛋糊，表示蛋糕已熟透；若竹签上沾有蛋糊，则表示蛋糕还没熟。如没有熟透，需继续烘烤，直到烤熟为止。

如检验蛋糕已熟透，则可以从炉中取出，从模具中取出，将蛋糕立即翻过来，放在蛋糕架上，使正面朝下，使之冷透，然后包装。蛋糕冷却有两种方法，一种是自然冷却，冷却时应减少制品搬动，制品与制品之间应保持一定的距离，制品不宜叠放。另一种是风冷，吹风时不应直接吹，防止制品表面结皮。

（七）裱花装饰

在蛋糕冷却之后，就可以根据需要选用适当的装饰料对蛋糕制品进行美化加工。所需要的装饰料和馅料应提前准备好。

（八）包装储存

为了保持制品的新鲜度，可将蛋糕放在2～10℃的冰箱里冷藏。需要出品时可以采用制作精制的纸盒或塑料盒等。

第四节　蛋糕制作实例

一、海绵蛋糕类

1. 普通海绵蛋糕（图6-1）

原料配方：鸡蛋500克，白糖250克，低筋粉250克，色拉油50克，脱脂牛奶50克。

制作用具或设备：搅拌机，面筛，烘焙纸，烤模，烤盘，烤箱，案板。

制作过程：

①预热烤箱至180℃（或上火180℃，下火165℃）备用。

②将鸡蛋打入搅拌桶内，加入白糖，上搅拌机搅打至泛白并成稠厚乳沫状。

③将低筋粉用筛子筛过，轻轻地倒入搅拌桶中，并加入溶化且冷却的色拉油和脱脂牛奶，搅和均匀成蛋糕糊。

④将蛋糕糊装入垫好烘焙纸，放在烤盘里的烤模内，并用手顺势抹平，进烤箱烘烤。

⑤约烤30分钟，待蛋糕完全熟透取出，趁热覆在案板上，冷却后即可。

风味特点：色泽金黄，口感松软。

2. 瑞士卷

原料配方：全蛋8个，砂糖100克，色拉油50克，橘汁70克，香精2滴，低筋面粉120克，泡打粉2克，盐1克，塔塔粉2克，蓝莓果酱250克。

制作用具或设备：搅拌机，面筛，烘焙纸，烤盘，烤箱，案板。

制作过程：

①预热烤箱至180℃（或上火180℃，下火165℃）备用。

②分开蛋清与蛋黄备用。

③橘汁加上色拉油搅拌，打到油和水溶合，分两次加入蛋黄；加入过筛的低筋面粉、泡打粉、香精。

④搅拌桶中放蛋清、塔塔粉、盐分次加入细砂糖，中速打到中性发泡（所谓中性发泡就是把蛋白用刮刀挑起来，有个尖，并且有点颤动的感觉）。

⑤将蛋清糊分次放蛋黄糊中，轻轻混合均匀。

⑥烤盘里面垫好烘焙纸，倒入盘中，快速抹平。

⑦放烤箱前轻轻磕一下烤盘，消除里面的空气。

⑧用180℃烤15分钟。

⑨出炉稍凉，然后从烤盘上倒出。放在一张烘焙用的专用纸上，蛋糕表皮冲下，底冲上，撕去烤制时粘在蛋糕底部的烘焙纸，再放上一张烘焙纸，然后把蛋糕反转过来，这时表皮应该冲上。

⑩放凉一点后，可以把表层烘烤的蛋糕皮用刀削去，这样卷起后的效果会漂亮。

⑪涂果酱。（最好在涂果酱前涂一层打发的黄油。如果直接涂果酱，果酱会浸染蛋卷，外表看起来不够漂亮。涂一层打发黄油，起到一个保护层的作用。当然，这步不是必需的，可以省略。）涂完果酱后，可以用刀在蛋卷上轻轻划几道痕迹，比较有利于卷起。放擀面杖于纸后，协助卷蛋糕卷。

⑫卷成卷，切成片状食用。

风味特点：线条美观，口感柔绵。

3. 海绵卷（图6-2）

原料配方：低筋面粉100克，鸡蛋250克，白砂糖100克，巧克力香精2滴。

制作用具或设备：搅拌机，面筛，烘焙纸，蛋糕模，烤盘，烤箱。

制作过程：

①预热烤箱至180℃备用。

②搅拌桶中放鸡蛋，加入细砂糖，中速打到中性发泡。

③加入过筛的低筋面粉、香精，切拌均匀。

④烤盘里面垫好烘焙纸，倒入盘中，快速抹平。

⑤放烤箱前轻轻磕一下烤盘，消除里面的空气。

⑥放在烤箱中，烤15分钟。

⑦出炉稍凉，然后从烤盘上倒出。放在一张烘焙纸上，蛋糕表皮冲下，底冲上，撕去烤制时粘在蛋糕底部的烘焙纸，再放上一张烘焙纸，然后把蛋糕反转过来，这时表皮应该冲上。

⑧卷成卷，切成片状食用。

风味特点：口感柔软，线条优美。

4. 戚风蛋糕（图6-3、图6-4）

原料配方：鸡蛋500克，白糖300克，细盐5克，低筋粉200克，发酵粉5克，脱脂牛奶100克，色拉油75克。

制作用具或设备：搅拌机，筛子，烘焙纸，烤模，案板。

制作过程：

①预热烤箱至170℃（或上火175℃，下火160℃），在烤盘上铺上烘焙纸，再放好烤模备用。

②将鸡蛋分成蛋黄、蛋清备用。

③在搅拌桶内倒入蛋黄、细盐及一半白糖，上搅拌机搅打至稠厚并泛白，再依次加入低筋粉和发酵粉和脱脂牛奶以及色拉油，全部拌匀透。

④将蛋清和另一半白糖放入另一搅拌桶内，上搅拌机搅打成软性泡沫状，拌入蛋黄混合物，拌和均匀，装入备用的烤模内，并顺势抹平，进烤箱烘烤。

⑤约烤40分钟，至蛋糕完全熟透取出，趁热覆在案板上，冷却后即可食用。

风味特点：色泽金黄，口感细腻。

5. 戚风巧克力蛋糕（图6-5）

原料配方：白糖150克，鸡蛋500克，面粉150克，可可粉25克，泡打粉1小勺，牛奶100毫升，黄油75克。

制作用具或设备：搅拌机，筛子，烘焙纸，蛋糕烤模，案板。

制作过程：

①将鸡蛋分成蛋黄、蛋清备用。

②在搅拌桶内倒入蛋黄、细盐及一半白糖，上搅拌机搅打至稠厚并泛白，再依次加入低筋粉、泡打粉、可可粉和牛奶以及色拉油，全部拌匀透。

③将蛋清和另一半白糖放入另一搅拌桶内，上搅拌机搅打成软性泡沫状，拌入蛋黄混合物，拌和均匀。

④黄油切成小块，软化后轻轻搅入面糊中。

⑤取蛋糕烤模，内面涂黄油以防粘，装入面糊刮平。

⑥烤箱预热至175℃，烤45分钟即成。

风味特点：色泽棕褐，口感细腻。

6．提拉米苏蛋糕（图6-6）

原料配方：奶油200克，马斯卡波尼软芝士50克，咖啡酒15克，蛋黄3只，鱼胶粉5克，砂糖25克，青柠檬汁10克，手指饼干或者蛋糕1块，黄油50克。

制作用具或设备：打蛋器，抹刀，烘焙纸，冰箱。

制作过程：

①先在蛋糕模上用烘焙纸封好底部，均匀铺好饼底；将咖啡酒均匀地洒在饼底上，充分入味约半小时。

②在奶油里加入蛋黄，然后加糖、青柠檬汁、盐打匀。

③用水将鱼胶粉化开，再以热水溶开，倒进打发好的芝士里。

④混合后在芝士浆里加入打起的奶油，打均匀。

⑤将已经混合的芝士馅料加进预先做好的饼底上，最好中间隔层，再放入冰箱约6小时。

⑥表面撒上可可粉。

风味特点：口感松软，奶香浓郁。

7．葡萄干海绵蛋糕

原料配方：砂糖200克，鸡蛋8只，香草香精3滴，低筋面粉250克，玉米粉50克，泡打粉1克，水75克，玉米油50克，葡萄干100克。

制作用具或设备：抹刀，搅拌机，面筛，烘焙纸，烤盘，蛋糕模，案板。

制作过程：

①将鸡蛋打散，加入白糖高速搅拌均匀，再加上过筛的低筋面粉、玉米粉、泡打粉和香草香精、水、玉米油以及部分葡萄干等低速拌匀。

②蛋糕模内涂少许油并撒些面粉防粘，倒入约6成满的面糊。

③置入烤箱中层，180℃烤20分钟（烤制几分钟后在稍硬的面糊表面撒剩余的葡萄干）。

④烤熟、出炉、冷却、脱模即成。

风味特点：口感绵软，具有葡萄的香气。

8．蓝莓海绵蛋糕

原料配方：鸡蛋250克，蓝莓果酱75克，白糖125克，色拉油50克，低筋粉150克，脱脂牛奶25克。

制作用具或设备：抹刀，搅拌机，面筛，烘焙纸，烤盘，烤模，案板。

制作过程：

①预热烤箱至180℃，在烤盘内铺入烘焙纸，放上烤模备用。

②将鸡蛋和白糖放入搅拌桶内，上搅拌机搅打至泛白并稠厚。

③面粉过筛后，细心地拌入搅拌桶内，稍加拌匀，再依次加入蓝莓果酱、色拉油及脱脂牛奶，并轻轻搅拌至均匀。

④将搅拌匀的面糊装入备用的烤模内，进烤箱烘烤。约烤35分钟，至蛋糕完全熟透，取出，覆在案板上，待冷透后即可。

风味特点：蛋糕柔软，蓝莓味香。

9．虎皮蛋糕卷

原料配方：

蛋糕坯原料配方：牛奶25克，色拉油50克，砂糖75克，低筋面粉75克，鸡蛋5只，香草粉2克，醋3滴，盐1克。

虎皮原料配方：糖粉30克，蛋黄4个，玉米粉15克。

制作用具或设备：抹刀，搅拌机，面筛，烘焙纸，烤盘，案板。

制作过程：

①将牛奶加上砂糖搅拌均匀后，加色拉油拌匀。

②加蛋黄，一个加完搅拌均匀后再加一个。

③过筛低筋面粉轻轻搅拌均匀。

④蛋清加入醋、盐搅拌，分三次加剩余的砂糖，打至硬性蛋白阶段。

⑤预热烤箱180℃。先将1/3蛋白与蛋黄糊轻拌匀，再将1/3蛋白与蛋黄糊轻拌匀然后将蛋黄糊倒进剩余的1/3蛋白里轻拌均匀。

⑥将搅好的面糊倒进铺好烘焙纸的烤盘，抹平，进烤箱烤15分钟即可。

⑦出炉，马上倒扣在烤架上，切去四周硬边边，然后涂果酱。

⑧最后趁热卷好，等5分钟。

⑨制作虎皮。全部材料用搅拌机打至面糊体积稍大变白。烤箱预热至220℃，面糊倒进铺上烘焙纸的平底盘，抹平，进炉，关下火，只开上火，上层烤3~4分钟即可。

⑩把漂亮的虎皮倒扣，抹上果酱，把刚才的蛋糕体放在上面。

风味特点：虎皮纹饰清晰，蛋糕造型美观。

10．花生海绵蛋糕

原料配方：鸡蛋400克，蛋糕乳化油15克，白糖200克，低筋粉250克，熔化黄油45克，泡打粉3克，脱脂淡奶25克，花生酱150克，温水50克。

制作用具或设备：抹刀，搅拌机，面筛，烘焙纸，烤盘，案板。

制作过程：

①预热烤箱至180℃，在烤盘内铺上烘焙纸，再放好烤模备用。

②将蛋糕乳化油和温水一起放在搅拌盆内，用蛋抽搅打均匀备用。

③将乳化油倒入搅拌桶内，打入鸡蛋并加入白糖，上搅拌机搅打至完全膨松。

④将筛过的面粉和泡打粉慢慢地倒入搅拌桶内稍加拌匀后，再加入花生酱和熔化的黄油以及脱脂淡奶拌和匀透。

⑤将拌匀的面糊装入备用的烤模内，并抹平表面，进烤箱烤约40分钟，至完全熟透，取

出，趁热覆在案板上，冷却后即成。

风味特点：蛋糕软绵，花生味浓。

11. 网红煤球蛋糕

原料配方：鸡蛋3个，低筋面粉30克，奥利奥碎（黑芝麻粉）15克，竹炭粉5克，牛奶35克，植物油25克，糖35克，柠檬汁5克。

制作用具或设备：烤箱，电子秤，电动打蛋器，刮刀，打蛋盆，戚风蛋糕模具（4寸），粗奶茶吸管1~2根。

制作过程：

①烤箱预热至180℃，开烤箱门会有30℃左右的热量损耗，烘焙温度为150℃。

②蛋黄蛋白分离，分别放在干燥的料理盆里。

③蛋黄加入植物油，牛奶拌匀，分次筛入混合好的粉类，拌匀后放一边备用。

④打发蛋白，分3次分别加入1/3的白砂糖，第一次有大网泡，第二次网泡消失，网泡变得细腻，第三次开始出现纹路，最后打发到干性状态。

⑤打发好的蛋白取1/3到蛋黄糊里，搅拌均匀后，再将搅拌好的蛋黄糊全部倒入蛋白中进行翻拌。

⑥翻拌好的面糊倒入模具里，震几下去除气泡，立即进入烤箱。

⑦4寸或者6寸150℃，烤制30分钟（8寸调整为40分钟）。

⑧蛋糕从高处轻落，震去蛋糕内的热气，倒扣晾凉。

⑨等完全冷却后用奶茶管子戳几个小洞即可。

风味特点：色泽炭黑，膨松可口。

二、油脂蛋糕类

1. 黄油蛋糕（图6-7）

原料配方：黄油1000克，白糖1000克，鸡蛋1200克，面粉1400克，牛奶240克，发酵粉10克，香草粉适量。

制作用具或设备：搅拌桶，搅拌机，面筛，烘焙纸，蛋糕模。

制作过程：

①黄油、白糖放入搅拌机里，搅拌膨松；将鸡蛋分次加入搅拌，直至膨松细腻为止。

②发酵粉、面粉、香草粉过筛后放入轻轻搅拌，然后放入牛奶搅拌均匀。

③将圆柱形小模子（直径4厘米，高5厘米）擦净放在烤盘上，模具内壁垫一层油纸，将油糕糊装入布袋挤入模具中，以1/2满为宜，挤完后送入170℃的烤箱烘烤30分钟，然后出箱冷却从模具中取出，在表面撒一层糖粉即可。

风味特点：色泽金黄，口感油润。

2. 切片黄油蛋糕

原料配方：鸡蛋3个，黄油150克，白糖200克，低筋面粉300克，泡打粉2克，牛奶25克。

制作用具或设备：搅拌机，面筛，烘焙纸，蛋糕模。

制作过程：

①将黄油稍稍融化，加入搅拌桶中，分次加入白糖用打蛋器打至砂糖颗粒融化，黄油膨

松呈羽毛状。

②鸡蛋打开逐个加入黄油中，搅打均匀。

③加入过筛的低筋面粉、泡打粉和牛奶混合拌匀。

④将蛋糕糊装入模至七分满，温度设置为195℃，烤制50分钟。

⑤蛋糕出炉后，晾凉后脱模，切片食用。

风味特点：色泽金黄，口感油润。

3．椰蓉黄油蛋糕

原料配方：黄油120克，砂糖100克，鸡蛋2个，椰浆30毫升，柠檬汁15克，低筋面粉120克，吉士粉12克，椰蓉15克，泡打粉3克。

制作用具或设备：搅拌机，面筛，烘焙纸，蛋糕模。

制作过程：

①将黄油和砂糖混合打发至松软发白，呈膨松羽毛状。

②将鸡蛋一个一个地加入黄油糊中，每次都要充分地混合。再分次加入椰浆，加入柠檬汁。

③将低筋面粉、吉士粉和泡打粉过筛，加入鸡蛋黄油糊中搅拌均匀，再拌入椰蓉。

④将蛋糕糊装入蛋糕模具，至七分满。

⑤在蛋糕糊表面撒上糖粉和椰蓉。

⑥在预热至175℃的烤箱里面烤45分钟。

风味特点：色泽金黄，具有椰浆和椰蓉的香味。

4．巧克力黄油蛋糕（图6-8）

原料配方：黑巧克力 120克，黄油110克，鸡蛋2个，蛋黄1个，细砂糖 40克，低筋面粉30克，朗姆酒15克，糖粉15克。

制作用具或设备：搅拌机，面筛，烘焙纸，蛋糕模。

制作过程：

①黑巧克力隔热水融化后加入切小块的黄油，搅拌至黄油熔化。

②鸡蛋和蛋黄放入搅拌机，加入细砂糖，搅打至砂糖溶化、蛋液变浓稠。

③将蛋液慢慢加入巧克力黄油液中，拌匀，将朗姆酒加入拌匀，再将面粉过筛加入，用塑料刮刀拌匀即成蛋糕糊，装入纸模七八分满。

④烤箱预热至220℃，烤制25分钟左右，出炉后稍凉一会，小心撕去纸膜，表面撒上糖粉即可。

风味特点：蛋糕油润，具有巧克力的香味。

5．栗子黄油蛋糕

原料配方：黄油120克，赤砂糖120克，鸡蛋2个，低筋面粉120克，小苏打粉3克，牛奶50克，栗子泥100克。

制作用具或设备：搅拌机，面筛，烘焙纸，蛋糕模。

制作过程：

①低筋面粉、小苏打粉混合过筛备用。

②在搅拌桶中放入黄油、赤砂糖，用搅拌机搅打至膨松即可，然后加入鸡蛋打匀。

③加入过筛好的粉类、牛奶，用打蛋器轻轻搅匀，最后加入栗子泥拌匀。

④蛋糕糊注入蛋糕烤模中，入炉用175℃烤45分钟左右，至竹扦插入不会沾黏即可。

风味特点：口感细腻，栗子味香。

6．菠萝黄油蛋糕

原料配方：菠萝2听，鸡蛋2个，低筋面粉75克，泡打粉5克，白糖50克，菠萝香精0.5克，黄油120克。

制作用具或设备：搅拌机，面筛，烘焙纸，蛋糕模。

制作过程：

①烤箱预热至180℃，烤盘刷油备用。

②将菠萝罐头打开，取出菠萝块，滤出菠萝汁留用。

③将菠萝块用小刀切成片，在蛋糕模内铺出向日葵的形状。

④将黄油放入搅拌桶，用搅拌机打发呈羽毛状，分次加入白糖，最后加入鸡蛋打匀。

⑤筛入低筋面粉和泡打粉低速搅拌均匀，最后加入菠萝汁和菠萝香精拌匀。

⑥将调好的蛋糕糊倒入摆好菠萝的模子里，用烤箱烤制25分钟定型。

⑦将成形的蛋糕体倒扣在盘子上，继续用烤箱烤20分钟。

风味特点：色泽焦黄，菠萝味香。

7．姜粉黄油蛋糕

原料配方：低筋面粉250克，黄油或人造黄油150克，白砂糖150克，鸡蛋120克，姜粉15克，香精2克，泡打粉5克。

制作用具或设备：搅拌机，面筛，烘焙纸，蛋糕模。

制作过程：

①将低筋面粉、姜粉和泡打粉一起混合过筛，备用。

②将白砂糖和黄油或人造黄油一起搅拌打成膏状，呈膨松羽毛状。

③将蛋液分次加入糖、油混合物中，每次均须搅拌均匀。

④最后加入过筛粉料和干性原料，轻轻搅拌均匀即可。

⑤烤模内刷油，注入蛋糕糊，温度设置为180℃，烤制35分钟。

⑥蛋糕出炉后晾凉，脱模备用。

风味特点：色泽金黄，具有生姜的辣味。

8．法式奶酪蛋糕

原料配方：奶油乳酪220克，牛奶185克，黄油85克，低筋面粉75克，玉米粉15克，蛋黄50克，柠檬汁5克，蛋清100克，细砂糖150克。

制作用具或设备：搅拌机，面筛，烘焙纸，蛋糕模。

制作过程：

①奶油乳酪隔水加热，搅拌至无颗粒，加入牛奶拌匀。

②加入熔化黄油拌匀，加入低筋面粉和玉米粉拌匀。

③加入蛋黄和柠檬汁拌匀。

④蛋清打至一半发泡，分次加入黄油蛋糕糊中。

⑤隔水烘烤，以190℃炉火烤至上色后，再用150℃炉火烤制25分钟。

风味特点：蛋糕油润松软，奶香浓郁。

9．阳光奶酪蛋糕

原料配方：低筋粉220克，黄油150克，白糖150克，鸡蛋2个，酸奶100克，泡打粉1克，奶油奶酪150克。

制作用具或设备：搅拌机，面筛，烘焙纸，蛋糕模。

制作过程：

①打发黄油。

②加入白糖继续打发。

③打入鸡蛋拌匀。

④加入酸奶及稍稍打发的奶油奶酪拌匀。

⑤筛入低筋粉及泡打粉。

⑥用橡皮刀将面糊拌匀，倒入8寸蛋糕模。

⑦在185℃烤箱中烤45分钟。

风味特点：口感松软，具有奶酪的特别味道。

10．冰淇淋蛋糕

原料配方：白糖100克，黄油（放软）150克，鸡蛋4个，面粉200克，泡打粉3克，盐1克，奶油50克，香草精2滴，冰淇淋（放软）3杯。

制作用具或设备：搅拌机，面筛，烤盘。

制作过程：

①烤箱预热到175℃，烤盘刷一层油。

②把糖加到黄油里，搅拌机高速打发均匀。然后加鸡蛋，一个一个加，每加完一个都要打匀。

③面粉加泡打粉、苏打粉、盐混匀在一起过筛，然后和奶油一起分批加入黄油糊里。最后搅入香草精。

④把面糊倒到烤盘里，烤20分钟左右，直到牙签插进去，拔出来上面是干的就可以了。把蛋糕放凉，脱膜，入冰箱冷藏2小时。

⑤取出后在蛋糕表面抹上冰淇淋，用保鲜膜盖好，入冷冻室冷冻6小时以上。

⑥食用时切块即成。

风味特点：口感清凉，口味清新。

三、花式蛋糕类

1．彩条蛋糕

原料配方：鸡蛋6个，牛奶50克，色拉油50克，细砂糖120克，低筋面粉120克，香草粉1克，泡打粉2克，塔塔粉1克，草莓色香油10克，可可粉15克，掼奶油150克。

制作用具或设备：刮刀，面筛，电动搅拌器，蛋糕模具，烤箱，裱花袋。

制作过程：

①烤箱预热至180℃，将低筋面粉、泡打粉、可可粉、香草粉等过筛备用。

②鸡蛋打开，分开蛋黄和蛋清。用手动打蛋器将蛋黄打散，再继续加入牛奶、色拉油、细砂糖50克和盐一起混合到无颗粒状态。

③在蛋黄液中加入过筛的低筋面粉、泡打粉、可可粉、香草粉，轻轻拌匀，以免起筋性。

④将蛋清倒入搅拌桶，用搅拌机打发，分次加入剩余的砂糖继续打发至干性发泡，细腻浓稠，即为糖蛋白或蛋清糊。

⑤用刮刀取出1/3的糖蛋白加入刚才拌好的面糊里，用刮刀以一上一下切刀的方式轻轻地拌匀后，再把面糊一起倒入剩下的糖蛋白中用同样的方式拌匀即可。

⑥取一些面糊加入草莓色香油，搅拌后放入裱花袋。

⑦在烤盘上铺上烘焙纸，用裱花袋间隔画上粉色条纹。

⑧把剩余的蛋糕面糊倒入烤盘中，约烤盘高度的一半。

⑨以180℃炉火烤制25分钟。

⑩蛋糕出炉，冷却后抹上掼奶油，将蛋糕卷成卷。

风味特点：口感松软细腻，花纹清新雅丽。

2. 三色蛋糕

原料配方：低筋面粉150克，粟粉50克，白砂糖200克，鸡蛋200克，可可粉100克，胭脂红食用色素0.005克，鲜奶油250克，香草粉2克。

制作用具或设备：刮刀，面筛，电动搅拌器，蛋糕模具，烤箱。

制作过程：

①烤箱预热180℃，将低筋面粉、可可粉、香草粉等过筛备用。

②将鸡蛋打散倒入搅拌桶，用搅拌机打发，分次加入砂糖150克继续打发至干性发泡，细腻浓稠。

③轻轻拌入过筛的面粉，小心拌匀。

④把以上蛋糕糊分成三份，一份拌入面粉时放入可可粉，另一份放入胭脂红色素，一份原色。分别将三种不同颜色蛋糕糊注入三个垫有烘焙纸的烤模，以180℃炉火烤制25分钟。

⑤蛋糕出炉，冷却后备用。

⑥将鲜奶油放入搅拌机中加上剩余的砂糖，搅打发泡，形成裱花奶油。

⑦把三种蛋糕用锯齿刀修成片，每片之间夹进裱花奶油，切成三角形即成。

风味特点：色泽美观，夹层分明，入口香甜软滑。

3. 分层蛋糕

原料配方：鸡蛋4个，低筋粉75克，可可粉15克，白糖50克，调和油25克，鲜樱桃15克，巧克力15克，巧克力酱15克，朗姆酒20克，鲜奶油200克，水35克，泡打粉2克，塔塔粉1克，盐1克。

制作用具或设备：刮刀，面筛，电动搅拌器，蛋糕模具。

制作过程：

①分离蛋清蛋黄，将蛋黄搅散后加入25克白糖，加入水、调和油，搅拌至无颗粒。

②筛入低筋面粉、可可粉、泡打粉，切拌均匀成面糊。

③在蛋清里放入盐、塔塔粉，用打蛋器打至粗泡，分三次加入剩余的白糖，续打至硬性发泡。

④先取三分之一蛋白加入面糊中稍拌，再将剩下的蛋白加入，切拌均匀。

⑤将面糊倒入6寸蛋糕模，端起模具在桌上敲三下，振出面糊里多余的气泡。

⑥将模具放入已预热至160℃烤箱倒数第二层，以上火、下火160℃烤30分钟。

⑦出烤箱后，再倒扣在烤架上晾凉备用。

⑧将巧克力块切成碎屑；打发鲜奶油；朗姆酒加去核鲜樱桃小火熬制，晾凉。

⑨取三分之一打发的鲜奶油，加入巧克力酱，搅拌均成奶油馅。

⑩蛋糕脱模，去表皮后等均片成三片。

⑪取一片蛋糕，刷一遍熬制的樱桃朗姆酒汁后倒上一半奶油馅，抹平后摆上熬制的樱桃。

⑫取一片蛋糕盖上，刷一遍熬制的樱桃朗姆酒汁，倒上另一半奶油馅抹平，再摆上熬制的樱桃。

⑬盖上第三片蛋糕片，倒上打发的奶油（留少量奶油待用），用抹刀将蛋糕的侧面和表面抹平。

⑭在蛋糕的侧面撒上巧克力碎屑，再在蛋糕的表面撒一层巧克力碎屑。将留下的奶油装入裱花袋，在蛋糕上挤一圈心形花粒，在花粒上逐一放上黑樱桃。

⑮插上巧克力装饰插件，放冰箱冷藏4小时以上至奶油馅凝固。

⑯食用时取出切块装盘。

风味特点：层次清晰，色泽美观。

4．纸杯蛋糕

原料配方：鸡蛋200克，白糖100克，低筋面粉100克，蛋糕油10克，牛奶50毫升，色拉油35克，香草粉2克。

制作用具或设备：刮刀，面筛，电动搅拌机，蛋糕模具，纸杯10只。

制作过程：

①烤箱预热至180℃，备用。

②将鸡蛋和白糖和蛋糕油放入电动搅拌机中，搅打的时候先用慢速将鸡蛋和白糖搅溶，在2～3分钟后改用快速搅打，鸡蛋和蛋糕速发油开始发泡，盛器中的鸡蛋液开始膨胀，当用手指挑起蛋泡有塑性的时候就差不多好了（塑性就是挑在手指上不落，表面光滑，成尖状）。

③依次加入过筛面粉和香草粉搅拌均匀，然后加入牛奶和色拉油切拌均匀。

④蛋糕糊注入纸杯，装六分满。入烤箱以180℃炉火烤制20分钟。

风味特点：质感膨松，口感柔滑。

5．农舍蛋糕

原料配方：低筋面粉100克，蛋糕屑200克，黄油或人造黄油50克，鸡蛋100克，褐砂糖100克，牛奶80克，泡打粉3克，可可粉15克，果料（葡萄干、糖渍果皮等）75克，蛋糕油5克。

制作用具或设备：刮刀，面筛，电动搅拌机，烤盘。

制作过程：

①烤箱预热至180℃；果料（葡萄干、糖渍果皮等）切成丝备用。

②将鸡蛋和白糖和蛋糕油放入电动搅拌机中，搅打的时候先用慢速将鸡蛋和白糖搅溶，在2～3分钟后改用快速搅打，鸡蛋和蛋糕速发油开始发泡，继续打至干性发泡。

③依次加入过筛面粉、蛋糕屑以及果料丝（葡萄干、糖渍果皮等）搅拌均匀，然后加入牛奶和融化的黄油或人造黄油切拌均匀。

④烤盘刷上油，蛋糕糊注入烤盘，装六分满。入烤箱以180℃炉火烤制35分钟。

风味特点：色泽棕褐，口感具有弹性。

6．水果蛋糕条

原料配方：牛奶45克，鸡蛋120克，蛋糕油10克，塔塔粉3克，色拉油80克，糖粉50克，香草粉2克，低筋面粉150克，砂糖100克，蜂蜜30克，水果（水蜜桃、草莓）50克，发泡鲜奶油150克，朱古力屑35克，盐1克。

制作用具或设备：刮刀，面筛，电动搅拌机，烤盘。

制作过程：

①先将烤箱预热至180℃，烤模内抹油并撒上少许面粉。

②把蛋黄、糖打至乳白状。在搅拌桶中打发蛋清，至干性发泡，手挑起不掉。

③把过筛的面粉和盐加入到打好的蛋黄中，然后分次加入蛋清糊，切拌均匀。

④将蛋糕糊注入蛋糕烤模中，放入烤箱烤制35分钟左右。

⑤出炉，冷却脱模备用。

⑥用锯齿刀把蛋糕对切成两半，将其中一片蛋糕抹上发泡鲜奶油，铺上蜜桃与草莓作为夹心，并再均匀地抹上发泡鲜奶油。

⑦把另一半蛋糕再铺于已经夹心之蛋糕上，把蛋糕对切成两份，约长20厘米，宽8厘米，将蛋糕表面抹上一层发泡鲜奶油。

⑧再把蛋糕切成两半，再围于蛋糕旁，中间挤上发泡鲜奶油，再撒上朱古力屑即完成。

风味特点：口感细腻，水果味浓。

7．棋盘蛋糕

原料配方：低筋面粉120克，白砂糖150克，鸡蛋150克，可可粉100克，苋菜红食用色素0.005克，打发鲜奶油120克，香草粉2克。

制作用具或设备：刮刀，面筛，电动搅拌器，蛋糕模具，烤箱。

制作过程：

①烤箱预热至180℃，将低筋面粉、可可粉、香草粉等过筛备用。

②将鸡蛋打散倒入搅拌桶，用搅拌机打发，分次加入砂糖继续打发至干性发泡，细腻浓稠。

③轻轻拌入过筛的面粉，小心拌匀。

④把以上蛋糕糊分成两份，一份拌入面粉时放入可可粉，另一份放入胭脂红色素。分别将两种不同颜色蛋糕糊注入两个垫有烘焙纸的烤模，以180℃炉火烤制25分钟。

⑤蛋糕出炉，冷却后备用。

⑥用奶油将可可，苋菜两种口味的蛋糕粘接在一起，再切成长约15厘米，宽2.5厘米的双色长条，即断面由两种不同颜色、边长为2.5厘米的正方形所组成。

⑦将两块双色长条蛋糕坯粘接在一起（两种颜色错开），即断面为边长5厘米的双色四个正方形。如此再粘接两块双色长条蛋糕坯。外面用刀将奶油涂抹平整，上面摆放各色水果。

⑧端面切开后为双色棋盘造型。

⑨冰箱里放置1小时，即可食用。

风味特点：用刀切块，端面图案如同棋盘格，口感松软。

8．双色戚风蛋糕

原料配方：鸡蛋5个，低筋面粉120克，砂糖100克，牛奶50毫升，色拉油25克，盐1克，可可粉15克，白醋3滴。

制作用具或设备：刮刀，面筛，电动搅拌机，烤盘，烤箱。

制作过程：

①预热烤箱至170℃。

②全蛋分开蛋黄蛋清。

③蛋黄加40克糖打至浓稠，在分三次加入色拉油打匀，再加入牛奶搅打均匀。

④在蛋黄糊加入过筛的面粉和盐轻轻拌匀，不要产生颗粒。

⑤把拌好的蛋黄糊一分为二，在其中一份里加入可可粉拌匀，另一份为本色。

⑥蛋清加入少许盐打成粗泡，再加入60克糖打成硬性发泡备用。

⑦蛋清糊也一分为二分别加入蛋黄糊中。

⑧烤盘上事先垫好烘焙纸，然后倒入拌好的可可蛋糕糊，放进烤箱，烤大约10分钟凝固。

⑨把蛋糕从烤箱，取出倒入本味的蛋糕糊然后放进烤箱继续烘焙25分钟。

⑩蛋糕出炉，冷却脱模备用。

风味特点：质地膨松，双色双味。

9．草莓慕斯蛋糕

原料配方：海绵蛋糕（6寸）一块，鲜奶油250克，草莓600克，鱼胶粉10克，牛奶100克，白糖30克，白兰地酒30克。

制作用具或设备：刮刀，面筛，粉碎机，蛋糕模具。

制作过程：

①鲜奶油加入白糖，打到六七分发，可以划出纹路就可以了。

②牛奶加热，熔化鱼胶粉备用，取一半草莓放入粉碎机中打成果泥，把以上两种一起加入到打发好的奶油里，再拌白兰地酒和另一半草莓块。

③活底蛋糕模里铺入海绵蛋糕，再倒进草莓奶油慕斯馅心抹平。

④进冰箱冷藏2个小时，就可以脱模了。

风味特点：色泽醒目，酒香甜美。

10．胡萝卜蛋糕

原料配方：胡萝卜120克，鸡蛋150克，泡打粉5克，小麦面粉250克，肉桂粉3克，盐2克，柠檬汁5克，白砂糖60克，色拉油15克。

制作用具或设备：刮刀，面筛，搅拌机，蛋糕模具。

制作过程：

①预热烤箱至170℃。

②先将胡萝卜切碎，轻轻拧干水分。

③将蛋清用搅拌机打至膨松，加入糖拌匀，再逐渐加入蛋黄、色拉油及胡萝卜碎。

④将过筛的低筋面粉、泡打粉、肉桂粉及盐拌匀，分3次加入，最后加入柠檬汁拌匀。

⑤蛋糕模具内刷油，注入蛋糕糊至六分满。

⑥放入烤箱，烤制35分钟，出炉，晾凉，脱模，即可食用。

风味特点：色泽美观，营养丰富，口感香醇浓厚。

四、装饰蛋糕类

1. 黑森林蛋糕

原料配方：鸡蛋400克，蛋黄50克，砂糖150克，面粉500克，可可粉15克、黑樱桃150克，鲜奶油500克，糖水75克，巧克力碎片150克。

制作用具或设备：搅拌桶，筛子，烘焙纸，蛋糕圈，烤盘，纸板。

制作过程：

①将鸡蛋、蛋黄、砂糖放在搅拌桶内，快速搅拌到膨发4~5倍量时停止搅拌。

②面粉、可可粉过筛后后加入到蛋糊中，轻轻搅拌均匀即成蛋糕糊；把蛋糕糊倒入刷油的模具中，入200℃的烤箱内烘烤30分钟。

③将烤好的蛋糕坯从模具中取出，晾凉后分成4层备用；在糖水内加入少许调味酒刷在每一层蛋糕上。

④将鲜奶油倒入调料盆中打至膨松，取一部分抹在第一层蛋糕坯上，撒黑樱桃，然后把第二层蛋糕坯盖在第一层上，抹上一层奶油，再撒黑樱桃，盖上第三层蛋糕坯，最后用奶油将表面及四周覆盖均匀，撒上巧克力碎片，即成。

风味特点：色泽微黑，口感香滑。

2. 花瓶蛋糕

原料配方：鸡蛋500克，白砂糖800克，面粉200克，巧克力100克，奶油200克，细粳米粉100克，精盐30克，蛋黄末30克，靛蓝食用色素0.005克，柠檬黄食用色素0.005克。

制作用具或设备：搅拌桶，锯齿刀，蛋糕转盘，煮锅，抹刀，裱花嘴，裱花袋，小剪刀，镊子，蒸笼1副。

制作过程：

①制蛋糕坯：将鸡蛋打入搅拌桶内，加入白糖500克，打成蛋泡糊，慢慢加入面粉拌匀。取方形蛋糕模具一只，倒蛋糊于抹好油的模具内，上烤箱以180℃炉火烤制35分钟至熟。取出模具，冷却待用。

②制梅花：将细粳米粉加精盐、少许白砂糖拌匀，加少许沸水冲匀，上笼蒸熟。取出揉匀，加入蛋黄末揉成黄色，并搓成椭圆形，用手压扁。将五瓣黏合在一起，并将花瓣窝起成立体梅花造型。

③制梅花树干：将装有巧克力的煮锅放在另一水锅内，隔水加热，煮熔，倒入少许色拉油，用拌板拌匀至发亮，倒入装有裱花嘴的裱花袋内，在烘焙纸上裱成梅花树干，冷却凝固待用。

④制花瓶：将制好的蛋糕用锯齿刀修成花瓶形状，用熔化的巧克力裱出瓶底。将奶油加入白砂糖打发，制成奶油膏。在蛋糕表面抹一层奶油膏，将剩余奶油膏一半加少许靛蓝色素调成淡蓝色奶油膏，另一半用柠檬黄色素调成黄色奶油膏待用。

⑤用蓝色奶油在花瓶上裱出花瓶图案。

⑥组合造型：将制好的花瓶放于梅花树干下面，用黄色奶油膏在梅花的花心部位裱出花蕊。

风味特点：形似古典花瓶，蛋糕质地松甜。

3．心形装饰蛋糕

原料配方：心形香草海绵蛋糕坯1只，砂糖150克，水300克，黄油500克，朗姆酒15克，苋菜红食用色素0.005克，绿茶粉5克，红樱桃1只，彩色巧克力米25克，香草巧克力15克。

制作用具或设备：抹刀，锯齿刀，裱花嘴，裱花袋，蛋糕转盘。

制作过程：

①将糖和水一起加热至110℃，冷却即为糖水，备用。

②将黄油打起，由少至多地加入晾凉的糖水，继续搅打起发后，放入少许朗姆酒调匀，形成裱花奶油膏。

③加工蛋糕：将心形香草海绵蛋糕坯放在蛋糕转盘上，用锯齿刀批去表皮及底层，然后批成三层蛋糕片备用。取一层蛋糕片，铺放在蛋糕转盘上，用抹刀涂上一层裱花奶油膏，盖上第二层蛋糕片并浇上朗姆酒，再涂上裱花奶油膏，盖上第三层蛋糕片，浇上留下的朗姆酒。然后用抹刀均匀地在蛋糕表面涂上一层裱花奶油膏，并用锯齿刀拉出波浪齿纹做装饰，移放到纸板上。

④取1/4裱花奶油膏，加上苋菜红食用色素拌匀，成红色裱花奶油膏。

⑤取1/6裱花奶油膏，加上绿茶粉拌匀，成绿色裱花奶油膏。

⑥在蛋糕表面中间用熔化的巧克力裱画上心和箭，用装上红色裱花奶油膏的裱花袋配合扁月形的裱花嘴裱制出红色的花，用绿色裱花奶油膏裱制出绿色的叶子和藤蔓进行协调装饰。

风味特点：立意含蓄，蛋糕香甜。

4．福娃蛋糕

原料配方：低筋面粉80克，可可粉20克，色拉油35克，牛奶80克，鸡蛋5个，砂糖120克，盐1克，柠檬汁10克，植物奶油500克，大芒果3个，高乐高15克，竹炭粉15克，巧克力酱25克，草莓QQ糖一包。

制作用具或设备：抹刀，锯齿刀，裱花嘴，裱花袋，蛋糕转盘。

制作过程：

①烤箱预热至180℃，蛋黄和蛋清分开备用。

②蛋清加入柠檬汁，用搅拌机打至粗泡，加入盐，分三次加砂糖70克，打至干性发泡（用搅拌机可以按照低速—高速—低速的顺序）。

③筛入低筋面粉和可可粉，搅拌均匀，看不见粉粒就可以了，拌太长时间容易出筋。

④蛋黄加入色拉油和牛奶混合，打成浆状，然后加入到③中轻轻拌匀，形成蛋糕糊。

⑤将蛋糕糊倒入烤盘，敲一下烤盘镇出气泡。

⑥入烤箱，中层，约45分钟。

⑦拿出倒扣放凉脱模备用。

⑧将蛋糕横切分成三片，植物奶油加上砂糖50克打发，成裱花奶油。

⑨在蛋糕片上抹一层裱花奶油，加上芒果肉，再抹奶油，盖上一片蛋糕，依此类推，将三片蛋糕抹夹整齐。

⑩然后在蛋糕四周及表面均匀抹上裱花奶油。

⑪在白纸上画个福娃剪下来，轻轻放在蛋糕表面，用牙签沿边缘画出轮廓。

⑫用熔化巧克力勾画出图案。

⑬红色部分就把QQ糖加水隔水熔化，肉色部分加点巧克力酱，黑色部分用竹炭粉加上奶油搅匀使用。

⑭四周编花篮，边缘再稍点缀祥云图案即可。

风味特点：蛋糕松软，造型体现奥运情调。

5．立式花篮蛋糕

原料配方：香草黄油蛋糕坯（直径24厘米，厚度2厘米1只，直径为12厘米，厚度6厘米1只，直径16厘米，厚度3厘米1只）3只，白砂糖3600克，蛋清1000克，可可粉25克，苋菜红食用色素0.005克，柠檬黄食用色素0.005克，绿茶粉15克，柠檬酸0.5克，香蕉香精0.005克，白马糖1000克，苹果酱500克。

制作用具或设备：抹刀，锯齿刀，裱花嘴，裱花袋，搅拌桶，打蛋器。

制作过程：

①将直径为16厘米，厚度3厘米的香草黄油蛋糕坯作花篮底部，然后将直径为12厘米，厚度6厘米的香草黄油蛋糕坯用锯齿刀修切成六面菱台型，将直径为24厘米，厚度2厘米的香草黄油蛋糕坯作花篮表面。

②加工装饰物。

首先，加工蛋白膏。将白砂糖细粉加入搅拌桶内，加蛋清用木板搅拌（留少量蛋白找软硬），搅至发白后，加入适量柠檬酸液提白（加柠檬酸液量至调成水果味即可）搅至洁白细腻能立住花即可。用香精调好口味，取部分膏调成红、黄、绿色，用湿布包好，待挤花或叶。

其次，将蛋白膏装入三角挤袋内，可装花瓣嘴、花嘴、圆嘴等挤花，在擦油的烘焙纸上挤成孔雀、凤凰、各种花鸟、叶及动物鸭、鹅、熊猫等（根据设计挤成双喜字、寿字等喜庆文字），挤后干燥，干后使用。

第三，将蛋白膏在烘焙纸上挤注成花篮柄，入烤箱以90℃炉火烤硬备用。

第四，将花篮梁等粘挂白马糖皮，粘后把部件挂起来，使白马糖皮凝固后备用。

③拼装成形：首先，将花篮盖、篮筐及花篮底抹好蛋白膏，从底部开始组装花篮。

其次，将篮底、篮筐侧面挤花装饰，并在篮内装入各种各样茶酥点心和蛋白类点心。

第三，在花篮上摆上预先制好的花朵、叶、文字或动物、鸟等。力求艺术美观，摆布合理，最后将花篮边挂网，即为成品。

④根据设计形态，在花篮侧面并装饰以文字、花、鸟，力求美观艺术，即为成品。

风味特点：立体造型，蛋糕油润适口。

6．树根蛋糕

原料配方：鸡蛋6个，白糖500克，低筋面粉220克，可可粉75克，黄油150克，香草2克，黑巧克力75克，蛋黄6个。

制作用具或设备：塑料刮刀，锯齿刀，烤箱，烤盘。

制作过程：

①将6个鸡蛋打散放入搅拌桶中，加入白糖200克，用搅拌机搅打发泡呈细腻浓稠状，体积膨大为原来的4～5倍，此时筛入低筋面粉和可可粉轻轻切拌均匀，最后加入熔化的黄油25克，形成蛋糕糊。

②将烤盘内刷上油，垫上烘焙纸，注入蛋糕糊，用塑料刮刀刮平表面。

③烤箱预热至180℃，烤制35分钟，取出稍稍晾凉，卷成卷备用。

④将另外蛋黄6个打散，放入白糖200克搅打均匀，加入剩余的黄油和熔化的巧克力，轻轻搅拌，榴匀。

⑤把蛋糕卷放在案板上，上面淋上均匀的黑巧克力浆，稍稍晾凉时，用锯齿刀划上树皮纹理。

⑥将装饰好的蛋糕卷，入冰箱冷藏，冻20分钟，取出即可。

风味特点：形似树根，内部质地松软。

7．日历蛋糕

原料配方：鸡蛋250克，面粉120克，白砂糖250克，奶油350克，生日蜡烛4支，玫瑰花1支，苋菜红食用色素0.005克，可可粉15克。

制作用具或设备：搅拌桶，锯齿刀，蛋糕转盘，抹刀，裱花嘴，裱花袋，小剪刀，镊子。

制作过程：

①制蛋糕坯：将鸡蛋打入搅拌桶内，加入白糖150克，打成蛋泡糊，慢慢加入面粉拌匀。取方形蛋糕模具，在内侧抹油，倒入蛋糊，上烤箱烤熟。取出模具，冷却待用。

②将奶油打发成奶油膏。取少许奶油膏加色素调成红色，再取少许奶油加可可粉调成咖啡色。

③将方形蛋糕的表面和侧面均匀地涂抹上一层奶油膏，刮平整。侧面用带齿的刮板刮出纹路。

④将咖啡色奶油装入装有裱花嘴的裱花袋内，裱出日期、星期，在日期、星期下面画出一道横线，用红色奶油裱出"生日快乐"四个字，将裱好的蛋糕放在盘内。四个角分别插上一只生日蜡烛，一边放上一支玫瑰花。

风味特点：形似日历造型，蛋糕绵软细腻。

8．糖粉装饰蛋糕

原料配方：长方形香草海绵蛋糕坯（35厘米×45厘米）1只，明胶片15克，水100克，蛋清200克，糖粉1000克，巧克力400克，奶油膏1200克，朗姆酒50克，玉米粉15克，可可粉15克，靛蓝食用色素0.005克。

制作用具或设备：抹刀，锯齿刀，裱花嘴，裱花袋，擀面杖，托盘，搅拌桶，蛋糕转盘。

制作过程：

①制作装饰物：首选，将明胶片用水溶解。其次，制札干。将糖粉1000克与蛋清100克混合搅匀，然后加入溶解的明胶片，制成札干。第三，制作小房子饰物。将札干分别加入可可粉和靛蓝食用色素揉和均匀，然后置于撒有玉米粉的案台上，擀成3毫米厚的薄片切割成制小房子所需要的房顶和墙壁的各种形状，然后放在铺有白纸的托盘里晾干。将晾干的各种形状糖粉片组装成小房子，屋顶和窗户和可可粉的褐色，墙壁为淡蓝色。

②制巧克力奶油膏：将奶油膏放入搅拌桶中搅拌均匀，加入熔化的巧克力搅匀即可。

③加工蛋糕：将长方形香草海绵蛋糕坯放在蛋糕转盘上，用锯齿刀批去表皮及底层，然后批成三层蛋糕片备用。

取一层蛋糕片，铺放在蛋糕转盘上，用抹刀涂上一层巧克力奶油膏，盖上第二层蛋糕片并浇上朗姆酒，再涂上巧克力奶油糕，盖上第三层蛋糕片，浇上留下的朗姆酒。然后用抹刀均匀地在蛋糕表面涂上一层巧克力奶油膏，并用锯齿刀拉出波浪齿纹作装饰，移放到纸板上。

④制作蛋白小蘑菇：剩余蛋白放入容器搅打，起泡后加入剩余糖粉，继续搅至蛋白挑起能立住为止。将蛋白膏装入平口圆嘴的裱花袋中，在抹油撒上面粉的烤盘上挤蘑菇坯。首先挤直径为2.5厘米的圆形，然后再挤1厘米粗，1.5厘米长的圆锥形，入90℃的烤箱烘干，干透后再将二者组装成小蘑菇形状。

⑤拼装成形：将所有的饰物摆放在裱好的巧克力蛋糕的适当位置上，最后在整体蛋糕上撒少许糖粉，好似下雪的情景。

风味特点：情景交融，蛋糕松软，巧克力香浓丝滑。

9．菠萝蛋糕

原料配方：海绵蛋糕坯1块，砂糖250克，液体葡萄糖75克，蛋清75克，水150克，杏仁粉300克，黄油500克，可可粉5克，巧克力酱5克，抹茶粉2克。

制作用具或设备：抹刀，锯齿刀，裱花嘴，裱花袋。

制作过程：

①制杏仁糖团：砂糖加液体葡萄糖和水加热至118℃，拌入杏仁粉，迅速搅进蛋清，揉成柔软的杏仁糖团。

②糕坯用海绵蛋糕修成菠萝形。

③黄油熔化加上白糖，用搅拌机搅打成裱花奶油。

④将糕坯去皮，横剖三层，中间嵌裱花奶油，顶面及垂直边刮抹裱花奶油。四周用杏仁糖团搓成的长条围边一圈，用花钳钳花，中央放上菠萝蛋糕坯，进行装饰。

⑤将裱花奶油加上可可粉拌匀成菠萝黄色，然后用0.4厘米左右的花齿裱花头裱不规则点于蛋糕表面，尖头用巧克力酱拌上裱花奶油点上；杏仁糖团掺少量绿色素制叶子装饰。

风味特点：形似菠萝，造型美观。

10．玻璃蛋糕

原料配方：牛奶200克，蛋黄100克，砂糖75克，玉米淀粉15克，白脱10克，琼脂5克，吉士粉3克，海绵蛋糕坯1只。

制作用具或设备：烤盘，烤箱，抹刀。

制作过程：

①蛋黄加砂糖搅松，加入玉米淀粉和吉士粉搅匀，冲入热牛奶，在火上加热至糊状，趁热使用。

②将与蛋糕坯同样大小的蛋糕圈洗净，四周围一圈玻璃纸，嵌入一层海绵蛋糕坯，倒入热的奶黄淇淋裱菱形网络。

③然后将水、琼脂、砂糖按照4∶0.1∶1比例熬煮成透明琼脂液，待稍冷倒于表面。

④凝固后脱模，用水果装饰。

风味特点：色泽艳丽，具有透明的光泽感。

第五节　蛋糕的质量鉴定与质量分析

一、蛋糕的鉴定标准

1．色泽
表面呈金黄色、内部呈乳白色，色泽均匀一致。

2．形态
形状整齐、不歪斜，薄厚度一致。

3．内部组织
组织细密，蜂窝均匀、无大气孔、无面粉、糖、蛋等疙瘩，富有弹性，无生心。

4．口味
绵软甜香、有蛋香味、无异味。

5．规格
根据顾客的需要而定。

6．卫生
内外无杂质和病菌。

二、蛋糕的质量分析与改进措施

1．蛋糕外表部分
（1）案例　表皮颜色太深

原因分析：

①配方内糖的用量过多或水分用量太少。

②烤炉温度过高，尤其是上火太强。

改进措施：

①检查配方中糖的用量与总水平是否适当。

②降低烤炉上火温度。

（2）案例　体积膨胀不够

原因分析：

①配方中柔性原料例如水分、牛奶等太多。

②面糊搅拌不均匀彻底。

③蛋糕膨松剂用量不够。

④鸡蛋不新鲜，蛋清搅打膨松度不够。

⑤油脂使用不当，包括熔点太高或太低，可塑性不良，融和性不佳。

⑥面糊搅拌后未马上进炉，以致表皮凝结。

⑦面糊装盘数量太少，未按规定比例装盘。

⑧烤炉温度太高。

改进措施：

①检查蛋糕配方有无错误。

②注意面糊搅拌数量及搅拌方法。

③面糊搅拌后应马上进炉。

④检查使用的原料是否新鲜与适当。

（3）案例　蛋糕表皮太厚

原因分析：

①烤炉温度太低，蛋糕在炉内烤的时间太久。

②配方内糖的用量过多或水分不够。

③面粉筋度太低。

④鸡蛋不新鲜，蛋清搅打膨松度不够。

改进措施：

①注意蛋糕配方与使用适当的原料。

②使用正确烤炉温度，原则上蛋糕在可能范围内应尽可能使用较高炉温、缩短焙烤时间。

③检查原料新鲜程度。

（4）案例　蛋糕在烘烤过程中下陷

原因分析：

①面糊中膨胀原料如发酵粉的用量太多，或是糖油拌和时搅拌时间太长，使面糊中拌入太多的空气。

②蛋糕配方中水分太少，总水量不足。

③鸡蛋不够新鲜，蛋清搅打膨松度不够。

④面糊中柔性原料如糖和油用量太多。

⑤面粉筋度太低或烤炉温度太低。

⑥蛋糕在烘烤过程中尚未完全烤熟，因受震动而下陷。

改进措施：

①注意蛋糕配方，选用适当而又新鲜的原料。

②采用规定的搅拌方法。

③注意烤炉温度以及蛋糕进出炉或在烤焙过程中应小心搬动。

（5）案例　蛋糕表面有斑点

原因分析：

①搅拌不当，部分原料未能完全搅拌均匀。

②面糊内水分不足。

③发酵粉未与面粉拌和均匀。

④糖的颗粒太粗，未能及时溶解。

改进措施：

①在搅拌过程中应随时搅匀，并留心搅拌时缸底未能拌到的原料。

②注意蛋糕配方与原料选择。

2．蛋糕内部部分

（1）案例　组织粗糙、质地不均匀

原因分析：

①搅拌不均匀彻底。

②搅拌缸底部原料未曾拌匀。

③发酵粉与面粉未能拌和均匀。

④配方内柔性原料如糖、油等用量太多。

⑤配方内水分用量不足，面糊太干。

⑥发酵粉用量过多，过分发酵而使蛋糕内部出现不规则的孔洞。

⑦烤炉温度太低，导致烤制时间延长。

⑧糖的颗粒太粗，未能及时溶解。

改进措施：

①注意蛋糕配方。

②注意搅拌程序和规则，面糊拌和后应及时进炉，避免结皮。

③做蛋糕时应尽量使用细砂糖、颗粒不宜太粗。

（2）案例　韧性太强组织过于紧密

原因分析：

①蛋糕配方中膨松剂使用太少，未能完全发酵膨松。

②使用的发酵粉属于快性反应，面糊在进炉前已开始作用，进炉后无力膨大。

③面粉面筋筋性过强。

④配方内糖和油的用量太少。

⑤面糊搅拌过久或速度太快，使面粉出筋。

⑥烤炉温度太高，水分挥发太快，容易形成外焦里面不熟。

改进措施：

①注意蛋糕配方，并选用适当原料。

②注意搅拌程序和方法。

③应视蛋糕体积的大小厚薄决定烘烤温度。

3．蛋糕整体部分

（1）案例　味道不正

原因分析：

①原料选用不当或不够新鲜。

②蛋糕配方不准确。

③香料调配不当或使用超量。

④使用过量的发酵粉或小苏打。

⑤烤盘不清洁，烤箱有味道。

⑥存放蛋糕的架子、案板等不清洁。

改进措施：

①注意选用新鲜原料，蛋糕用的原料不可和具有浓烈味道的物品，例如：汽油、油漆、涂料等一起存放，以免感染异味。

②注意蛋糕配方，香料应按国家规定使用。

③注意搅拌规则和膨松剂的用量。

④应及时清洁烤箱、烤盘及蛋糕架、案板等用具或设备。

（2）案例　保存时间不长

原因分析：

①蛋糕配方不准确，使用劣质原料。

②鸡蛋的用量不够，同时糖、油的用量也不足。

③烘烤的时间过长，蛋糕干燥龟裂。

④蛋糕膨松太大，充入过量的空气。

⑤蛋糕水分湿度大或存放环境湿度大。

改进措施：

①增加蛋糕配方内的糖和油的用量。

②调整发粉用量或改变搅拌方法。

③选用良好原料，调整配方。

④改善蛋糕存放的室内环境。

? 思考题

1. 蛋糕的概念是什么？

2. 蛋糕如何分类？

3. 蛋糕的特点有哪些？

4. 简述海绵蛋糕的制作原理。

5. 简述油脂蛋糕的制作原理。

6. 简述蛋糕的制作流程。

7. 蛋糕的质量鉴定标准有哪些？

8. 简述蛋糕的质量分析与改进措施。

第七章

清酥制作工艺

第一节　清酥概述

一、清酥的概念

所谓清酥，是用水、油或蛋和成的面团包入熔化的黄油擀片，经过一折、二折或三折等过程，炸制或烤制制作而成的酥类制品。成品成熟后，显现出明显的层次，标准要求是层层如纸，口感松酥脆，口味多变。如酥盒、风车酥、拿破仑酥、忌司条等。

二、清酥的制作原理

清酥的制作原理在于物理疏松，第一，利用湿面筋的烘焙特性，它好像气球一样，可以保存空气并能承受烘焙中水蒸气所产生的张力，而随着空气的胀力来膨胀；第二，由于面团中的面皮与油脂有规律的相互隔绝所产生的层次，在进炉受热后，水面团产生水蒸气，这种水蒸气滚动形成的压力使各层次膨胀。在烘烤时，随着温度的升高，时间加长，水面中的水分不断蒸发并逐渐形成一层一层熟化变脆的面胚结构。油面层熔化渗入面皮中，使每层的面皮变成了又酥又松的酥皮，加上本身面皮面筋质的存在，所以能保持完整的形态和酥松的层次。

三、基本配方

清酥点心面团的配方主要涉及面粉量和油脂量。按油脂总量（包括皮面油脂和油层油脂）与面粉量的比例，清酥面团可分为三种。

①全清酥：油脂量与面粉量相等。

②3/4清酥：油脂量为面粉量3/4 。

③半清酥：油脂量为面粉的一半。

其中，3/4清酥较为常用。3/4清酥的基本配方如下：面粉1000克，盐10克，水约520克，油脂750克（其中皮面油脂100克，油层油脂650克。）

四、制作清酥面坯的一般要求

1．正确选择原料

宜采用蛋白质含量为10%～12%的中强筋面粉。因为筋力较强的面团不仅能经受住擀制中的反复拉伸，而且其中的蛋白质具有较高的水合能力，吸水后的蛋白质在烘烤时能产生足够的蒸汽，从而有利于分层。此外，呈扩展状态的面筋网络是清酥点心多层薄层结构的基础。但是，筋力太强的面粉可能导致面层碎裂，制品回缩变形。如无合适的中强筋粉，可在强筋面粉中加入部分低筋面粉，以达到制品对面粉筋度的要求。

面层油脂可用奶油、麦淇淋或起酥油。油层油脂则要求既有一定的硬度，又有一定的可塑性，熔点不能太低。这样，油脂在操作中才能被反复擀制、折叠，又不至于熔化。传统清酥点心使用的油层油脂是天然奶油。天然奶油虽能得到高质量的产品，但其可塑性和熔点较低，操作不易掌握，特别是夏天，油脂熔化易产生"走油"的现象。目前，国内外均有清酥点心专用麦淇淋，它具有良好的加工性能，给清酥点心制作带来了很大的方便。

2．软硬度均匀一致

油层油脂的硬度与皮面面团的硬度应尽量一致。如面硬油软，油可能被挤出，反之亦然。最终均会影响到制品的分层。

3．擀皮厚度恰当

每次擀面时，不要擀得太薄（厚度不低于0.5厘米），以防粘层。成形时厚度以3毫米为宜。

4．面团适当遮盖

擀叠好的面团备用时，要将湿布或塑料袋盖在其上，以防止表皮干裂。

5．面坯适度松弛

面团在两次擀折之间应停放20分钟左右，以利于面层在拉伸后的放松，防止制品收缩变形，并保持层于层之间的分离。成形的制品在烘烤前也应停放约20分钟。

6．烘烤温度适宜

清酥点心的烘烤宜采用较高的炉温（约200℃）。高温下能很快产生足够的蒸汽，有利于酥层的形成和制品的涨发。

第二节　清酥的生产方法

清酥点心制作一般需经过以下工序：

皮面调制 → 包油 → 擀开、折叠（反复多次）→ 成形 → 烘烤 → 成品

一、面团调制

面团调制可用手工，也可用机器。

手制：将皮面油脂搓进面粉中，再加水混合并揉成面团。

机制：将面粉、油脂和水一起搅拌成面团。

二、包油方法

清酥皮制作是根据包入油脂的方法不同而有分别，大致分为法式、英式及酥皮专用油脂等方法包油。现就酥皮专用油脂操作方法介绍下。

一般来讲，酥皮麦淇淋呈片状，每片有1千克和2千克的规格，在包油操作时，根据酥皮麦淇淋片状大小，把搅拌好经松弛的面团擀成酥皮麦淇淋宽度之一倍，长度之一致即可，随后把酥皮麦淇淋放在已擀好的面皮上（左面，右面都行），然后把边上的面皮盖在油脂上面，油边捏紧即可擀开。此法操作简便，适宜于包入片状酥皮麦淇淋。

三、折叠方法

完成包油程序后，其擀开的折叠方法很多，有三折法，四折法，而用酥皮麦淇淋制作酥皮的折叠方法，多数采用三折法与四折法相结合的折叠方法，它的具体操作方法是：把已包入酥皮麦淇淋的面团擀成厚度0.4厘米左右，长宽适中，一折三，松弛15～20分钟，然后重复前一步骤一次，松弛15～20分钟，再重复一次，松弛15～20分钟，第四次擀开厚度到0.4厘米左右，大小适宜，再一折四，松弛15～20分钟，即可擀开制成各种形状的酥皮点心。

四、整形方法

整形是酥皮点心能否得到理想的体积和式样的重要一环，所以在整形时需注意以下几点。

1. 面团软硬适度

包入酥皮麦淇淋的整形面团在0～30℃无须冷冻（除非操作上特殊需求），无论包入何种油脂的整形面团不可冰冻太硬，如太硬可放在工作台上使其恢复适当的软度。

2. 面皮厚薄均匀

整形的面皮厚度要一致，不可厚薄不匀，这样做出的产品形状不良，一般厚度为0.2～0.3厘米。

3. 整形快速有效

整形动作要快，从擀面到分割，加馅，整形要一气完成，因为面皮在工作台上搁置时间太久会变得过分柔软，增加整形的难度，妨碍产品胀大和形状的完整。

4. 刀具锋利实用

使用的切割刀应锋利，使每个分割的小面皮四边的面皮与油层间隔分明，边缘部分不会黏合在一起，影响到进炉后的膨胀。面皮过于柔软会造成切割困难，使边缘部分面皮与下层面皮黏合一起，妨碍了产品烤制时膨胀。

5. 坯皮大小一致

每块小面皮在分割时大小一样，原则上要用尺或模具切、刻成，切忌凭经验估计分割，这样不但产品大小不同而且形状不良。

6. 半成品间隔有度

整形后的面团放在平烤盘上须留间隔距离，为了使产品表面颜色光泽漂亮，整形后擦一层蛋液，蛋液的浓度不可太浓，酥皮整形完毕必须松弛30分钟才能进炉烘烤，否则膨胀体积不大，而且会在炉中收缩。进炉前再刷一次蛋液，总共刷两次蛋液。有些大型产品因需较长烘烤时间，整形后不应刷蛋液而改用清水，否则表面会着色太深。

7. 避免原料浪费

切剩的不规则面皮可归纳在一起，如数量不多，可铺在下一个完整的面团上一起擀平，其用量不要超过新面团的三分之一。如数量很多，可归纳在一起，擀平，再包入面皮总量四分之一的油脂，用三折法折叠一次或二次，制作一些膨胀性较小的产品，如：肉饺、奶油卷筒、拿破仑酥等。

五、烘烤方法

1. 面皮松弛有度
酥皮进炉前必须有足够时间的松弛，否则进炉后会有缩小和漏油等情况发生。

2. 烤蒸结合加热
酥皮烤焙应用大火，同时炉内有蒸汽设备，如无蒸汽设备，可在进炉前在平盘上洒点水，再进炉烘烤。蒸汽可防止产品表皮过早凝结，使每一层面皮都可无束缚地胀起，烤炉温度220℃左右。

3. 掌握烘焙温度
开始时用上火而不需太大的下火，等产品已经胀到最大体积时，改用中火170℃继续烤至产品金黄色。

总之，酥皮进炉时一定要大火，炉温不够不但影响膨胀而且面层内包入的油有时亦会漏出。烘焙后阶段产品体积已经胀大，应改用中火或小火，务必使每一层面皮完全吸收面层中的油脂，同时面皮和油脂内的水分也完全蒸发，每一部分都松酥，才能称得上是一个好的成品。

六、出炉后的处理

根据具体西点品种的不同，进行冷却，然后再进行美化装饰。

第三节　清酥制作实例

一、丹麦酥（图7-1）

原料配方：高筋面粉800克，低筋面粉200克，细砂糖30克，盐10克，酥油100克，包入用麦淇淋900克，水500克。

制作用具或设备：冰箱，面筛，烘焙纸，烤盘，烤箱，案板。

制作过程：

①将面粉、糖、盐、起酥油用水和成面团，揉至表面光滑，用保鲜膜包起松弛20分钟。醒面的时候可以把黄油或麦淇淋从冰箱中拿出恢复得软一些。

②将松弛好的面团擀成一个长方形面片。

③将片状麦淇淋用塑料膜包严，拿压面棍轻轻敲打，把油片打扁，再擀几下。要让硬硬的麦淇淋具有跟面团一样的柔软度即可。

④把处理好的麦淇淋放在面片中间。注意：面片的宽度与麦淇淋一样，长度是麦淇淋的三倍。将两侧的面片折过来包住麦淇淋。然后将一端捏死。

⑤从捏死的这一端用手掌由上至下按压面片。按压到下面的一头时，将这一头也捏死。将面片擀长，像叠被子那样四折，用压面棍轻轻敲打面片表面，再擀长。这是第一次四折。四折之后用保鲜膜包起放冰箱里松弛20分钟（夏天天气热，麦淇淋容易熔化而导致流油）。

⑥将四折好的面片开口朝外，再次用压面棍轻轻敲打面片表面，擀开成长方形，然后再次四折。这是第二次四折。四折之后，用保鲜膜把面片包严，松弛20分钟。

⑦将松弛好的面片进行第三次四折，再松弛30分钟。

⑧整形是把面片擀成0.3厘米的厚度均匀的面片，用小刀将不规则的边缘切齐，然后把长方形的面片切成10厘米×10厘米的正方形。

⑨取一个正方形的面片，切出如图所示的口子。注意两边不要切断。刷蛋液。

⑩把对角的两个边对折，穿插一下。

⑪在中间挤果酱，装入垫了锡纸的烤盘中，在鼓出来的地方（就是刚才翻上来的部分）刷蛋液。间隔大一些。温度预设为200℃，等完全膨胀了再改为170℃左右继续烤至金黄色出炉即可。（最好烤箱有蒸汽设备，如果没有可以在烤盘上洒点水，再进炉。）

⑫把面片切成规则长方形时会有一些不规则的边角料，可以随意发挥，做成弯曲的形状，刷上蛋液，沾上芝麻烤制。

风味特点：色泽金黄，口感酥脆。

二、杨梅酥盒

原料配方：鸡蛋200克，清酥面1500克（如"丹麦酥"中的做法），鲜杨梅600克，牛奶500克，面粉50克，玉米粉150克，砂糖200克，琼脂糖汁25克，香草粉1克。

制作用具或设备：冰箱，面筛，烘焙纸，烤模，烤盘，烤箱，案板。

制作过程：

①将清酥面擀成厚薄适当的片，用圆模子做成圆盒。

②上面刷一层鸡蛋，入炉烤熟。

③将鸡蛋175克、玉米粉及砂糖、香草粉放入锅内搅匀，再放入牛奶，上火熬开，凉后装入布袋，挤入每个酥盒内。

④将杨梅去蒂洗净，消毒后分别摆在每个酥盒上面。

⑤将洋粉糖汁化开，刷在杨梅上即成。

风味特点：香甜酥脆，营养丰富。

三、风车酥（图7-2）

原料配方：清酥面1000克，奶油膏200克，红樱桃10粒。

制作用具或设备：冰箱，面筛，烘焙纸，烤盘，烤箱，案板。

制作过程：

①将清酥面擀成2毫米厚的面片，然后切成边长6厘米的正方块。

②用刀沿正方块的对角线从4个顶点往中心分别切4条直线口子，每条口子离中心应有1厘米的距离。

③将表面刷少许蛋液，然后把4条直线的一个角顶点依次间隔一个角地往中心折叠，并在中心处按紧，形成风车状。

④将生坯放烤盘中烘焙纸上。醒制片刻，刷蛋液。

⑤入220℃烤箱烤成金黄色。

⑥待制品晾凉后，将奶油膏挤在中心凹陷处，点缀樱桃即成。

风味特点：色泽金黄，层次分明，香酥可口。

四、拿破仑酥

原料配方：清酥面1500克，蛋黄220克，白糖300克，玉米粉40克，面粉40克，牛奶1000克，杏仁碎10克，翻砂糖500克，纯巧克力100克。

制作用具或设备：冰箱，面筛，烘焙纸，烤盘，烤箱，案板。

制作过程：

①将冷却后的清酥面擀成厚0.3厘米的面片，入垫有烘焙纸的烤盘上，然后放入220℃的烤箱烤制成金黄色。

②调黄酱汁：将220克蛋黄放容器中，加300克白糖、40克玉米粉、40克面粉调匀；然后取1000克牛奶煮开倒入调匀的蛋黄混合物中，边倒边搅，直至成为稠糊状，稍凉后放入朗姆酒搅拌均匀即成黄酱汁。

③成形：将烤熟的面坯，用锯刀分成3块，并将四边切齐。用黄酱汁均匀地抹在两块坯料上，依次黏合，形成三层整齐的长方块，然后，再用黄酱汁抹在长方形的四周，沾上烤熟的杏仁碎即可。

④将翻砂糖放容器中，用"双煮法"化软，淋挂在制品的表面上，然后，用软化的巧克力挤成间隔均匀，流畅的细线条并随即用小刀划成麦穗花纹。

⑤入冰箱冷却片刻，切成小长方块即为成品。

风味特点：外形整齐，表面光滑，花纹流畅，口感香酥。

五、忌司条（图7-3）

原料配方：清酥面750克，奶酪100克。

制作用具或设备：冰箱，面筛，烘焙纸，烤盘，烤箱，案板。

制作过程：

①将冷却后的清酥面擀成厚0.3厘米的面片，用刀切成条状，然后扭成麻花状。

②铺放在烤盘中的烘焙纸上，间隔2～3厘米，均匀地撒上奶酪碎。

③入220℃烤箱烤黄烤酥。

风味特点：色泽金黄，口感酥脆。

六、清酥三角

原料配方：高筋粉500克，普通粉200克，盐2克，蛋清1/2个，水250克，醋精3克，麦淇淋200克，豆沙馅200克。

制作用具或设备：面筛，烘焙纸，烤盘，烤箱，案板。

制作过程：

①两种面粉拌匀开窝加入盐、蛋清、加点水搅至没劲，加入醋精。

②把面和起，加水揣、搓、揉透至不软不硬。擀成长方形，加入麦淇淋。

③将面团擀平，不要太厚，拿刀把边划掉，切成四方块。

④面的两边抹上蛋液，豆沙馅放入中间，蛋液面一沾就成清酥三角。

⑤放入烤箱烤熟即可食用。

风味特点：色泽金黄，口感酥脆。

七、清酥葡萄卷

原料配方：面粉250克，黄油250克，鸡蛋1个，盐3克，凉水75克，白糖50克，葡萄干100克。

制作用具或设备：面筛，烘焙纸，烤盘，烤箱，案板。

制作过程：

①将面粉过面筛，放入盐、打散的鸡蛋和凉水，和成面团，放入冰箱半小时。

②把黄油化软，撒上少许面粉，做成方形，入冰箱冷冻10分钟。

③把面团、黄油取出。

④将面擀成长方形，把黄油包起来擀开，叠三折，擀开；再叠三折再擀开；叠四折擀开，然后放入冰箱冷冻半小时。

⑤把最后的面擀成长方形，撒上白糖、葡萄干等。

⑥接下来就是卷起来，切成段，放入烤盘，送入烤箱，上下火200℃，烤20分钟左右。

风味特点：色泽金黄，口感酥脆。

八、清酥马蹄

原料配方：富强粉500克，酥皮油500克，精盐10克，鸡蛋60克，白砂糖1000克，水200克。

制作用具或设备：走槌，面筛，烘焙纸，烤盘，烤箱，案板。

制作过程：

①将鸡蛋、精盐放入水中搅匀，加入面粉搅拌均匀直到面团不黏手即成软硬适宜的劲性面团，后用湿布盖好放在1~5℃的冰箱里冷却待用。

②用走槌把和好的面团擀成四角薄中间厚，然后把酥皮油片错角45℃，放在中间，再把面团的四角拉上来，包严压实用走槌擀成1厘米厚的长方形薄片，从两边折叠上来，叠成三折，横过来再擀成1厘米厚的薄片叠成三折，如此反复四次，每擀完一次都需要用湿布盖好放入冰箱冷却大约20分钟。

③白砂糖里稍掺点面粉拌匀，铺在清酥面下边一层，在清酥面的上面再薄薄撒一层，用走槌擀成1厘米厚的长方形大片，从两边叠上来成为三折再横过来，在下面铺一层白砂糖，上边撒一层砂糖擀开，从两端对着向中间叠，每一端叠两折到中间合拢成6厘米粗的卷，横过来用刀切成8毫米厚的片，平放在砂糖上沾一层糖，把沾糖的一面摆在烤盘里用220℃的炉温烘烤。

④烤至底面金黄色，及时把它翻过来，将另一面也烤至黄色熟透出炉。

风味特点：色泽金黄，口感酥脆。

九、清酥苹果包

原料配方：清酥面1400克，鸡蛋150克，苹果1700克，面粉50克，砂糖100克，桂皮粉5克。

制作用具或设备：走槌，面筛，烘焙纸，烤盘，烤箱，案板。

制作过程：

①把苹果皮、核去掉，切成两半。

②用走槌将清酥面擀成厚薄适当的片，分切成小方块。

③在每块面片上放砂糖和桂皮粉，四周刷上鸡蛋。

④将苹果块放在中间，周围包起，上面再刷上鸡蛋。

⑤用花推子划上花纹，入炉烤熟即成。

风味特点：色泽金黄，外脆里嫩，味道清香。

十、酥皮炒苹果

原料配方：

清酥面配方：

黄油500克，低筋粉1500克，高筋粉600克，精盐40克，冰水900克，起酥油1500克。

苹果馅配方：

苹果1000克，白糖150克，柠檬汁10克。

脆皮碗配方：

低筋粉200克，糖粉200克，软黄油180克，蛋清150克，香草粉3克。

制作用具或设备：压面机，面筛，烘焙纸，烤模，烤盘，烤箱，案板。

制作过程：

清酥面制作方法：

①将黄油、两种面粉、精盐和冰水和成面团，放入冰箱中数小时后冻凉。

②用3×4×3×4法将起酥油包入。

③放入冰箱内隔夜后使用。

苹果馅制作方法：

①将苹果洗净去皮切成橘子瓣形状的块。

②将锅烧热放入白糖和柠檬汁炒化，加入苹果瓣煎至金黄色，注意不要搅动，用小火煎，一面上色后再翻到另一面煎黄。

脆皮碗制作方法：

①将所有原料调和在一起稍冻一下备用。

②将面团擀成面片，压入烤模中，制成碗状。

③入炉温220℃烤至金黄色，备用。

成品制作方法：

①将清酥面用机器压至2毫米厚，打上细密的小孔，松弛一下凉后刻成圆片。

②入180℃的烤箱中烤成金黄色。

③取一层清酥圆片码放已煎好的苹果瓣，中心部分挤少许奶油，盖上另一层清酥圆片，放上脆皮碗和已备好的冰淇淋球装饰即可。

风味特点：色泽金黄，口感酥脆，造型美观。

十一、清酥素咖喱饺

原料配方：清酥面1000克，煮鸡蛋1个，面粉50克，圆白菜500克，洋葱250克，鸡蛋25克，鸡蛋黄2个，咖喱粉10克，黄油30克，鸡油10克，奶油50克，鸡清汤150克，味精3克，胡椒粉1克，精盐3克，辣酱油15克。

制作用具或设备：煎盘，面筛，烘焙纸，烤模，烤盘，烤箱，案板。

制作过程：

①将圆白菜去掉老叶和根，洗净，上火煮到八成熟捞出，控去水，用刀剁成末；洋葱切末，煮鸡蛋切小丁。

②在煎盘注入鸡油烧热，下入洋葱末炒黄，下入圆白菜末煸炒去掉水分，下入黄油炒出香味，下入面粉、咖喱粉炒熟，放入鸡蛋丁、胡椒粉、精盐、奶油、鸡清汤、味精、辣酱油，调味，上火烧开，倒入盆内晾凉，做成馅。

③将清酥面擀成大片，用花刀拉成40个7厘米左右见方的片，将咖喱馅分别放在面片

上，在馅的周围抹上鸡蛋，包成三角形的饺子，放入烤盘。

④将鸡蛋黄放入碗内调匀，用刷子刷在咖喱饺上。

⑤将咖喱饺入炉烤成深金黄色即成。

风味特点：色泽金黄，外脆里鲜。

十二、草莓果酱酥

原料配方：清酥面750克，草莓果酱150克。

制作用具或设备：面筛，烘焙纸，烤模，烤盘，烤箱，案板。

制作过程：

①把松弛好的清酥面坯擀至3~4毫米厚，用菊花盏模刻成圆形面皮。

②面皮边缘刷上蛋液，中间加入果酱。

③对折将馅包严，码入烤盘，表面刷上蛋液，用刀划开口，上火200℃，下火180℃，烤25分钟。

风味特点：色泽金黄，口味香甜。

十三、三色千层酥

原料配方：清酥面750克，厚忌林沙司500克，糖粉100克，烘黄碎杏仁150克。

制作用具或设备：面筛，烘焙纸，烤模，烤盘，烤箱，案板。

制作过程：

①将清酥面擀成约0.2厘米厚的矩形薄片，铺入洒过水的烤盘内，醒几分钟后在中间戳几个透气孔，入炉烤熟后取出冷却。

②冷却后切成8条约8厘米宽的长条。

③将厚忌林沙司分成3份（其中2份分别加可可粉和草莓粉拌匀），分别抹在6条切好的长条上，取3条（不同色）为一组摞起来，上面盖一条没有抹沙司的两侧拍上烘黄的碎杏仁，撒上糖粉，切成小块即可。

风味特点：色泽和谐，口感酥脆。

十四、牛角酥（图7-4）

原料配方：高筋面粉200克，片状麦淇淋（或者黄油）100克，酵母4克，盐1克，糖15~20克，鸡蛋1个，牛奶80毫升。

制作用具或设备：面筛，烘焙纸，烤模，烤盘，烤箱，案板。

制作过程：

①将面粉加牛奶、鸡蛋、酵母、盐、糖、混合均匀，和成面团。

②反复揉、甩面，至面团光滑可拉开薄膜状，使得面筋充分拓展。

③面团放于盆中，覆上保鲜膜发酵发至约2倍大小。

④将片状麦淇淋或者黄油，夹在两层保鲜膜中，擀成薄片。

⑤将面团擀成2倍于麦淇淋薄片的大小。

⑥将麦淇淋薄片放在面团上，合上面团，将麦淇淋薄片夹包在中间、压紧，去除空气。

⑦擀薄面，再3对折，再擀；重复5～7次。

⑧最后将面杆成薄片，切成长三角形，卷起来，就是牛角酥的半成品了。放于温湿处最后发酵20～30分钟。

⑨放于烤箱中层，以190℃炉火烤20分钟。

风味特点：色泽金黄，口感酥脆。

十五、蝴蝶酥（图7-5）

原料配方：高筋面粉800克，低筋面粉200克，细砂糖30克，盐10克，酥油100克，包入用麦淇淋900克，水500克左右。

制作用具或设备：走槌，面筛，烘焙纸，烤模，烤盘，烤箱，案板。

制作过程：

①高粉和低粉、酥油、水混合，拌成面团。水不要一下子全倒进去，要逐渐添加，并用水调节面团的软硬程度，揉至面团表面光滑均匀即可。用保鲜膜包起面团，松弛20分钟。

②将片状麦淇淋用塑料膜包严，用走槌敲打，把麦淇淋打薄一点，这样麦淇淋就有了良好的延展性。不要把塑料膜打开，用压面棍把麦淇淋擀薄，擀薄后的麦淇淋软硬程度应该和面团硬度基本一致。取出麦淇淋待用。

③案板上施薄粉，将松弛好的面团用走槌擀成长方形。擀的时候四个角向外擀，这样容易把形状擀得比较均匀。擀好的面片，其宽度应与麦淇淋的宽度一致，长度是麦淇淋长度的三倍。把麦淇淋放在面片中间。

④将两侧的面片折过来包住麦淇淋，然后将一端捏死。

⑤从捏死的这一端用手掌由上至下按压面片。按压到下面的一头时，将这一头也捏死。将面片擀长，像叠被子那样四折，用走槌轻轻敲打面片表面，再擀长。这是第一次四折。

⑥将四折好的面片开口朝外，再次用走槌轻轻敲打面片表面，擀开成长方形，然后再次四折。这是第二次四折。四折之后，用保鲜膜把面片包严，松弛20分钟。

⑦将松弛好的面片进行第三次四折，再松弛30分钟。然后就可以整形了。整形是把面片擀成0.3厘米的厚度均匀的面片，从两边对面卷成如意形状。

⑧将卷成的如意卷横切成薄片，排放在烤盘中的烘焙纸上，间隔3厘米左右。

⑨送入烤箱，以上火200℃，下火180℃，烤20分钟左右，表面金黄色即可。

风味特点：蝴蝶酥因其状似蝴蝶而得名，其口感松脆香酥，香甜可口。

十六、麻花酥（图7-6）

原料配方：清酥面750克，碎杏仁150克。

制作用具或设备：餐刀，烤盘，烤箱，案板。

制作过程：

①将清酥面擀成约0.2厘米厚的矩形薄片。

②切成40条约4厘米宽的长条。

③从每根长条的中间用餐刀划开一道口子。

④将长条的一端从中间的口子反复3~4次穿过成形。

⑤排放到烤盘上的烘焙纸上，撒上碎杏仁。

⑥放入烤箱，以220℃炉火烤制20分钟即可。

风味特点：色泽金黄，形似麻花，口感酥脆。

第四节　清酥的质量鉴定与质量分析

一、清酥制品的鉴定标准

1. 色泽
表面呈金黄色、内部呈浅黄色，色泽均匀一致。

2. 形态
形状整齐，厚薄、大小一致，层次清晰。

3. 内部组织
组织酥松均匀，内无生心，不出油。

4. 口味
酥香可口，无异味。

5. 规格
根据顾客的需要而定。

6. 卫生
内外无油泥，无杂质，底无烟渣。

二、清酥制品的质量分析与改进措施

1. 清酥制品外表部分
（1）案例　表面颜色太深

原因分析：

①配方内糖的用量过多或水分用量太少。

②烤炉温度过高，尤其是面火温度高。

改进措施：

①检查配方中糖的用量与总水平是否适当。

②降低烤炉上火温度。

（2）案例　表面有斑点

原因分析：

①面团擀制不均匀。

②面团内水分不足。

改进措施：

①面团要擀制均匀，酥层明晰。

②注意制品的配方平衡。

2．清酥制品内部部分

案例　组织粗糙、层次不清楚

原因分析：

①面团擀制不均匀，导致漏油。

②烤炉温度太低，导致烤制时间延长。

改进措施：

①面团要擀制均匀。

②烤箱采取合适的温度和适宜的烤制时间。

3．清酥制品整体部分

（1）案例　味道不正

原因分析：

①原料选用不当或不够新鲜。

②烤盘不清洁，烤箱有味道。

③存放清酥制品的架子、案板等不清洁。

改进措施：

①注意选用新鲜原料。

②应及时注意烤箱、烤盘及蛋糕架、案板等用具或设备的保洁。

（2）案例　煳底煳边

原因分析：

①配方中糖和油脂的用量过大。

②烘烤的温度过高。

改进措施：

①改善清酥配方内的糖和油的用量。

②调节适宜的烤制温度。

? 思考题

1. 清酥的概念是什么？

2. 简述清酥的制作原理。

3. 制作清酥面坯的一般制作要求有哪些？

4. 清酥的包油方法和折叠方法有什么特点？

5. 清酥的烘焙注意事项有哪些？

6. 清酥的整形方法有哪些注意点？

7. 清酥制品的质量鉴定标准有哪些？

第八章
CHAPTER 8
混酥制作工艺

第一节　混酥概述

一、混酥的概念

混酥点心又称甜酥点心，它是用面粉、油脂、砂糖、鸡蛋等原料调成面团，配以各种辅料，通过成形、烘烤、装饰等工艺而制成的一类点心，这类点心的面坯无层次，但具有酥松性。

二、混酥的制作原理

混酥点心面坯的酥松，主要与油脂的性质有关。油脂是一种胶性物质，具有一定的黏性和表面张力。当油脂与面粉调成面团时，油脂便分布在面粉中蛋白质或面粉颗粒的周围并形成油膜，这种油膜影响了面粉中面筋网络的形成，造成面粉颗粒之间结合松散，从而使面团的可塑性和酥性增强。当面坯遇热后油脂流散，伴随搅拌充入面团颗粒之间的空气遇热膨胀，这时，面坯内部结构破裂形成很多孔隙结构，这种结构便是面坯酥松的原因。

三、混酥点心的一般制作要求

①面粉要使用筋力较小的中低筋面粉。
②糖以糖粉或易溶化颗粒细小的糖为宜。
③混酥面团的油、糖、鸡蛋、面粉要调匀，不能有油、糖、面粉疙瘩。
④制品成形时要注意面坯的大小、厚薄。
⑤据成品要求和特点，灵活掌握烘烤的温度和时间。

第二节　混酥的生产方法

一、面团的和制

混酥制作工艺较简单，将所有原料混合，叠制均匀，不能起筋性则可。

二、整形与烘烤

将和好的面团按所需分量大小包馅或制作成批皮，如包馅的需要刷蛋液再进炉烘烤，用中火烘制。

第三节　混酥制作实例

混酥点心品种丰富，风味特色各异。但常见的制品一般有三类：挞（tart）、派（pie）和小干点心（cookies）。挞和派都是有馅心的一类点心，一般将精小的制品称挞。挞和派无固定大小和形状，可据需要和模具形状随意变化，其品种则主要通过馅心及面坯的变化而多样。

一、挞

（一）挞的概念

挞是英文TART的译音，又译成"塔"。是以油酥面团为坯料，借助模具，通过制坯、烘烤、装饰等工艺而制成的内盛水果或馅料的一类较小型的点心，其形状可因模具的变化而变化。

（二）挞的种类

挞的种类以挞皮分类，主要分为混酥挞和清酥挞两种。混酥挞比较光滑和完整，黄油香味浓郁，口感像曲奇一样酥脆。清酥挞的挞皮为一层薄酥皮，层次清晰、口感松酥。挞的品种还可以根据馅心的变化而改变。最常见的品种有各种蛋挞、蔬菜挞、水果挞等，其中蛋挞除以砂糖及鸡蛋为蛋浆的主流蛋挞外，也有在蛋浆内混入其他材料的变种蛋挞，如鲜奶挞、姜汁蛋挞、蛋白蛋挞、巧克力蛋挞及燕窝蛋挞等。

（三）挞的特点

挞通常使用油酥面团为坯料，借助挞模，成形、熟制、装饰而成的小型点心。所以挞的特点是挞皮金黄或焦黄，馅心鲜嫩，造型美观。

（四）挞的制作工艺

挞的一般制作方法有两种，一种是将油酥面坯擀薄铺入挞模中，整形后入烤箱，待成熟，冷却后加各种馅料，经装饰即成为成品。另一种是油酥面坯铺入模后，随即加入馅心，然后再烘烤成熟。

（五）挞的制作案例

1．混酥蛋挞

原料配方：

挞皮材料：低筋面粉100克，糖粉30克，黄油65克，蛋清0.5个，吉士粉5克。

挞水材料：牛奶50克，糖粉10克，蛋黄（大）1个，黄油40克，吉士粉5克。

制作用具或设备：面筛，挞模，烤盘，烤箱，案板。

制作过程：

①将面粉、糖粉、黄油、吉士粉搓成屑。

②分次加入蛋清和成面团。

③黄油、牛奶微波炉里化一下，加入糖粉、蛋黄搅匀即成挞水。

④面团擀成0.3cm厚的面皮，用挞模刻成10张挞皮。

⑤将皮把蛋挞模填满至高出模边少许，放进蛋挞水。

⑥入焗炉，以220℃焗20分钟便成。

风味特点：色泽金黄，口感酥嫩。

2．清酥蛋挞

原料配方：

挞皮材料：低筋面粉280克，高筋面粉30克，酥油50克，片状麦淇淋250克，水150克。

塔水材料：鲜奶油200克，牛奶165克，低筋面粉15克，细砂糖50克，蛋黄4个，炼乳15克。

制作用具或设备：搅拌机，面筛，挞模，烤盘，烤箱，案板。

制作过程：

①制作挞皮。高筋面粉和低筋面粉、酥油、水混合，拌成面团。水不要一下子全倒进去，要逐渐添加，并用水调节面团的软硬程度，揉至面团表面光滑均匀即可。用保鲜膜包起面团，松弛20分钟。

②将片状麦淇淋用塑料膜包严，用走槌敲打，把麦淇淋打薄一点。这样麦淇淋就有了良好的延展性。不要把塑料膜打开，用压面棍把麦淇淋擀薄。擀薄后的麦淇淋软硬程度应该和面团硬度基本一致。取出麦淇淋待用。

③案板上施薄粉，将松弛好的面团用压面棍擀成长方形。擀的时候四个角向外擀，这样容易把形状擀得比较均匀。擀好的面片，其宽度应与麦淇淋的宽度一致，长度是麦淇淋长度的三倍。把麦淇淋放在面片中间。

④将两侧的面片折过来包住麦淇淋。然后将一端捏死。

⑤从捏死的这一端用手掌由上至下按压面片。按压到下面的一头时，将这一头也捏死。将面片擀长，像叠被子那样四折，用压面棍轻轻敲打面片表面，再擀长。这是第一次四折。

⑥将四折好的面片开口朝外，再次用压面棍轻轻敲打面片表面，擀开成长方形，然后再次四折。这是第二次四折。四折之后，用保鲜膜把面片包严，松弛20分钟。

⑦将松弛好的面片开口向外，用压面棍轻轻敲打，擀长成长方形，然后三折。

⑧把三折好的面片再擀开，擀成厚度为0.6厘米、宽度为20厘米、长度为35～40厘米的面片。用壁纸刀切掉多余的边缘进行整形。

⑨将面片从较长的这一边开始卷起来。

⑩将卷好的面卷包上保鲜膜，放在冰箱里冷藏30分钟，进行松弛。

⑪松弛好的面卷用刀切成厚度1厘米左右的片。

⑫将⑪放在面粉中沾一下，然后沾有面粉的一面朝上，放在未涂油的挞模里。用两个大拇指将其捏成挞模形状。

⑬将鲜奶油、牛奶和炼乳、砂糖放在小锅里，用小火加热，边加热边搅拌，至砂糖溶解时离火，略放凉；然后加入蛋黄，搅拌均匀。

⑭然后将制成的蛋挞水过滤，备用。

⑮在捏好的挞皮里装上蛋挞水（装七八分满即可），放入烤箱烘烤。烘烤温度为220℃左右，烤约15分钟。

风味特点：色泽金黄，外酥里嫩。

3. 洋葱挞

原料配方：咸混酥面550克，洋葱300克，黄油50克，牛奶500克，鸡蛋液180克，培根100克，鲜奶油250克，奶酪丝50克，香叶3片，百里香2克，盐2克，胡椒粉1克。

制作用具或设备：面筛，挞模，烤盘，烤箱，案板。

制作过程：

①咸混酥面擀成3厘米厚的片，铺在挞模具内，整理多余的面片后，放入200℃左右的烤箱，烤到七八成熟时取出备用。

②葱头去皮，洗净切丝。

③黄油放锅里上火加热至熔化后放培根与葱头丝煸炒，待葱头软烂呈金黄色时，加入百里香、胡椒粉、香叶（碾碎）和盐，继续煸炒均匀。

④将牛奶、鸡蛋液、鲜奶油、盐和胡椒粉搅拌成蛋奶混合液。

⑤将煸好的葱头放入烤好的挞坯中，浇上蛋奶混合液，撒上奶酪丝。

⑥入200℃左右的烤箱内烘烤20分钟即可。

风味特点：色泽金黄，葱香浓郁，口感酥软。

4. 化酥蛋挞（图8-1）

原料配方：

油皮材料：低筋面粉1000克，全蛋150克，糖粉200克，酥油100克，水400克。

油酥材料：低筋面粉85克，酥油45克，猪油100克。

挞水材料：砂糖400克，牛奶500克，水500克，全蛋90克。

制作用具或设备：搅拌机，面筛，挞模，烤盘，烤箱，案板。

制作过程：

①将油皮等所有原料搅拌至不粘缸，冷藏备用。

②同时，将油酥中所有材料拌匀成片状，冷藏备用。

③油皮包油酥。将油皮与油酥按照1∶1.5的比例，先三折两次，冷藏松弛20分钟，再四折一次。

④挞水制作。将砂糖、牛奶水煮至融化，冷却加入鸡蛋，拌匀过筛，静置30分钟消泡备用。

⑤擀压至厚0.3厘米，用8厘米的压模压出，装模，倒入挞水，八分满即可。

⑥烘焙上火230℃，下火250℃，烤制12分钟。

风味特点：色泽金黄，皮酥馅嫩。

5.小麦草蛋挞

原料配方：

挞皮材料：黄油250克，白糖140克，面粉480克（筛过），鸡蛋1个，小麦草粉5克。

挞水材料：水450毫升，白糖175克，鸡蛋5个，鲜奶60毫升，新鲜小麦草汁50毫升。

制作用具或设备：搅拌机，面筛，挞模，烤盘，烤箱，案板。

制作过程：

①将黄油、白糖、小麦草粉，面粉倒进食物搅拌机中，以低速混合均匀。

②接着加入鸡蛋，把所有混合物搅打成面团。

③面团擀成0.3厘米厚的面皮，用挞模刻成20张挞皮；接着用挞皮把蛋挞模填满至高出模边少许。

④同时，制作挞水。先将水和白糖一起煮滚，熄火后，加入小麦草汁，拌匀晾凉备用。

⑤轻轻地将鸡蛋打散，加入鲜奶，搅打均匀，再加入已晾凉了的小麦草汁，拌匀过滤后，放进冰箱中冷却。

⑥将冷却了的小麦草混合物倒入已备好的挞模中，以200℃炉火烘30分钟即成。

风味特点：色泽和谐，口味清香，口感酥脆。

6.家常蛋挞

原料配方：

挞皮材料：面粉200克，黄油25克，牛奶120克，盐少许，麦淇淋175克。

挞水材料：雀巢淡奶油100克，蛋黄3个，雀巢三花植脂淡奶45克，牛奶25克，糖20克。

制作用具或设备：搅拌机，面筛，挞模，烤盘，烤箱，案板。

制作过程：

①挞水制作。淡奶油加糖加热至糖溶解后离火，稍微放凉。加入牛奶、三花植脂淡奶，搅拌均匀后加入蛋黄，搅拌均匀。最后过筛滤去杂质，即成挞水。

②挞皮制作。将面粉中间挖坑，到入牛奶，加入其他材料。慢慢调和成团，揉好就可以，盖上保鲜膜或者湿布，醒15~20分钟。

③麦淇淋敲成长片，面团擀成大片，比麦淇淋宽大三倍，把麦淇淋放在面皮中间，面皮从左往右包，再由右往左包上，把麦淇淋包好，注意头尾麦淇淋不要露出来。然后把面皮横过来，再把面团翻身，双层的一面朝下，蒙上保鲜膜松弛15分钟。等面团松弛后，把面团敲大，略微擀平，注意两面要撒上面粉，以免粘破表皮。

④把擀好的面皮再横过来，由左右两边往中间折，然后再叠在一起，就像叠被子一样，注意每次折叠都要及时撒上面粉。然后再蒙上保鲜膜松弛15分钟，等面团松弛后，再把面团敲大，略微擀平，注意两面要撒上面粉，以免粘破表皮。

⑤把敲大的面团卷起来，放到冰箱冷藏15分钟取出，切成1.5厘米厚的小块，然后按平，用手捏出挞皮的形状，放到挞模里，按牢，在底上扎几个洞，防止烤的时候鼓起来。

⑥把挞水注入挞皮，只要七八分满就可以了，烤的时候还会膨胀。

⑦烤箱预热至220℃，用上下火烤15~20分钟，看到表面焦黄，即可出炉。

风味特点：色泽金黄，口感酥脆。

二、派

（一）派的概念

派是英文PIE的译音，又译成排、批等。是一种油酥面饼，内含水果或馅料，常用圆形模具做坯模。

（二）派的种类

派有单皮派和双皮派之分，其馅心有水果（包括鲜水果、水果罐头、果汁），蔬菜（南瓜派、胡萝卜派、番薯派等），肉类（牛肉类、鸡肉类等），牛奶，鸡蛋，奶油馅心等。派又有咸味派、甜味派之别。此外，还能做成各种小干点心。

（三）派的特点

派的特点是外酥里糯，色泽金黄，用叉子捅时有足够的松软度而又不易碎，其表面应成薄片状，并有泡。

（四）派的制作工艺

1. 派皮

派皮主要成分是面粉、盐、细糖、油脂、水和鸡蛋，也可添加少许泡打粉来使其松软。将所有原料一起混合，揉成柔软的面团，放入冰箱静置。之后取出擀薄，放入刷油的派盆里，用刀叉扎几下，边缘可夹成花边来装饰。然后进炉烘烤，用中上火。（以上是单皮派，而双皮派则是包好馅再烘烤的。）

另一种是双皮派，它的做法有二，一是一次成形法，即将甜酥面铺入派模后，酿入所需馅心，然后再擀一薄片铺盖其上，刷蛋液，划花纹，入烤箱成熟即成为成品，二是二次成形法，即将铺入派底的面坯入烤箱烤至八成熟后，再装入馅心擀薄片铺盖其上，刷蛋液，划花纹，烘烤成熟即是成品。

2. 派馅与装饰

单皮派是需要装饰和加馅才能食用的，它的装饰比较多，可分为几类：第一类，是用新鲜水果制作各种派。水果颜色鲜艳，需要在上面刷一层啫喱水，这样便可保留它的鲜艳和光泽。第二类，是用蛋黄忌廉做的各种派，这种派通常用新鲜奶油作装饰，裱上各种花纹。

（五）派的制作案例

1. 奶油蛋白南瓜派

原料配方：

派底材料：糖250克，黄油500克，蛋75克，面粉750克。

派馅材料：南瓜800克，黄糖300克，牛奶170克，蛋黄170克，盐5克，香料5克，吉利片15克，蛋白170克，糖粉200克，鲜奶油250克。

制作用具或设备：搅拌机，面筛，派模，烤盘，烤箱，案板。

制作过程：

①制派底：将糖，黄油搓匀后，逐个放入鸡蛋调匀。最后加入面粉叠成面团，用保鲜膜包好放入冷藏箱冷却；然后取出冷却的面团，根据模具大小，适度擀成均匀面片，铺入模中，整形后入200℃烤箱，烤熟备用。

②制派馅：将南瓜洗净去皮，上火蒸熟，搅成南瓜泥，然后加入黄糖、牛奶、蛋黄、盐、香料等搅均匀。然后放入煮锅内烧煮至稠糊状离火。加入泡软的吉利片搅拌熔化，凉后

入冰箱备用。同时，打发蛋清至发泡时，加入糖粉继续搅打起发，然后与调匀的南瓜糊一起拌匀。再将打起鲜奶油与之混合，调匀，成南瓜馅。

③将南瓜馅铺入冷却后的派模中抹平，表面挤打起的奶油装饰，即为成品。

风味特点：色泽浅黄，甜度适中，内质细腻。

2.苹果派（图8-2）

原料配方：

派皮材料：高筋粉400克，低筋粉600克，黄油650克，冰水300克，细砂糖30克，食盐20克。

派馅材料：果汁或清水100克，细砂糖25克，玉米淀粉4克，苹果罐头100克，肉桂粉0.5克。

制作用具或设备：搅拌机，面筛，派模，烤盘，烤箱，案板。

制作过程：

①派皮制作。将高、低筋面粉一起过筛后与油脂一起放入搅拌器内，慢速搅拌至油的颗粒像黄豆般大小。

②糖、盐溶于冰水中，再加入搅拌均匀的面粉与混合物搅拌均匀即可，不可搅拌过久。

③将搅拌后的面团用手压成直径为10厘米的圆柱体，用牛皮纸包好放入冰箱2小时后使用。

④可做单皮水果派皮，也可做双皮水果派。

⑤苹果馅制作。先过滤苹果罐头，滤液用来作为果汁用。

⑥将30%的果汁与10%的细砂糖一起煮沸。

⑦将玉米淀粉溶于10%的果汁中，慢慢加入煮沸的糖水中，不断搅动，煮至胶凝光亮。

⑧胶冻煮好后，加入15%的砂糖煮至溶化。苹果与肉桂粉拌匀后，再加入胶冻内拌匀，停止加热并冷却。

⑨派的制法。把苹果馅倒入底层生派皮中，边缘刷蛋液，表面放两三片奶油，上层皮上开一小口，铺在馅料上，把边缘结合处粘紧，在上层派皮表面刷蛋液，进炉用210℃的下火烤约30分钟。为了使底层派皮确能熟透，可先把底层派皮进炉焙烤约10分钟，使半熟后再加入馅料铺上上层派皮再进炉烘烤。

⑩出炉后表面刷上光亮油或奶油。

风味特点：色泽金黄，口感酥脆。

3.菠萝派

原料配方：

派皮材料：普通面粉150克，糖2克，盐2克，黄油75克，水40克。

派馅材料：糖20克，盐2克，玉米淀粉15克，菠萝180克，菠萝汁100克，肉桂粉0.5克，鸡蛋半个。

制作用具或设备：搅拌机，面筛，派模，烤盘，烤箱，案板。

制作过程：

①菠萝削好，切大块，用淡盐水浸泡5分钟，去涩。泡好后捞出菠萝切丁，然后用糖水浸泡。

②泡菠萝的糖水滗出来，加糖和盐，放入湿淀粉，搅拌均匀。然后煮到汤汁变成透明的

黏稠状，期间要不断搅拌防止粘锅。加入菠萝丁和肉桂粉，拌匀，略煮一下关火，放凉，即为菠萝馅。

③把黄油融化，然后放入面粉，加糖、盐、水，混合均匀。揉好的面团用保鲜膜包好，放入冰箱冷藏1小时。

④取出冷藏好的面团，根据派盘大小分成两份。一份偏大一点，做铺底用。另一份略小，做表面的编花。用保鲜袋包裹面团，分别擀成薄片。铺底的可以拿派盘来比一下，要整个铺入还多出一圈，这样可以在边上做点花样，烤出来形状更好看。表面编花的薄片和派盘差不多大小即可，然后切成条。把面条编成花网状铺底的面皮取出（之前放保鲜袋里保持水分，拿出来的时间长了面皮会变硬，影响后面捏花）。

⑤铺好底之后，倒入菠萝馅料，盖上编好的面皮。整理一下不规则的面条，然后把边缘的面皮捏出花，并且遮住下面面条的边缘。

⑥烤箱预热至170℃，在派的表面刷上蛋液，放入烤箱烤30分钟左右。

风味特点：色泽金黄，口感酥脆，形状美观。

4. 蓝莓起酥派

原料配方：黄油360克，盐20克，面包粉300克，蛋糕粉600克，水360克，夹心起酥油100克，蓝莓酱150克。

制作用具或设备：搅拌机，面筛，派模，烤盘，烤箱，案板。

制作过程：

①把黄油、盐、面包粉、蛋糕粉、水放在一起搅匀，然后分成300克一块，在冰箱里冷藏3～4个小时。

②冷藏后擀开，把起酥油放在中间包好，然后压开叠成3折，反复4次即可，公式：3×3×3×4。

③把压好的面擀开，用模具刻两个大小一致的面片，一片铺在派模底部入180℃烤箱烤酥。

④晾凉后，放入蓝莓酱铺刮均匀，最后再把另一面片盖在上面，四周用蛋液粘合，表面刷蛋水后用刀打花纹。

⑤以180℃炉温烘烤，40分钟即可。

风味特点：色泽金黄，口感酥脆。

5. 雪梨派

原料配方：混酥面350克，雪梨900克，砂糖150克。

制作用具或设备：搅拌机，面筛，派模，烤盘，烤箱，案板。

制作过程：

①将混酥面250克擀成薄片，铺入派模，入炉烤熟。

②把雪梨去皮、核，切片加糖炒熟。

③将炒熟的雪梨片倒入烤好的派底，再将剩余的面擀薄片，盖在派上，压紧边，刷上蛋黄。

④入炉烤熟，晾凉切块。

风味特点：色泽金黄，外酥里软，口味香甜。

6. 什锦莓果派

原料配方：混酥面350克，牛奶200克，鸡蛋黄50克，草莓150克，蓝莓100克，玉米面

（黄）10克，低筋面粉10克，无盐黄油10克，香草精2克，盐1克，白砂糖50克。

制作用具或设备：派模，烤盘，烤箱，裱花袋，案板。

制作过程：

①将混酥面擀开成0.4厘米厚，放入模内整形并用叉子插孔后，松弛约15分钟。

②将派皮放入烤箱以200℃炉温烤焙15～20分钟，取出放凉备用。

③将蛋黄打散后与过筛的玉米粉和低筋面粉加入，拌匀备用。

④牛奶、细砂糖、盐一起煮至滚沸。

⑤将拌匀的蛋黄分次加入拌匀，再用小火煮至光亮凝胶状后离火。

⑥趁热加入无盐黄油、香草精，快速搅拌均匀。

⑦倒入盘中，用保鲜膜浮贴在奶油馅上，晾凉。

⑧将冷却的奶油馅以裱花袋挤入烤熟烤香的派皮上，表面点缀上草莓、蓝莓即可。

风味特点：色泽浅黄，口感酥软，具有水果的香味。

7．黑樱桃派

原料配方：混酥面250克，樱桃150克，奶酪50克，鸡蛋100克，牛奶35克，奶油30克，低筋面粉20克，白砂糖35克，香草精2克。

制作用具或设备：派模，烤盘，烤箱，案板。

制作过程：

①将混酥面擀平约0.4厘米厚，放入派模中整形，松弛约15分钟。

②将黑樱桃从罐头中取出沥干备用。

③净奶油乳酪用木匙或打泡器打软，再加入细砂糖一起拌匀。

④将全蛋分次加入乳酪中拌匀后，再慢慢加入牛奶、鲜奶油和香草精拌匀。

⑤将低筋面粉过筛后加入拌匀材料拌匀。

⑥将黑樱桃排入派皮上，再慢慢淋上乳酪蛋糊至八分满。

⑦放入烤箱以180～200℃炉温烤焙约30分钟即可。

风味特点：色泽金黄，口感松软。

8．榴莲派

原料配方：榴莲肉1000克，混酥面350克，鸡蛋黄20克，香草精1克，黄油50克，白砂糖75克。

制作用具或设备：派模，烤盘，烤箱，案板。

制作过程：

①将混酥面250克放在案板上，擀成比派底大一些的薄片铺在派底。

②去掉边缘放入烤炉内烤熟。

③榴莲肉撕成小片，放入锅内。

④加入白糖和香草粉炒熟，倒入派底里。

⑤将剩余的面擀成薄片，盖在派上面，压紧边，倒上蛋黄。

⑥用叉子划上花纹，入烤炉烤上色取出晾凉，切成块即可食用。

风味特点：色泽金黄，口味浓郁。

9．柠檬派

原料配方：混酥面300克，鸡蛋黄40克，玉米面40克，奶油150克，白砂糖160克，盐1克，黄油10克，香草精1克，柠檬汁15克，柠檬皮25克。

制作用具或设备：派模，烤盘，烤箱，案板。

制作过程：

①将混酥面擀开成0.4厘米厚，放入模内整形并用叉子插孔后，松弛约15分钟，放入烤箱以180~200℃炉温烤焙15~20分钟，取出放凉备用。

②将水（300毫升）煮至滚开时，加入细砂糖、盐一起搅拌溶解。

③将玉米粉与水（80毫升）、蛋黄一起拌匀。

④加入糖水搅拌均匀，再以小火煮至光亮呈凝胶状时离火。

⑤稍晾凉后加入无盐黄油，快速搅拌均匀。

⑥再倒入柠檬汁、柠檬皮及香草精一起拌匀即为柠檬蛋糊。

⑦将还热的柠檬蛋糊倒入派皮中，以抹刀抹平整形，放入冰箱冷藏约2小时以上备用。

⑧鲜奶油加细砂糖打发，铺在派皮表层。

⑨再用抹刀或汤匙背轻拍表层的奶油以形成一个一个的尖角，撒上柠檬皮屑装饰即可。

风味特点：色泽金黄，口感细腻，具有清香的柠檬味。

10．香蕉奶油派

原料配方：混酥面350克，香蕉400克，鸡蛋50克，鸡蛋黄40克，低筋面粉25克，玉米面15克，香草精2克，白砂糖100克，黄油75克，吉利丁片3克。

制作用具或设备：派模，烤盘，烤箱，案板。

制作过程：

①将混酥面擀成约0.4厘米厚，放入派盘中再用叉子戳洞，静置松弛约10分钟。

②放入烤箱以180~200℃炉温烤焙15~20分钟，取出冷却备用。

③吉利丁片泡冰水软化备用。

④细砂糖（50克）加入牛奶煮至溶化，加入香草精拌匀，先离火备用。

⑤另取一锅，将全蛋、蛋黄、细砂糖（50克）一起打散。

⑥再加入过筛后的低筋面粉与玉米粉拌匀。

⑦先将少许的香精牛奶加入锅中拌匀。

⑧再将剩余的慢慢全部加入拌匀，放回火炉上小火煮至浓稠时熄火。

⑨将泡软的吉利丁片挤干水分加入锅内拌至熔化。

⑩再加入黄油拌至熔化，晾凉做馅。

⑪将煮好的馅用汤匙舀入烤好放凉的派皮中至八分满。

⑫将香蕉切片状整齐排上，放入冰箱冷藏4小时以上至凝固，即可取出食用。

风味特点：色泽浅黄，细腻香甜。

11．巧克力派

原料配方：混酥面350克，牛奶500克，低筋面粉325克，鸡蛋黄150克，奶油150克，可可粉50克，香草精1克，黄油80克，白砂糖150克。

制作用具或设备：派模，烤盘，烤箱，裱花袋，案板。

制作过程：

①将混酥面擀成比派模子大一些的薄片，铺在派模子上，入烤炉烤熟。

②将牛奶、面粉、蛋黄、可可粉和100克白糖放入锅内熬熟，倒入烤熟的派底里铺平。

③将奶油、香草粉和50克白糖放在盆内，用打蛋器搅打，装入花嘴裱花袋里。

④在烤熟的派上挤上各种图案，切成块即可食用。

风味特点：色泽洁白，细腻香甜，图案美观。

12．松子派

原料配方：混酥面550克，松子仁250克，麦芽30克，鸡蛋黄100克，牛奶250克，鲜奶油200克，白砂糖380克，朗姆酒15克，香草精5克，糖粉25克。

制作用具或设备：派模，烤盘，烤箱，案板，冰箱。

制作过程：

①将混酥面擀成0.4厘米厚，一一压入小型派模中，整形好松弛约15分钟。

②放入烤箱以180～200℃炉温烘烤约10分钟备用。

③将水、糖（300克）、麦芽一起放入锅中煮至沸腾。

④加入松子不断搅拌至再次沸腾后，再以小火煮约1分钟即熄火。

⑤取出松子沥干水分，再放入180～200℃的烤箱中烘烤至上色，取出放凉即为蜜松子。

⑥先将蛋黄、细砂糖（80克）拌匀。

⑦再将牛奶、鲜奶油、香草精、朗姆酒依序加入，拌匀即为填馅。

⑧将填馅倒入派皮中，再放入预热至180～200℃的烤箱中烤约15分钟。

⑨待凉后放入冰箱冷藏至凝固时，表面摆满蜜松子点缀。

⑩再撒上少许防潮糖粉即可。

风味特点：色泽和谐，外酥里糯。

三、小干点心

（一）小干点心概念

小点心类是以黄油或白油、绵白糖、鸡蛋、富强粉为主料和一些其他辅料（如果料、香料、可可等）而制成的一类形状小、式样多、口味酥脆香甜的西点。其中饼干的制作见"第九章饼干制作工艺"。

（二）小干点心制作案例

1．核桃仁混酥饼

原料配方：混酥面250克，核桃仁50克，糖酱50克，鸡蛋1个，黄油35克。

制作用具或设备：搅拌机，面筛，派模，烤盘，烤箱，案板。

制作过程：

①将核桃仁切碎，鸡蛋打散。

②将混酥面擀成2毫米厚大片，用模子切成圆片，刷一层蛋糊，沾上核桃仁，挤上糖酱。

③码入烤盘，入炉烤熟。

风味特点：色泽金黄，口感酥脆。

2．花边酥

原料配方：混酥面250克，果酱50克，鸡蛋1个。

制作用具或设备：搅拌机，面筛，派模，烤盘，烤箱，案板。

制作过程：

①混酥面擀成大片，用带花边模子切成小片。

②将小圆片码在烤盘里，鸡蛋打散，刷上，入烤炉烤熟，晾凉。

③将果酱抹在小饼上，上面再压一块小饼即可。

风味特点：色泽金黄，口感酥脆。

3．黄油、果酱小点心

原料配方：富强粉520克，黄油250克，糖250克，鸡蛋230克，水130克，香草0.5克，果酱150克。

制作用具或设备：搅拌机，面筛，派模，烤盘，烤箱，案板。

制作过程：

①将糖和油放在搅拌机里打起，然后把鸡蛋陆续放入打泡后，加上水。

②慢慢加入面粉调和均匀。

③用裱花布袋装上花嘴子，挤梅花等形状。果酱小点心顶上中心挤上果酱点缀。

④用240℃左右炉温烘烤。

风味特点：色泽金黄，口感酥脆。

4．黑白脸酥点

原料配方：绵白糖500克，黄油500克，鸡蛋500克，高筋面粉750克，巧克力糖200克，果酱300克。

制作用具或设备：搅拌机，面筛，派模，烤盘，烤箱，案板。

制作过程：

①先将糖和油倒入搅拌机里进行搅拌，然后陆续放入鸡蛋，打起泡后，加面拌匀。

②用裱花布袋装上花嘴子挤成圆片状。

③用250℃左右炉温烘烤。

④把经冷却以后的成品一片底部抹上一层果酱，再将另一片粘合。

⑤将巧克力糖溶化后，把粘合的成品半部沾上巧克力糖。

风味特点：面上一半糖光亮，一半呈浅可可色，松酥适口。

5．松子巧克力脆心

原料配方：黄油220克，绵白糖140克，蛋黄3个，朗姆酒25克，奶粉20克，面粉200克，可可粉40克，泡打粉2克，松子仁50克。

制作用具或设备：搅拌机，面筛，派模，烤盘，烤箱，案板。

制作过程：

①松子用文火炒香。

②黄油放烤箱70℃稍熔化，然后混合绵白糖一起打至发白。

③加入奶粉打匀；再加入朗姆酒及蛋黄打至均匀。

④将面粉、可可粉、泡打粉过筛与黄油等混合拌匀。

⑤将拌好的面团放进保鲜袋中擀平，放冰箱冷冻1小时。

⑥待面团完全冻硬后取出，用最小号的心形模压出饼形，扫一层全蛋液。

⑦3分钟后，放上松子仁，然后再扫一层全蛋液，放入烘炉中即可。

风味特点：色泽金黄，清香酥松。

6．瑞典果仁球

原料配方：黄油100克，普通面粉150克，糖粉25克，杏仁碎60克。

制作用具或设备：搅拌机，面筛，派模，烤盘，烘焙纸，烤箱，案板。

制作过程：

①黄油室温软化，加糖粉一起用打蛋器或搅拌机打至软滑，加入面粉与杏仁碎搅拌均匀，搓成10克大小的丸状，放在铺有烘焙纸的烤盘当中。

②烤箱以170℃预热10分钟，将做好的饼放入其中，烤15～20分钟，微微上色，即可取出，凉后，可撒上糖粉进食。

风味特点：色泽金黄，又香又酥。

7．椰味水晶酥

原料配方：面粉200克，鸡蛋75克，白糖50克，黄油50克，椰蓉25克，果脯15克，芝麻仁10克。

制作用具或设备：搅拌机，面筛，烤模，烤盘，案板。

制作过程：

①先将黄油、白糖、鸡蛋加面粉调制成面团，揉匀揉光。

②然后将白糖、油果脯、芝麻仁等原料拌成馅心。

③将面团擀开，用模具压出面皮。

④用皮入馅心，放入盏模，以180℃炉温烤制15分钟即可。

风味特点：色泽金黄，香、甜、酥可口。

8．瓜子酥

原料配方：黄油50克，低筋面粉50克，糖粉50克，全蛋1个，生葵花籽仁50克，盐1克。

制作用具或设备：搅拌机，面筛，烤模，烤盘，案板。

制作过程：

①生葵花籽仁放入烤盘中以180℃，烤制3分钟成熟。

②全蛋打散后，加入糖粉搅拌均匀，分两次加入食油搅拌均匀。

③分两次加入低筋面粉、盐搅拌均匀。

④加入熟的葵花籽仁，继续拌匀。

⑤将搅拌好的面糊装入烤模中八分满。

⑥入烤箱，以180℃炉温烤制15分钟即可。

风味特点：色泽金黄，酥松香甜。

第四节　混酥的质量鉴定与质量分析

一、混酥制品的鉴定标准

1．色泽
表面呈金黄色、内部呈浅黄色，色泽均匀一致，无斑点。

2．形态
形状整齐，厚薄，大小一致，花纹清楚不摊，不凹底，不沾边。

3．内部组织

组织酥松均匀，无大气孔，无面粉、糖、蛋等疙瘩，无生心，无杂质。

4．口味

酥香可口，甜度适中，无异味，松酥不艮。

5．规格

根据顾客的需要而定。

6．卫生

内外无油泥，无杂质，底无烟渣。

二、混酥制品的质量分析与改进措施

1．混酥制品外表部分

（1）案例　表面颜色太深

原因分析：

①配方内糖的用量过多或水分用量太少。

②烤炉温度过高，尤其是上火太强。

改进措施：

①检查配方中糖的用量与总水平是否适当。

②降低烤炉上火温度。

（2）案例　表面有斑点

原因分析：

①面团调制不均匀。

②面团内水分不足。

③糖的颗粒太粗，未能及时溶解。

改进措施：

①原料要调制均匀，无硬心，无疙瘩。

②注意制品的配方平衡。

2．混酥制品内部部分

（1）案例　组织粗糙、质地不均匀

原因分析：

①面团调制不均匀。

②配方内糖、油等用量太多。

③水分用量不足，面糊太干。

④烤炉温度太低，导致烤制时间延长。

⑤糖的颗粒太粗，未能及时溶解。

改进措施：

①注意面团配方。

②面团要调制均匀。

③做混酥时应尽量使用绵白糖、颗粒宜细。

（2）案例　韧性太强，组织过于紧密

原因分析：

①配方中油脂使用太少。

②面粉面筋筋性过强。

③面团调制过久或速度太快，使面粉出筋。

④烤炉温度太高，水分挥发太快。

改进措施：

①注意混酥制品配方，并选用适当原料。

②注意面团调制程序和方法。

③合理确定制品的烘烤温度。

3．混酥制品整体部分

（1）案例　味道不正

原因分析：

①原料选用不当或不够新鲜。

②原料配方不平衡。

③烤盘不清洁，烤箱有味道。

④存放混酥制品的架子、案板等不清洁。

改进措施：

①注意选用新鲜原料。

②改善混酥制品的配方。

③应及时注意烤箱、烤盘及成品架、案板等用具或设备的保洁。

（2）案例　糊底糊边

原因分析：

①配方中糖的用量过大。

②配方中油脂的用量过大。

③烘烤的温度过高。

改进措施：

①改善混酥配方内的糖和油的用量。

②调节烤箱的烤制温度。

? 思考题

1. 混酥的概念是什么？

2. 简述混酥的制作原理。

3. 混酥点心的一般制作要求有哪些？

4. 简述挞的概念、种类、特点和制作工艺。

5. 简述派的概念、种类、特点和制作工艺。

6. 混酥制品的质量鉴定标准有哪些？

第九章

饼干制作工艺

第一节　饼干概述

一、饼干的概念

传说以前一艘载满货物的英国船，要到外地做生意，却在半途遇上了暴风雨，船员们纷纷逃生到一座无人的小岛上，暴风雨过后，众人回到船上，却发现原本要贩卖的奶油、面粉、糖都被海水和风雨淋湿了，还混合成一团，没有其他食物可吃，船员们只好将这些混成团的东西带回无人的小岛上，搓成一小团一小团的用火烘烤，没想到发现烤出来的东西意外的好吃，回到国内后，逐渐传了开来，饼干就这样诞生了。

因此，饼干是由面粉配合其他辅料，如淀粉、糖、油脂、乳制品、鸡蛋、香料、色素、膨松剂等，经和面机充分捏和调制成面团，再经滚轧机轧成面片，成形机模压成一定形状，最后经烤炉烘烤而成的饼状食品。

饼干这一名称在国外有种种叫法。例如：法国、英国、德国等称为Biscuit，美国称为Cookie，日本将辅料少的饼干称为Biscuit，把奶油、糖、蛋等辅料多的饼干称为Cookie。饼干的其他称呼还有Cracker、Puff Pastry（千层酥）、Pie（派）等。

二、饼干的种类

饼干的品种很多，而且新的花式品种不断出现，如果将各种饼干准确分类比较困难。饼干按照口味差异，有甜、咸和椒盐之分；按照配方不同，有奶油、蛋黄、维生素、蔬菜等不同风味；根据食用对象来分，可分为婴儿、儿童、老人等饼干种类；根据形状来分，更是五花八门；但一般情况下，根据《中华人民共和国轻工行业标准——饼干通用技术条件》中，对饼干分类进行了规范，标准中按加工工艺的不同把饼干分为了12类，具体分类情况如下。

1. 酥性饼干

酥性饼干是以小麦粉、糖、油脂为主要原料，加入膨松剂和其他辅料，经冷粉工艺调粉、辊压或不辊压、成形、烘烤制成的表面花纹多为凸花、断面结构呈多孔状组织、口感酥脆。主要品种有：奶油饼干、葱香饼干、芝麻饼干、蛋酥饼干、蜂蜜饼干、早茶饼干等。

2.韧性饼干

韧性饼干是以小麦粉、糖（或无糖）、油脂为主要原料，加入膨松剂、改良剂及其他辅料，经热粉工艺调粉、辊压、成形、烘烤制成的表面花纹多为凹花、外观光滑、表面平整、一般有针眼、断面结构有层次、口感松脆的饼干。韧性饼干又可细划为4种：普通韧性饼干、冲泡韧性饼干、超薄韧性饼干、可可韧性饼干。主要品种有：牛奶饼干、香草饼干、蛋味饼干、动物饼干、玩具饼干等。

3.发酵饼干

发酵饼干是以小麦粉、糖、油脂为主要原料，酵母为膨松剂，加入各种辅料，经调粉、发酵、辊压、叠层、成形、烘烤制成的酥松或松脆、具有发酵制品特有香味的饼干。发酵饼干也可细分为3种：甜发酵饼干、咸发酵饼干、超薄发酵饼干。主要品种有：甜苏打饼干、手指饼干、什锦饼干、咸奶苏打饼干、芝麻苏打饼干、蛋黄苏打饼干、葱油苏打饼干等。

4.压缩饼干

压缩饼干是以小麦粉、糖、油脂、乳制品为主要原料，加入其他辅料，经冷粉工艺调粉、辊印、烘烤、冷却、粉碎、外拌，可夹入其他干果、肉松等辅料，再压缩而成的饼干。主要品种有：牛奶压缩饼干、肉松压缩饼干等。

5.曲奇饼干

曲奇饼干是以小麦粉、糖、乳制品为主要原料，加入膨松剂及其他辅料，经和面，采用挤注或挤条、钢丝切割或辊印方法中的一种形式成形、烘烤制成的具有立体花纹或表面有规则波纹的饼干。曲奇饼干可分为普通曲奇饼干、花色曲奇饼干和可可曲奇饼干。主要品种有：拉花饼干、雷司饼干、福来饼干等。

6.夹心饼干

夹心饼干是在饼干单片之间夹入以糖、油脂或果酱等夹心料的饼干。因夹心馅料不同和香味、口味不同，夹心饼干又分为奶油夹心饼干、可可夹心饼干、花生夹心饼干、芝麻夹心饼干、海鲜夹心饼干、水果味夹心饼干等系列品种。

7.威化饼干

威化饼干是以小麦粉（或糯米粉）、淀粉为主要原料，加入乳化剂、膨松剂等辅料，经调浆、浇注、烘烤而制成的多孔状片子，在片子之间夹入糖、油脂等夹心料的两层或多层的饼干。

威化饼干又称为华夫饼干，可分为普通威化饼干和可可威化饼干。主要品种有：奶油威化饼干、可可威化饼干、橘子威化饼干、柠檬威化饼干、草莓威化饼干、杨梅威化饼干、香蕉威化饼干、香草威化饼干等。

8.蛋圆饼干

蛋圆饼干是以小麦粉、糖、鸡蛋为主要原料，加入膨松剂、香料等辅料，经搅打、调浆、浇注、烘烤制成的饼干，俗称蛋基饼干。主要品种有：杏元饼干、花生泡克饼干、芝麻泡克饼干、雪花泡克饼干、椰蓉泡克饼干等。

9. 蛋卷及煎饼

蛋卷是以小麦粉、糖、油（或无油）、鸡蛋为主要原料，加入膨松剂、改良剂、香精等辅料，经调浆（发酵或不发酵）、浇注或挂浆、烘烤、卷制而成的松脆食品。

煎饼是以小麦粉、糖、油（或无油）、鸡蛋为主要原料，加入膨松剂、改良剂、香精等辅料，经调浆（发酵或不发酵）、浇注或挂浆、煎烤而成的松脆食品。主要品种有：奶油鸡蛋卷、双色鸡蛋卷、番茄沙司鸡蛋卷、椰丝鸡蛋卷等。

10. 装饰饼干

装饰饼干又分为涂饰饼干和粘花饼干。涂饰饼干是在饼干表面经涂布巧克力酱、果酱等装饰料而制成的表面有涂层、线条或图案的饼干。

粘花饼干是以小麦粉、糖、油脂为主要原料，加入膨松剂、香料等辅料，经调粉、辊压、成形、烘烤、冷却、表面裱粘糖花、干燥制成的饼干。

11. 水泡饼干

水泡饼干是以小麦粉、糖、鸡蛋为主要原料，加入膨松剂，经调粉、多次辊压、成形、沸水烫漂、冷水浸泡、烘烤制成的具有浓郁蛋香味的疏松、轻质的饼干。

12. 其他类饼干

除以上11类之外的饼干，均属其他类。

三、饼干的特点

饼干口感酥松，水分含量少，体积轻，块形完整，易于保藏，便于包装和携带，食用方便。

第二节　饼干的制作

一、常见饼干的制作原理

（一）韧性饼干的制作原理

韧性饼干的面团是在蛋白质充分水化的条件下调制的面团。韧性面团配料中的油、糖含量低，因此，面粉中面筋容易吸水胀润，形成大量的面筋。为了防止收缩变形，在面团调制时可加定量的热水，提高面团温度，促使面筋充分胀润，同时继续搅拌，面团在和面机长时间的机械拉伸作用下，使面筋逐渐地趋于松弛状态。所以韧性面团的调制时间要长，以保证蛋白质充分胀润形成面筋后再经机械拉伸而失去筋力的时间，这样才能使调制的面团获得所要求的工艺性能。

（二）酥性饼干的制作原理

酥性饼干的酥性面团是在蛋白质部分水化条件下调制的面团。酥性面团配料中油、糖含量高于韧性面团，酥性面团的水分含量低，温度低，搅拌的时间短，有些条件都能抑制面筋的形成，从而调制成为有一定结合力，可塑性强的酥性面团。调剂酥性面团要求严格控制加水量和面团温度、搅拌时间等。反之，水量稍多于配料比，温度高于控制要求，搅拌时间稍长等都能破坏酥性的结构。

（三）发酵饼干的制作原理

发酵饼干是利用生物疏松剂——酵母在生长繁殖过程中产生二氧化碳气体，二氧化碳气体又依靠面团中面筋的保气能力而保存于面团中。二氧化碳在烘烤时受热膨胀，加上油酥的起酥效果，形成发酵饼干特别疏松的内部组织和断面具有清晰的层次结构。为了实现以上目标，这就要求调制后的发酵面团的面筋既要充分形成，具有良好的保气性能，还要有较好的延伸性，可塑性，适度的结合力及柔软、光滑的性质。

二、常见饼干的制作方法

（一）韧性饼干的制作过程

韧性饼干的制作过程包括原料混合、调制面团、滚轧整形、烘烤、冷却、包装。

1．原料混合

一般先将油、糖、乳、蛋等辅料加热水或热糖浆在和面机中搅匀，再加面粉进行面团的调制。如使用改良剂，则应在面团初步形成时（调制10分钟后）加入。然后在调制过程中分别先后加入膨松剂与香精，继续调制。前后约40分钟以上，即可调制成韧性面团。

搅拌时韧性面团的温度，冬季室温25℃左右，可控制在32～35℃，夏季室温30～35℃时，可控制在35～38℃。

2．调制面团

面团捏和至适当程度（面团的软硬因饼干种类不同而异，但大体上以人的耳垂的软硬度为适度）。韧性面团调制成熟后，必须静置10分钟以上，以保持面团性能稳定，方能进行滚轧成形操作。

3．滚轧整形

韧性饼干面团在滚轧以前，面团需要静置一段时间，目的是消除面团在搅拌期间因拉伸所形成的内部张力，降低面团的黏度与弹性，达到提高制品质量与面片工艺性能，静置时间的长短，与面团温度有密切关系，面团温度高，需要静置时间短，温度低时，静置时间长。当面团温度达到40℃，大致要静置10～20分钟。韧性面团滚轧次数，一般需要9～13次，滚轧时多次折叠并旋转90°角，通过滚轧工序以后，面团被压制成一定厚薄的面片。在滚轧过程中假定不进行折叠与90°角的旋转，则面片的纵向张力超过横向张力，成形后的饼干坯会发生纵向收缩变形。因此，当面片经数次滚轧，可将面片转90°角，进行横向滚轧，使纵横两向的张力尽可能地趋于一致，以便使成形后的饼干坯能维持不收缩、不变形的状态。

经滚轧工序轧成的面片，经各种型号的成形机制成各种形状的饼干坯。如鸡形、鱼形、兔形、马形和各种花纹图案。

4．烘烤

烤盘中应预先涂上生菜油，使盘内饼干不致互相黏结。烤前在表面喷以水雾，则制品表面可得较好的光泽，但喷水不宜过多，如不用水而代以牛奶、蛋黄、糖色液，则效果更佳。

小工厂多用固定式烤炉，大工厂多用连续式带式烤炉，饼干坯通过约为15米长的行程进行烘烤，自一端进，从另一端出，即为成品。大型烤炉可长达60米以上。也有把饼干坯直接放在钢带上进行烘烤，或将面坯排列于铁盘上连续烘烤。炉内温度前部为180～200℃，中央部分为220～250℃，后部为120～150℃，烘烤时间约为15分钟。烘烤时，通常在烘炉入口处喷以蒸汽，然后入炉由辐射加热。热量逐渐传至饼干内部，由于饼干内部温度升高而发生气体逸出，以致内部膨胀而使制品质地疏松，烘至最后全部淀粉都糊化，渐至干燥并产生均匀的棕色反应。

5. 冷却

烘烤完毕的饼干，出炉温度一般在100℃以上，质地较软，须经冷却后再行包装。在冷却过程中，随着饼干内部的温度不断下降，饼干内水分也继续蒸发。最初冷却时温差不宜过大，以免骤冷产生破裂。冷却适宜的温度为30～40℃，室内相对湿度为70%～80%。

6. 包装

冷却后的饼干须进行妥善包装，防止运输过程中发生破碎、吸湿、发霉、酸败、"走油"等，常用蜡纸、塑料袋或马口铁皮罐头等严密包装。

（二）酥性饼干的制作过程

酥性饼干的制作过程包括原料混合、调制面团、滚轧整形、烘烤、冷却、包装。

1. 原料混合

先将糖、油、乳品、蛋品、膨松剂等辅料与适量的水倒入和面机内均匀搅拌形成乳浊液，然后将面粉、淀粉倒入和面机内，调制6～12分钟。香精要在调制成乳浊液的后期再加入，或在投入面粉时加入，以便控制香味过量的挥发。

2. 调制面团

夏季因气温较高，搅拌时间缩短2～3分钟。

面团温度要控制在22～28℃。油脂含量高的面团，温度控制在22～25℃。夏季气温高，可以用冰水调制面团，以降低面团温度。

如面粉中湿面筋含量高于40%时，可将油脂与面粉调成油酥式面团，然后再加入其他辅料，或者在配方中抽掉部分面粉，换入同量的淀粉。

3. 滚轧整形

酥性面团可采用辊印成形、挤压成形、挤条成形及钢丝切割成形等多种机械生产，但一般不大使用冲印成形的方法。

酥性饼干面团滚轧的目的是要得到平整的面片，但长时间滚轧，会形成面片的韧缩。由于酥性面团中油、糖含量多，轧成的面片质地较软，易于断裂，所以不应多次滚轧，更不要进行90°转向，一般以3～7次单向往复滚轧即可，也有采用单向一次滚轧的。酥性面团在滚轧前不必长时间静置，酥性面团轧好的面片厚度约为2厘米，较韧性面团的面片为厚，这是由于酥性面团易于断裂，另外酥性面团比较软，通过成形机的轧辊后即能达到成形要求的厚度。

4. 烘烤

入烘炉后，在高温作用下，饼干内部所含的水分蒸发，淀粉受热后糊化，膨松剂分解而使饼干体积增大。面筋蛋白质受热变质而凝固，最后形成多孔性酥松的饼干成品。

酥性饼干炉温为240～260℃，烘烤3.5～5分钟，成品含水率为2%～4%。

5. 冷却

酥性饼干糖，油含量高，高温情况下即使水分很低也很软。刚出炉时，表面温度可达

180℃左右，所以特别要防止弯曲变形。烘烤完毕时饼干水分尚有8%，在冷却过程中随着温度逐渐下降，水分继续挥发，在接近室温时，水分达到最低值，稳定一段时间后，又逐渐吸收空间的水分。当室温25℃，相对湿度85%时，从出炉到水分达到最低值的冷却时间大约6分钟，水分相对稳定时间为6～10分钟，因此饼干的包装，最好选择在稳定阶段进行。

6．包装

冷却后的饼干须进行妥善包装，防止运输过程中发生破碎、吸湿、发霉、酸败、"走油"等，常用蜡纸、塑料袋或马口铁皮罐头等严密包装。

（三）发酵饼干的制作过程

发酵饼干的制作过程包括面团调制和发酵、滚轧整形、烘烤、冷却、包装。

1．面团调制和发酵

第一次调粉首先用温水溶化鲜酵母或用温水活化干酵母，然后加入到过筛后的面粉中，最后加入用以调节面团温度的温水，在卧式调粉机中调制4～6分钟。冬天使面团的温度达到28～32℃，夏天25～28℃。调粉完毕的面团送入发酵室进行第一次发酵。第一次调粉时使用的面粉，应尽量选择高筋粉。

第二次调粉是在第一次发酵好的面团（也称作酵头）中加入其余的面粉和油脂、精盐、糖、鸡蛋、乳粉等除疏松剂以外的原辅料，在调粉机中调制5～7分钟，搅拌开始后，慢慢撒入小苏打使面团的pH达中性或略呈碱性。小苏打也可在搅拌一段时间后加入，这样有助于面团光滑。第二次调粉时使用的面粉，应尽量选择低筋粉，这样有利于产品口味酥松，形态完美。调粉结束冬天面团温度应保持在30～33℃，夏天28～30℃。

第二次发酵又称为延续发酵，要求面团在温度29℃，相对湿度75%的发酵室中发酵3～4小时。

2．滚轧整形

第二次调粉是决定产品质量的关键，要求面团柔软，便于辊轧操作。发酵饼干的面团弹性较大，成形后的花纹保持能力差，一般只使用带有针孔的模具即可。

3．烘烤

当炉内饼坯温度升高到40～50℃时，碳酸氢铵和碳酸铵开始分解，饼坯温度升到60～70℃时，碳酸氢钠也开始分解。当饼坯温度达到55～80℃时，饼坯表面淀粉发生糊化，使饼坯表面产生光泽。同时，在烘烤中蛋白质失去其胶体特性而凝固，它对饼干的定型具有重要意义。

在饼干烘烤的最后阶段，当饼坯温度在150℃，含水量在13%左右、pH在6.3时，非常适宜美拉德反应的进行，使饼干表面形成棕黄色。

4．冷却

发酵饼干烘烤完毕必须冷却到38～40℃才能包装。其他要求与前述韧性饼干同。

5．包装

冷却后的饼干须进行妥善包装，防止运输过程中发生破碎、吸湿、发霉、酸败、"走油"等，常用蜡纸、塑料袋或马口铁皮罐头等严密包装。

第三节 常见饼干制作案例

1．香浓燕麦饼干

原料配方：低筋面粉100克，高乐高100克，燕麦100克，牛奶65毫升，苏打粉1克，黄油65克。

制作用具或设备：面筛，烤盘，烤箱，案板。

制作过程：

①低筋面粉和高乐高、苏打粉装在一个保鲜袋里，混合均匀。

②黄油提前放室温软化，用电动打蛋器中低速搅打3分钟左右。

③将燕麦和混合好的低筋面粉、高乐高、苏打粉加入到打发好的黄油中，用勺子略为拌匀。

④将牛奶加入，用手抓捏成饼干糊。

⑤取适量饼干糊，用手搓成小圆球，排在烤盘上。

⑥食指和中指并拢，蘸少许牛奶或者清水，把小圆球压成0.3～0.5厘米厚的圆饼。

⑦烤箱预热至180℃，烤制20分钟即可。

风味特点：色泽浅褐，酥脆香甜。

2．玫瑰花饼干

原料配方：砂糖100克，无盐黄油220克，鸡蛋2个，盐1克，低筋面粉400克，泡打粉3克，玫瑰花碎末25克，热水50克。

制作用具或设备：面筛，烤盘，烤箱，案板。

制作过程：

①玫瑰花打成碎末状，取出浸热水备用；同时，将无盐黄油室温软化；挤花袋装好备用。

②无盐黄油加糖盐搅打，然后依次加入鸡蛋继续打。

③拌入玫瑰花水。

④筛入低粉和泡打粉，拌匀即可。

⑤装入挤花袋中，在烤盘上挤出图形。

⑥入预热烤箱下层，以180℃炉温烤制20分钟左右，成金黄色即可。

风味特点：色泽金黄，花香浓郁，酥脆爽口。

3．牛奶饼干

原料配方：黄油500克，糖500克，牛奶375克，面粉750克，玉米粉250克。

制作用具或设备：面筛，裱花袋，烤盘，烤箱，案板。

制作过程：

①黄油与糖打起，逐渐加入牛奶，继续搅打均匀。

②面粉，玉米粉过筛后，加入①中调匀。

③将②装入裱花袋中，用花嘴挤成大小适中的形状于烤盘上。

④将烤盘入180℃烤箱，约10分钟即为成品。

风味特点：色泽乳白，奶味浓厚，质感香酥。

4．家常饼干

原料配方：黄油80克，糖60克，鸡蛋1个，低筋面粉180克，奶粉40克，发酵粉2克，柠檬汁3克。

制作用具或设备：面筛，烤盘，烤箱，案板。

制作过程：

①将黄油加糖用打蛋器略微打发，鸡蛋打散分3～4次加入，搅拌均匀。

②将面粉、奶粉、发酵粉过筛加入，和成面团。

③放在烤盘里，分成多个小团，压点花纹（用叉子压花，或者用粗网的筛子压花）。

④入烤箱以175℃炉温烤20分钟，喜欢颜色深的略微增加2～3分钟。

风味特点：色泽金黄，酥香宜人。

5．香草饼干

原料配方：黄油120克，细糖粉60克，鸡蛋2个，低筋面粉150克，迷迭香1克，薰衣草1克。

制作用具或设备：面筛，烤盘，烤箱，案板。

制作过程：

①将黄油软化，和糖粉放入盆中用打蛋器搅打均匀。

②加入鸡蛋搅拌均匀成糊状。

③加进过筛的面粉和成面团。

④加入切碎的香草材料拌匀。

⑤将面团擀平，再用模型压出或刻画出动物造型。

⑥放入烤箱（190℃），烤约10分钟即可。

风味特点：色泽金黄，香味浓郁，酥脆爽口。

6．动物饼干

原料配方：黄油180克，糖粉140克，鸡蛋2个，低筋面粉300克，奶粉40克，泡打粉3克。

制作用具或设备：面筛，烤盘，烤箱，案板。

制作过程：

①黄油室温软化，加入糖粉用刮刀拌一下，以免用打蛋器打发时糖外溅，用打蛋器搅打松发。

②分次加入蛋液，搅打均匀。

③加入奶粉，泡打粉和过筛的低筋面粉，用刮刀切拌均匀，冷藏松弛30分钟。

④把面团擀成5毫米厚的片，用维尼熊饼干模造型，排入烤盘。

⑤剩余的面团就直接分成10克左右的小团，滚圆，排入烤盘，用手稍压一下。

⑥烤箱170℃预热，烤10分钟，饼干上色后，关掉烤箱用余温焖5分钟左右。

风味特点：色泽金黄，造型美观，酥脆可人。

7．葱香饼干

原料配方：低筋面粉150克，脱脂牛奶90毫升，干酵母3克，葱姜蒜粉3克，盐3克，苏打粉1克，香葱碎5克，无盐黄油30克。

制作用具或设备：面筛，烤盘，烤箱，案板。

制作过程：

①将脱脂牛奶放入小汤锅中煮至微热，随后加入干酵母混合均匀。把香葱叶洗净，剁成碎末，用厨房纸巾吸干水分待用。

②在低筋面粉中加入盐、苏打粉、干香葱碎和葱姜蒜粉混合均匀，接着将混合好的酵母牛奶慢慢地加入其中并不断搅拌，和成一个完整的面团。

③将黄油加入面团中不断地揉和，直至面团变得光洁而细腻。

④将和好的面团放在案板上，用擀面杖擀成薄厚均匀的面片（约0.5厘米厚），用饼干模具将面片刻成各种形状。

⑤把多余的面片边角取下，再次揉和并重复步骤④，直至将所有面团都制成饼干坯。再用叉子在饼干坯的表面叉出小孔。

⑥最后将饼干坯整齐地放入烤盘中，互相之间要留有少许间隔，再放入预热至190℃的烤箱中部，烤制10分钟即可。

风味特点：色泽金黄，口感爽脆，葱香浓郁。

8．芝麻饼干

原料配方：黄油150克，细砂糖100克，鸡蛋50克，奶粉40克，低筋面粉300克，泡打粉1克，黑芝麻50克，白芝麻30克。

制作用具或设备：面筛，烤盘，烤箱，案板。

制作过程：

①黄油室温软化，加入砂糖搅打松发。

②分次加入蛋液打匀。

③加入奶粉，过筛的低筋面粉和泡打粉用手抓均成团，再加入芝麻抓均。

④面团分成15克的小团，搓圆压扁，排入烤盘。

⑤烤箱160℃预热，置于上层烤20～22分钟到表面略上色，即可。

风味特点：色泽微黄，芝麻味香，口感酥脆。

9．蜂蜜饼干

原料配方：低筋面粉200克，黄油25克，牛奶35克，蜂蜜35克，发酵粉3克。

制作用具或设备：面筛，烤盘，烤箱，案板。

制作过程：

①将低筋面粉放入盆内，加入发酵粉混合均匀。

②把融化的黄油放入蜂蜜中搅开，加入牛奶，倒入面粉和成面团。

③将面团擀成0.5厘米厚的片，切成正方形，用叉子扎成孔，刷上牛奶，放入烤盘内。

④放在180℃炉温下，烤15分钟，呈焦黄色即成。

风味特点：口味微甜，焦黄酥脆。

10．黄油饼干

原料配方：低筋面粉200克，盐3克，黄油120克，细砂糖40克，糖粉50克，鸡蛋1个，香草粉10克。

制作用具或设备：面筛，烤盘，烤箱，案板。

制作过程：

①低筋面粉、盐、香草粉过筛，放入盆中拌匀。

②鸡蛋打成蛋液，将糖和糖粉过筛放入蛋液中拌匀，直至糖完全融入蛋中。

③黄油放入微波炉烤10秒钟后，用手搓碎黄油，和面粉混合一起揉搓均匀。

④把蛋糖混合液倒入面粉和黄油的混合物中。

⑤动作要轻但要速度很快揉成一个面团。

⑥把面团擀成2～3毫米的面片，用模具刻出形状。

⑦烤盘刷上油，把做好造型的饼干放上面，烤箱预热至180℃，中层上下火烤15分钟。

风味特点：色泽金黄，酥脆爽口。

11．杏仁饼干

原料配方：黄油120克，白糖50克，鸡蛋1个，低筋面粉220克，泡打粉3克，小苏打2克，大杏仁50个。

制作用具或设备：面筛，烤盘，烤箱，案板。

制作过程：

①低筋面粉、小苏打和泡打粉混合过筛备用。

②烤箱预热至180℃。

③黄油和白糖放入盆里，用打蛋器打成奶油状，再加入打散的鸡蛋拌匀。

④将①放入③，搓成不粘手的面团。如果觉得面团粘手，可再补一些面粉。

⑤把④分成若干份，分别揉成小圆球，间隔2厘米摆在烤盘上，按扁，表面刷蛋液，装饰杏仁。

⑥放入预热好的烤箱烤20分钟，至饼干底变成浅棕色即可。

风味特点：色泽浅棕，造型美观，营养丰富。

12．指形饼干

原料配方：鸡蛋4个，细砂糖200克，低筋面粉280克，香草粉10克。

制作用具或设备：面筛，烤盘，烤箱，案板。

制作过程：

①将低筋面粉、香草粉过筛；然后将鸡蛋打开，分开蛋黄和蛋清，备用。

②先把蛋黄加入砂糖分量约1/3，注意蛋黄不可与空气接触太久会有结皮现象，而糖加入后也不可放置太久会让糖包住蛋黄，所以当蛋黄与糖加入后要马上打发，打发到颜色约为乳白色。

③接着打蛋白，而之前打蛋黄的搅拌机要洗干净擦干，先用搅拌机以中速把蛋白打发，大约呈现泡泡状，再把剩余的糖先加入一半分量，再开始打发约打到泡泡光亮细致，之后再加入另一半分量的糖再打发，约打发到湿性发泡略干性发泡即可。

④把之前打发的蛋黄、过筛后的面粉一起加入打发过的蛋白中，使用圆桶刮版用按压方式翻动，翻动到看不到面粉即可。

⑤面糊完成之后准备平口的裱花袋，用手把裱花袋翻开，大约用手的虎口形状撑开裱花袋，再把面糊装入袋中，装的分量依个人力气决定，面粉装袋后中间不能有空气在内，所以挤花袋两边以平压方式下压，卷起袋子用手指绕圈后握住。

⑥准备烤盘，在盘中铺上烘焙纸，开始把面糊挤出至盘中呈手指形状。注意每一个面糊的大小与距离要大约相同，送入烤箱前先在面粉上均匀撒上一些糖粉，不然烤完后孔洞会比较大。

⑦烤箱温度约180℃，烤制时间约为10分钟。

风味特点：色泽金黄，口感酥松。

13．蛋卷饼干

原料配方：低筋面粉30克，黄油50克，鸡蛋50克，糖粉30克，可可粉10克。

制作用具或设备：面筛，烤盘，烤箱，案板。

制作过程：

①黄油加糖粉隔水熔化。

②放凉后加入鸡蛋以不规则方向拌匀。

③然后筛入低筋面粉以不规则方向拌匀。

④取25克面糊，拌入可可粉。

⑤将③中的面糊摊在烤盘上，每个摊成5厘米左右的圆片。

⑥把拌了可可粉的面糊装入裱花袋，将面糊挤在圆片。

⑦烤箱预热至180℃，烤5分钟，呈金黄色，边上微微上色就可取出。

⑧用两根筷子，一根放在蛋饼上，另一个代替手快速地推蛋饼，绕着筷子卷成卷。

风味特点：色泽金黄，形状美观。

14．香草曲奇

原料配方：黄油200克，糖粉150克，鸡蛋100克，低筋面粉360克，香草粉2克。

制作用具或设备：面筛，烤盘，烤箱，案板。

制作过程：

①将黄油在室温下回软。

②然后再加鸡蛋、香草粉打散，再加入过筛后的低筋面粉，搅拌均匀。

③在烤盘均匀涂上黄油，用裱花袋装入面糊挤注成各种形状。

④烤箱预热至180℃，烤制15分钟即可。

风味特点：色泽棕黄，口感松酥。

15．朱古力曲奇

原料配方：黄油200克，鸡蛋2个，糖粉150克，低筋面粉330克，可可粉20克。

制作用具或设备：面筛，烤盘，烤箱，案板。

制作过程：

①将黄油在室温下化软，加入糖粉用打蛋器打至微黄色。

②加入鸡蛋（每次放一只，混合后再放入另一只）。

③加入已筛好的面粉及朱古力粉，轻轻搅拌均匀。

④将面团入冰箱冻硬，切片后放入烤盘。

⑤用200℃炉温烤15分钟。

风味特点：色泽浅褐，口感酥脆。

16．苹果曲奇

原料配方：苹果1个，黄油75克，红糖40克，低筋面粉75克，蛋黄1个，泡打粉1克。

制作用具或设备：面筛，煮锅，烤盘，烤箱，案板。

制作过程：

①苹果削皮去核后切小丁，烤箱预热至175℃。

②煮锅里放入25克黄油，中大火，黄油熔化后加入15克糖和苹果丁拌炒，炒至出水又干水后，转中小火再炒约5分钟至苹果丁有点黏性。

③再将苹果丁放入烤箱中烤10～15分钟，取出晾凉。

④将剩余的黄油、糖打发，加入蛋黄打匀，再加入放凉后的苹果丁和混合好的面粉、泡打粉，用切拌方式拌匀。

⑤面团搓成小球后，放入烤盘稍压扁，

⑥入烤箱以180℃炉温烤15分钟。

风味特点：色泽褐黄，香酥中带有果香。

17．英式黄油曲奇

原料配方：面粉300克，黄油200克，糖100克。

制作用具或设备：面筛，烤盘，烤箱，案板。

制作过程：

①先将烤箱预热至180℃，然后将黄油砌成约1厘米的立方体。

②把面粉和糖放入一个大碗内搅匀。

③把黄油粒放入面粉和糖的混合物中，用手指头将黄油粒搓揉，与糖和面粉混合在一起。避免用手掌，否则会令黄油熔化。

④将以上混合物搓成面团，然后平均分为2份，把每份压成一饼状，大约1.5厘米厚。

⑤用刀在饼上轻按界痕，把饼分成4或6份。

⑥用叉在饼上平均地刺孔。

⑦把饼放入烤箱，烤15分钟，或焗至淡金黄色为止。

风味特点：色泽金黄，口感酥松。

18．丹麦曲奇

原料配方：黄油100克，糖粉40克，细砂糖30克，鸡蛋35克，牛奶20克，盐1克，奶粉15克，低筋面粉125克。

制作用具或设备：面筛，烤盘，烤箱，案板。

制作过程：

①将室温软化的黄油打发，表现为颜色变浅，体积稍变大，呈羽毛状，分次加入细砂糖、糖粉、盐等材料，继续打至糖溶解。

②分次加入蛋液和牛奶，用打蛋器搅拌均匀。

③面粉与奶粉过筛后，分次加入，用橡皮刀切拌均匀，注意不要划圈搅拌。

④烤盘事先铺上烘焙纸。将面糊用裱花袋装入，挤注成形。注意每个饼干坯子之间要留出间距。

⑤放烤箱上层（或中层），以180℃炉温烤至边缘着色即可，大约需要15分钟。

风味特点：色泽金黄，酥脆香甜。

19．花香酥饼（图9-1）

原料配方：黄油140克，细砂糖100克，鸡蛋1个，低筋面粉300克，茉莉香精0.5克。

制作用具或设备：面筛，烤盘，烤箱，案板。

制作过程：

①黄油软化后，与细砂糖打至松发变白。

②蛋打散成蛋液后，加入做法①中拌匀，再筛入低筋面粉搅拌均匀。

③加入香精调匀面团，接着将面团擀平。

④将面团用保鲜膜包好，放入冰箱冷冻约15分钟，冻硬后用花形压模压出图案，约可压出30份。

⑤烤盘铺上烘焙纸，将饼干坯子排入烤盘中，再放进烤箱上层。

⑥以180℃炉温约烤20分钟即可。

风味特点：色泽金黄，花香浓郁。

20．五花饼干（图9-2）

原料配方：低筋面粉150克，黄油120克，绵白糖60克，可可粉5克，杏仁25克，鸡蛋2个，牛奶50克，香草粉2克。

制作用具或设备：面筛，烤盘，烤箱，案板。

制作过程：

①用100克面粉过筛，放在案板上，加入80克黄油，用手搓均匀。从中间扒开一个坑，放入绵白糖40克、香草粉、牛奶30克，用手搅拌混合均匀，成为奶白色的白面团。放在烤盘上，送入冰箱冷却。

②将50克面粉过筛，放在案板上，加入40克黄油，搓均匀，扒个坑，加绵白糖20克、可可粉5克、牛奶20克，搅拌均匀，成为可可色黑面团。放在盘上，送入冰箱冷却。

③将杏仁用沸水冲后浸泡5分钟，捞出，去皮，切成碎末，用温炉烘干。

④将冷却的两色面团取出，放在操作台上，分别擀成8毫米厚的面片，并用刀切成许多1厘米宽的面条。然后另取一些白色面团（用料未计入），擀成2毫米厚的面片，把面片的一端用刀切齐，面片上刷鸡蛋液，把切好的8毫米厚、1厘米宽的黑白两种颜色的面条，交错着（白、黑、白）并排码上三根。再刷一层蛋液，码上第二层（黑、白、黑）。刷上蛋液再码第三层（白、黑、白）。再刷上蛋液。随后用2毫米厚的面片将码齐的三层面条裹上，裹严，成为截面28毫米×34毫米的长方体面辊。裹好后，在外围刷一层蛋液，沾上一层碎杏仁，送入冰箱冻硬后取出。

⑤将面棍躺放在案板上，用刀切成5毫米厚的小片，间隔一定距离，摆在铁烤盘上。

⑥送入200℃烤炉，大约10分钟烤熟出炉。

风味特点：酥脆香甜，表面有黑白相交错的美丽图案，兼有杏仁和巧克力香味。

第四节　饼干的质量鉴定与质量分析

一、饼干的质量鉴定标准

1．色泽
色泽均匀一致，无斑点；表面无白粉，不应有过焦或过白现象。

2．形态
外形完整，花纹清晰，不变形，无裂痕，大小、厚薄一致。

3．内部组织
组织酥松，无大气孔，无面粉、糖、蛋等疙瘩，无生心，无杂质。

4．口味

香酥可口，甜度适中，无异味。

5．规格

根据顾客的需要而定。

6．卫生

内外无油泥，无杂质，底无烟渣。

二、饼干的质量分析与改进措施

1．饼干外表部分

（1）案例　表面颜色太深

原因分析：

①配方内糖的用量过多或水分用量太少。

②烤炉上火温度太高。

改进措施：

①检查配方中糖与水的用量。

②降低烤炉上火温度。

（2）案例　表面有斑点

原因分析：

①面糊调制不均匀。

②面糊内水分不足。

③糖的颗粒太粗，未能及时溶解。

改进措施：

①原料要调制均匀，无硬心，无疙瘩。

②注意制品的配方平衡。

2．饼干内部部分

（1）案例　内部粗糙、质地不均匀

原因分析：

①面糊调制不均匀。

②配方内糖、油等用量太多。

③水分用量不足，面糊太干。

④烤炉温度太低，导致烤制时间延长。

⑤糖的颗粒太粗，未能及时溶解。

改进措施：

①调整面糊的配方。

②掌握面糊的调制方法。

③尽量使用颗粒细小的绵白糖。

（2）案例　口感韧性太艮

原因分析：

①配方中油脂使用太少。

②面粉面筋筋性过强。

③面糊搅拌过度。

④烤炉温度太高，水分挥发太快。

改进措施：

①调整饼干配方，选用低筋面粉。

②选用合适的面糊搅拌方法。

③合理确定饼干的烘烤温度。

3．饼干整体部分

（1）案例　味道不正

原因分析：

①原料选用不当或不够新鲜。

②原料配方不平衡。

③烤盘不清洁，烤箱有味道。

④存放制品的架子、案板等不清洁。

改进措施：

①注意选用新鲜原料。

②改善饼干的配方。

③应及时注意用具和设备的保洁。

（2）案例　煳底煳边

原因分析：

①配方中糖的用量过大。

②配方中油脂的用量过大。

③烘烤的温度过高。

改进措施：

①调整配方内的糖和油的用量。

②确定合适的烤制温度。

（3）案例　形状不整

原因分析：

①配方中油脂的用量过大。

②挤注不均匀。

③模具花纹不清晰。

④码盘时走形。

改进措施：

①调整配方内油脂的用量。

②选择合适的裱花袋，用力均匀挤注。

③选用花纹清晰的模具。

④手工码盘时要留有一定的空间，轻拿轻放。

1. 饼干的概念是什么?
2. 饼干的种类有哪些?
3. 饼干的特点有哪些?
4. 简述韧性饼干的制作原理。
5. 简述酥性饼干的制作原理。
6. 简述发酵饼干的制作原理。
7. 饼干的质量鉴定标准有哪些?

第十章
CHAPTER 10
泡芙、布丁、舒芙蕾制作工艺

第一节　泡芙制作工艺

一、泡芙概述

1．泡芙的概念

泡芙又称"气鼓"或"哈斗"，是西点中常见品种，它的制作工艺较其他类点心特殊，是用烫制面团制成的一类点心。制作时先用沸腾的油水烫面，再加入较多的鸡蛋搅打成膨松的面糊，因充分借助于鸡蛋的发泡力，烘烤时制品体积有较大的膨胀，同时在制品内部形成较大的孔洞结构。

2．泡芙的种类

泡芙类点心也有多种，它们均是在泡芙面团基础上，通过成形、烘烤、装饰等制作过程形成的。一般常见的品种有：奶油泡芙（Cream puff），鸭形泡芙（Duck cream puff）和长形泡芙（Éclair）。

3．泡芙的特点

泡芙具有色泽金黄，外表松脆，体积膨大，其风味主要取决于所填装的馅料。

二、泡芙的制作

1．泡芙的制作原理

泡芙面团起发的原因，是由面团中各种原料性质和特殊的工艺方法决定的。泡芙面团的基本用料是面粉、黄油、盐和液体原料（水或牛奶）。当液体原料与黄油、盐煮沸烫面粉时，面粉中淀粉吸水膨胀、糊化、蛋白质变性，形成柔软、无筋力、韧性差的面团。但面团晾凉后，不断搅打加入的鸡蛋，使面团充入大量气体。当面团成熟时，面团中蛋白质、淀粉凝固，逐渐形成泡芙制品的"外壳"，而内部，随着温度的升高，气体膨胀，并逐渐充满正在起发的面团内，使制品膨大，同时又由于此面团属于无筋性面团，因此，成熟的制品具有中空，外酥脆的特点。

2．泡芙的制作程序

（1）煮面糊　水加油煮开，一边搅一边加入粉，煮至完全糊化。

（2）打面糊　煮好的面糊放在搅拌机内搅至冷却为60℃左右，再分次分批加入鸡蛋充分搅拌，然后分次分批加入水。

（3）成形　用裱花袋装入面糊，挤注成形。

（4）成熟　烘烤，用中上火，也可以用油锅炸熟，油温是190℃。

（5）装饰　成品切开用奶油膏装饰；如炸的成品，则用果酱、糖浆、糖粉或奶粉装饰。

三、泡芙的成熟方法

泡芙点心的成熟，以烘烤为多见，也有炸制而成的。

四、泡芙的装饰设计

泡芙类点心的风味由所填馅料决定，其装饰无固定要求，可随意变化，常见的装饰料有糖粉、巧克力、方登、各种鲜果等。圆形的泡芙一般在底部或旁边捅一个洞，把馅心灌进空心里，表面用糖粉或巧克力装饰。长形的泡芙一般用刀一剖为二，留少许部位连着，把馅心如鲜奶油、蛋黄忌廉等裱在中间，表面用糖粉装饰。油炸的泡芙装饰一般用果酱、鲜奶油、和糖粉等。

五、泡芙制作的一般要求

（1）面粉要过筛，以免出现面疙瘩。

（2）面团要烫熟，烫透，不要出现煳底现象。

（3）每次加入鸡蛋后，面糊必须均匀搅拌上劲，以免起砂影响质量。

（4）制品成形时，要规格一致。且制品间要留有一定距离，以防烘烤涨发后粘连在一起。

（5）正确控制炉温和烘烤时间，同时在烘烤过程中不要中途打开烤箱门或过早出炉，以免制品塌陷，回缩。

（6）掌握好炸泡芙的油温，油温过低起发不好；油温过高，色深而内部不熟。

（7）若使用方登、巧克力作为装饰料时，要严格掌握溶解方法和温度，以保持制品表面的光亮度。

六、泡芙的制作案例

1．鸭形泡芙

原料配方：面粉800克，水1000克，黄油500克，盐5克，鸡蛋800克，糖10克。

制作用具或设备：面筛，烤盘，烤箱，案板。

制作过程：

①制泡芙糊：将水，黄油，糖，盐放容器中上火煮沸，倒入过筛面粉，烫熟。待面团稍凉，逐渐加入鸡蛋搅打直至成泡芙糊。

②挤形：将①装入直径5毫米圆嘴布袋中，挤鸭头形于擦油的烤盘上，入160℃烤箱烤熟。然后，把剩余面糊装入直径1厘米花嘴的布袋中，挤鸭身，入200℃烤箱烤熟。

③将鲜奶油打起备用。

④装饰成形：将鸭身高度的1／3处平行片成两块，底部2／3处为鸭身，上部1／3处再分为鸭翅膀。然后，把③挤入鸭身，插上翅膀，再把鸭头插在鸭身前面。最后撒糖粉于制品表面，即为成品。

风味特点：色泽金黄，形态逼真，口味香甜，口感脆糯。

2．巧克力奶油泡芙（图10-1）

原料配方：黄油50克，水60克，牛奶40克，盐1.5克，砂糖5克，高筋粉50克，鸡蛋2个，装饰用黑巧克力20克，糖霜10克，鲜奶油200克。

制作用具或设备：面筛，烤盘，烤箱，案板。

制作过程：

①将牛奶、水、盐、砂糖和黄油放入锅中，放在火上加热至沸腾，搅拌均匀。

②将面粉过筛后一次性加入，搅拌均匀。

③转小火，继续搅拌，当锅底出现白色膜时，离火搅拌。

④等面糊温度降至60℃左右时，将打散的鸡蛋分次加入，搅打均匀。

⑤烤盘上放烘焙纸，将面糊放入裱花袋中，在烤盘中挤出一个个圆球。

⑥放入烤箱，以200℃炉温烤20～25分钟，注意观察，变色后关火，再放置5分钟取出。

⑦鲜奶油打发，用细长金属管的裱花嘴将鲜奶油从泡芙的底部挤入泡芙内。

⑧黑巧克力隔水加热熔化，用烘焙纸做成漏斗状，将巧克力液装入漏斗，挤在泡芙上装饰，再撒上糖霜即可。

风味特点：色泽鲜艳，口感松软，口味香甜。

3．巧克力泡芙

原料配方：泡芙面糊600克，巧克力750克，蛋黄130克，砂糖150克，玉米粉20克，面粉20克，牛奶500克。

制作用具或设备：面筛，烤盘，烤箱，案板。

制作过程：

①调泡芙糊：同鸭形泡芙制法。

②挤形烘烤：将泡芙糊装入花嘴的布袋中，在擦油的烤盘上挤长约5厘米，直径1.5厘米的圆柱形。入200℃烤箱烤熟。待制品冷却，从制品侧面片一长口备用。

③调巧克力酱：a.将蛋黄与砂糖、玉米粉、面粉调匀。b.牛奶与500克巧克力加热煮沸，倒入①，边倒入边搅拌，直至搅拌成稠糊状，即成巧克力酱。

④将③装布袋挤入②中。

⑤剩余250克巧克力用"双煮法"熔化后粘在④的制品表面（此制品也可粘可可粉与翻砂糖调制的巧克力翻砂糖酱）。

风味特点：表面有光泽，外形整齐，有浓郁的巧克力味。

4. 脆皮抹茶泡芙

原料配方：高筋面粉100克，细砂糖60克，奶油50克，泡芙面糊600克，抹茶蛋奶馅250克。

制作用具或设备：面筛，烤盘，烤箱，裱花袋，案板。

制作过程：

①调泡芙糊：同鸭形泡芙制法。

②将高筋面粉、细砂糖、奶油等拌匀成团后放入冰箱冷藏，冰硬备用。

③将②中面团从冰箱取出，用切刀切碎即为脆皮。

④将泡芙面糊装入裱花袋中，把裱花袋捏紧，挤掉面糊中的空气，再将袋口绕圈般绕在右手食指上。

⑤在烤盘上每距离相等间隔，一口气挤出一团面糊。

⑥将做法③的脆皮撒在做法④的每个面糊上，再在表面喷洒水气。

⑦以180～220℃烤温烤约25～35分钟，即可取出放凉备用。

⑧将冷却后的泡芙从顶部用裱花袋填入抹茶蛋奶馅即可。

风味特点：色泽金黄，口味松软。

5. 砂糖泡芙

原料配方：鸡蛋50克，富强粉50克，黄油25克，水60克，砂糖50克，柠檬香精0.5克。

制作用具或设备：面筛，烤盘，烤箱，案板。

制作过程：

①制作中先把水和油烧开，接着下面搅拌，然后与火隔开，不需继续加温，陆续放鸡蛋成浆糊状即可。

②用裱花袋装上嘴子挤各种形状，然后表面撒满砂糖。

③用280℃左右炉温烤至产品呈金黄色，表面有裂纹，烤出后体积膨胀3倍。

风味特点：表面乳白色，底部呈金黄色，酥脆香甜，内部呈小蜂窝状。

6. 网红闪电泡芙

原料配方：

泡芙坯体：黄油100克，低筋面粉160克，鸡蛋6个，牛奶130克，水120克，糖10克，盐2克。

馅心：香草奶油馅350克。

表面淋饰：白巧克力75克，烤脆的花生碎或杏仁碎150克。

制作用具或设备：电磁炉，面筛，烤盘，烤箱，案板，裱花袋，裱花嘴。

制作过程：

①黄油室温软化后加入牛奶、水、盐、细砂糖；放电磁炉上中火加热至糖、黄油熔化，煮至沸腾。

②煮沸后转小火，立刻加入过筛的低粉，搅拌均匀后立即离火，将面粉烫熟。

③鸡蛋打散并搅拌成蛋液，待面糊冷却后分三次依次加入面糊中，搅拌均匀后再加入下一次。

④搅拌到用刮刀挑起面糊，呈倒三角形状，并保持形状不会掉落即可。

⑤将8齿的裱花嘴装入一次性裱花袋，然后将面糊倒入裱花袋中，挤出长条手指状，注

意收尾的时候往上提一下。

⑥放入预热好的烤箱，先用上下火200℃高温烤10分钟，使泡芙成形，再转170℃烤10分钟。

⑦待泡芙凉了以后从底部挤入冰好的香草奶油馅；白巧克力隔水熔化后涂抹在泡芙表面，撒上烤脆的花生碎或杏仁碎即可。

风味特点：色泽浅黄，外脆内凉。

七、泡芙的质量鉴定与质量分析

（一）泡芙的质量标准

（1）色泽　金黄一致。

（2）形态　端正，大小一致，不歪斜。内部组织无面筋网络，无生心，无杂质。

（3）口味　松香。

（4）口感　酥软细腻。

（二）泡芙的质量分析与改进措施

1．泡芙外表部分

（1）案例　表面颜色太深

原因分析：

①配方内糖的用量过多或水分用量太少。

②烤炉上火温度太高。

③烤制时间略长。

改进措施：

①检查配方中糖与水的用量。

②降低烤炉上火温度。

③缩短烤制时间。

（2）案例　表面有斑点

原因分析：

①面糊调制不均匀。

②面糊内水分不足。

③糖的颗粒太粗，未能及时溶解。

改进措施：

①原料要调制均匀，无硬心，无疙瘩。

②注意制品的配方平衡。

2．泡芙内部部分

案例　内部粗糙、质地不均匀

原因分析：

①面糊调制不均匀，没有搅打起泡。

②水分用量不足，面糊太干。

③烤炉温度太低，导致烤制时间延长。

改进措施：

①调整面糊的配方。

②掌握面糊的调制方法，充分搅打。

③掌握烤制温度与时间。

3．泡芙整体部分

（1）案例　味道不正

原因分析：

①原料选用不当或不够新鲜。

②原料配方不平衡。

③烤盘不清洁，烤箱有味道。

④存放制品的架子、案板等不清洁。

改进措施：

①注意选用新鲜原料，例如：鸡蛋一定要新鲜。

②改善泡芙的配方。

③应及时注意用具和设备的保洁。

（2）案例　形状不整

原因分析：

①配方中油脂的用量过大。

②面团没有搅打起泡，挤注不均匀。

③码盘时走形。

改进措施：

①调整配方内油脂的用量。

②选择合适的裱花袋，用力均匀挤注。

③码盘时要留有一定的空间，轻拿轻放。

第二节　布丁制作工艺

一、布丁概述

（一）布丁的概念

布丁是英文PUDDING的译音。它是另一种英国的传统食品。据说是从古代用来表示掺有血的香肠的"布段"所演变而来的，今天以蛋、面粉与牛奶为材料制造而成的布丁，是由当时的撒克逊人所传授下来的。中世纪的修道院则把"水果和燕麦粥的混合物"称为"布丁"。而在16世纪伊丽莎白一世时代，布丁则是由肉汁、果汁、水果干及面粉一起调配制作而成的。17世纪和18世纪的布丁是用蛋、牛奶以及面粉为材料来制作。

综上所述，布丁是以黄油、鸡蛋、白糖、牛奶等为主要原料，配以各种辅料，通过蒸或烤制而成的一类柔软的点心。

（二）布丁的种类

布丁的品种很多，分类方式有几种。根据制作布丁的原料可分为黄油布丁和格司布丁两种；按照食用时的温度可分为热布丁和冻布丁两大类；按照成熟的方法不同分为蒸制布丁、烤制布丁以及同时蒸烤的布丁等。其中黄油布丁还可以根据添加辅料的不同又可以分为很多种，其命名方法可根据添加的主料、口味或色彩等来进行命名，例如双色布丁、香蕉布丁、焦糖格司布丁等。

（三）布丁的特点

布丁的最大特点就是柔软适口，嫩滑香浓。以焦糖布丁为例：当用牙签把布丁轻轻从模具中分离时，有一种"晃动"的触感，晃动盘子，布丁随之抖动；食用时嫩滑的布丁入口即化，似乎要顺喉而下，再配上焦糖略苦的独特气息，让布丁的甜味变得丰富醇厚。

布丁一般用于午、晚餐点心。热布丁常用于冬季，冻布丁用于夏季。

二、布丁的制作方法

布丁的制作主要通过将鲜奶油、牛奶、鸡蛋或面粉等原料通过一定的工艺手段搅拌均匀，然后装入模具，或蒸或烤；在加热的过程中，鸡蛋发生凝固作用（同时淀粉发生糊化作用），使布丁形成一个质地均匀的糕体，成熟后脱模，热食冷食皆可，也可配上调味汁佐味。

三、布丁的成熟方法

布丁的成熟方法主要有蒸制、烤制以及同时蒸烤等几种。

四、装盘与装饰

布丁的装饰无固定要求，可随意变化，常见的装饰料有各种调味汁、各种鲜果等。

五、布丁的制作案例

1．蜜糖布丁

原料配方：鸡蛋5个，白糖25克，牛奶200毫升，香草香精1滴。

制作用具或设备：面筛，烤盘，烤箱，案板。

制作过程：

①鸡蛋加白糖用直形打蛋器轻轻搅匀，不要像打蛋糕一样地用力打，否则打出气泡，布丁蒸好了就会有小洞洞。

②加入牛奶及香草香精拌匀，轻轻舀在12个布丁模具中。

③蒸笼锅装水煮沸后，把布丁一个一个排入，用极小的火蒸40分钟。

④蒸好后倒扣碟中，淋上一点焦糖蜜，趁热进食。

风味特点：色泽淡黄，鲜嫩可口。

2．焦糖布丁

原料配方：细砂糖230克，热水35克，鲜奶600克，香草粉1克，鸡蛋300克，盐1克，白兰地酒15克。

制作用具或设备：面筛，烤盘，烤箱，案板。

制作过程：

①将100克的细砂糖放入锅中，不断搅拌煮至完全溶化，期间不停搅拌，直至熬成黄褐色，趁热平均装入内壁抹好黄油的布丁模具中。

②鸡蛋打散（不要打发），加入香草粉、盐及白兰地酒拌匀。

③将鲜奶用细砂糖加温至糖溶解（约50～60℃），加入蛋液中拌匀后，过滤，平均装入布丁模具中（如有残留的气泡可以用牙签捅碎）。

④烤盘底部加温水，炉温150～170℃，烤30～35分钟即可。

风味特点：松软可口，嫩滑香甜。

3．黄油布丁

原料配方：黄油300克，砂糖300克，鸡蛋6个，面粉400克，牛奶150克。

制作用具或设备：面筛，烤盘，烤箱，案板。

制作过程：

①将黄油在室温下化软，加入砂糖搅打膨松。

②分次加入鸡蛋搅打均匀。

③分次加入过筛后的面粉切拌均匀。

④最后加入牛奶拌匀。

⑤将面糊装入抹上黄油的布丁模具中，装六成满。

⑥将布丁模具排入蒸笼，旺火蒸20分钟即可。

风味特点：色泽浅黄，口感松软，口味香甜。

4．葡萄干布丁

原料配方：黄油150克，牛奶400克，鸡蛋400克，面粉200克，玉米粉20克，砂糖300克，葡萄干75克，香草粉2克，发酵粉3克。

制作用具或设备：面筛，烤盘，烤箱，案板。

制作过程：

①将葡萄干去蒂洗净，用温水泡软待用。

②将面粉过筛，放入缸内，加砂糖（200克），蛋黄（100克），牛奶（150克），用木铲搅匀，再将软化的黄油倒入，加发酵粉及香草粉，一块搅匀。

③将蛋清（150克）用打蛋器抽起，与和好的面糊混合，加入泡软的葡萄干搅匀，装入事先抹好黄油的布丁模子，装八成满，上笼蒸约半小时取出（不要在中途掀锅）。

④将其余的砂糖，牛奶入锅上火煮开，把玉米粉、蛋黄（80克）放少许凉水澥开，与香草粉倒入锅中搅成汁。

⑤上桌时，将布丁扣入盘内，浇上汁即成。

风味特点：色泽浅黄，味道甜香，宜热食。

5．面包苹果布丁

原料配方：面包100克，苹果100克，白糖175克，鸡蛋100克，牛奶100克，香草香精

0.5克。

制作用具或设备：面筛，烤盘，烤箱，案板。

制作过程：

①先将40克白糖放入锅内，干炒成浅褐色，趁热倒入模具或茶碗内（铺模子底一层）。

②将面包切去外壳，然后切方丁（烘或炸干更佳），放入盆内，加上去了皮、籽并且成丁的苹果，拌匀后，装入铺有糖底的模具内。

③将鸡蛋磕入盆内，加白糖、香草香精、牛奶搅拌均匀，注入装有面包丁和苹果丁的模具内。

④放入蒸笼或蒸箱蒸约20分钟取出，凉后将布丁扣入盘中央，即可食。

风味特点：质地柔软，香甜可口。

6．黄桃布丁（图10-2）

原料配方：鸡蛋1个，蛋黄1个，牛奶100克，鲜奶油100克，黄桃罐头150克，白吐司2片，糖40克，柠檬汁10克，椰蓉10克。

制作用具或设备：面筛，烤盘，烤箱，案板。

制作过程：

①把白吐司片的边皮切掉，然后再切成小丁；黄桃沥掉汁水切丁。

②把牛奶和鲜奶油混合后加入糖，小火煮至糖溶化后离火晾凉。

③全蛋和蛋黄搅拌均匀，加入柠檬汁和晾凉的牛奶鲜奶油混合液，拌匀。

④把蛋液过滤后，加入黄桃丁和吐司丁，稍搅拌后装入小布丁杯中约七分满，撒少许椰蓉，放进预热至200℃的烤箱中，烤15分钟左右。

风味特点：色泽浅黄，口感松软，具有黄桃的香气。

六、布丁的质量鉴定与质量分析

（一）布丁的质量标准

（1）色泽　嫩黄一致。

（2）形态　形状完整，大小一致，不坍不塌。内部组织细腻爽滑，无生心，无杂质。

（3）口味　香甜适度。

（4）口感　爽滑细腻。

（二）布丁的质量分析与改进措施

1．布丁外表部分

（1）案例　表面颜色太深

原因分析：

①配方内糖的用量过多或水分用量太少。

②烤炉上火温度太高。

③烤制时间略长。

改进措施：

①检查配方中糖与水的用量。

②降低烤炉上火温度。

③缩短烤制时间。

（2）案例　表面有斑点

原因分析：

①蛋糊调制不均匀。

②蛋糊内水分不足。

③糖的颗粒太粗，未能及时溶解。

改进措施：

①原料要调制均匀，无硬心，无疙瘩。

②注意制品的配方平衡。

2．布丁内部部分

案例　内部粗糙、起孔

原因分析：

①蛋糊调制不均匀，搅打过度起泡，而且没有用细筛过滤。

②牛奶或水分用量不足，蛋糊太干。

③烤炉温度太低，导致烤制时间延长。

改进措施：

①调整蛋糊的配方。

②掌握蛋糊的调制方法，搅拌均匀。

③掌握烤制温度与时间。

3．布丁整体部分

（1）案例　味道不正

原因分析：

①原料选用不当或不够新鲜。

②原料配方不平衡。

③烤盘不清洁，烤箱有味道。

④存放制品的架子、案板等不清洁。

改进措施：

①注意选用新鲜原料，例如：鸡蛋一定要新鲜。

②改善布丁的配方。

③应及时注意用具和设备的保洁。

（2）案例　形状不整

原因分析：

①配方中水分或牛奶的用量过大。

②烤制程度不够，甚至没熟。

③脱模时粘连。

改进措施：

①调整配方内水分或牛奶的用量。

②掌握合适的烤制温度和时间。

③脱模时动作要小心谨慎。

第三节　舒芙蕾制作工艺

一、舒芙蕾概述

（一）舒芙蕾的概念

舒芙蕾是英文Souffle的译音，又译成沙勿来、苏夫利、梳乎厘等。有冷食和热食两种。热的以蛋白为主要原料，冷的以蛋黄和奶油为主要原料，是一种充气量大，口感松软的点心。常用作晚餐点心或宴会点心。

（二）舒芙蕾的种类

舒芙蕾的品种很多，通常按照食用的温度不同可分为热舒芙蕾和冻舒芙蕾；还有一种分法是根据选料的不同可分为：蛋黄舒芙蕾、奶油舒芙蕾、巧克力舒芙蕾、香蕉舒芙蕾等。

（三）舒芙蕾的特点

舒芙蕾的特点是松软香甜，像棉花一样轻松。其主要原料比较简单，有面粉、牛奶、糖、鸡蛋等。其中对制作舒芙蕾起主要作用的原料是打发的蛋清；配料及调料有各种甜酒、香精、巧克力、水果及杏仁粉等。随着配料的变化，舒芙蕾可以变化为巧克力舒芙蕾、香蕉舒芙蕾等。

二、舒芙蕾的制作方法

舒芙蕾是一种高级松软的点心，制作技术要求比较高，大都用于晚餐的点心，或作为宴会的点心，有时也做午餐点心。

舒芙蕾上桌时，通常是一客一份，但有时候舒芙蕾也可以多客一份。

舒芙蕾制作通常选用面粉加糖和牛奶，加热后调配成厚面糊，最后加入打发的蛋清，轻轻拌和均匀，装入涂了一层黄油的舒芙蕾焗盅内，放入烤箱烘烤至金黄色成熟即可。

舒芙蕾制作时要准确掌握火候、时间，速度要快，西点师与服务员配合要好，取出后通常撒上糖粉，另外单跟沙司，立即上桌。时间过长，舒芙蕾就会回瘪。回瘪的原因是舒芙蕾在烘烤过程中，蛋白的间隙充满了热空气，取出后，温度急剧下降，空气压力减小，下面已膨胀的气孔，无法承受上面的压力，导致回瘪。

三、舒芙蕾的成熟方法

舒芙蕾的成熟方法主要是焗，利用烤箱中的热量将半成品烘烤成熟。焗舒芙蕾的模有金属的、玻璃的和陶瓷的，其中陶瓷模具用得最为广泛。

四、装盘与装饰

舒芙蕾的装盘主要使用焗盅，装饰主要是在从烤箱取出时，在舒芙蕾表面撒上糖粉或者刷上一层糖油，立即上桌。另外可以单跟鲜奶油，其他水果沙司、巧克力沙司等。

五、制作案例

1. 舒芙蕾

原料配方：蛋清2个，蛋黄1个，白砂糖30克，黄油10克，低筋面粉10克，牛奶90毫升。

制作用具或设备：面筛，焗盅，烤盘，烤箱，案板。

制作过程：

①将低筋面粉过筛，然后将黄油、蛋黄、牛奶、白砂糖10克、低筋面粉，混合均匀，加热黏稠离火，晾凉备用。

②蛋清加20克白砂糖，用搅拌机打发。

③蛋清糊和面糊用切拌法混合均匀。

④焗盅刷色拉油，再在内壁上均匀地刷上白砂糖。

⑤将面糊倒入焗盅，至八分满。

⑥烤箱预热200℃，烤15分钟，出炉后撒上糖粉。

风味特点：色泽浅黄，口感柔软，口味香甜。

2. 冻舒芙蕾

原料配方：砂糖450克，水240克，鸡蛋10个，打发奶油650克，朗姆酒200克，水果泥350克。

制作用具或设备：煮锅，搅拌机，冰箱，焗盅，案板。

制作过程：

①将砂糖和水放入煮锅，煮至糖和水成为光滑的糖油为止。

②将蛋清打发，然后慢慢加入热的糖油，边加边不停地搅打，直至混合物冷却为止。

③把打发奶油、朗姆酒、水果泥与②中混合物搅拌均匀。

④取出20个舒芙蕾焗盅，把剪好的纸条（宽度超过2.5厘米）刷上一层油，圈在舒芙蕾焗盅的内圈，要求高出焗盅边缘2.5厘米。

⑤将③中做好的膏状物倒入舒芙蕾焗盅内，高度正好与纸相平，装完后放入冰箱冷冻。

⑥食用前，从冰箱取出，让其稍稍解冻，去掉纸圈，表面撒上一层巧克力粉或可可粉即可。

风味特点：清凉爽口，润滑松软香甜。

3. 朱古力舒芙蕾

原料配方：蛋黄2个，全脂牛奶150毫升，砂糖40克，黄油20克，可可粉15克，蛋清3个，低筋面粉10克。

制作用具或设备：面筛，煮锅，烤盘，烤箱，焗盅，案板。

制作过程：

①预热烤箱200℃。

②将蛋黄、牛奶（50毫升）、砂糖20克、可可粉、低筋面粉顺序加入煮锅内煮至稠。

③然后加入余下的牛奶搅匀。

④加入黄油以慢火煮溶。

⑤另外，准备一个干净大碗，将蛋清打至起泡，再加入20克砂糖打至硬性发泡。

⑥蛋清糊加入朱古力糊中切拌均匀，倒入内壁涂上黄油的焗盅，入炉烤约15分钟，

即成。

风味特点：色泽浅褐，口感松软。

4．橙香舒芙蕾

原料配方：低筋面粉10克，砂糖40克，黄油20克，蛋清3个，蛋黄2个，牛奶180毫升，果粒橙40毫升。

制作用具或设备：面筛，煮锅，烤盘，烤箱，焗盅，案板。

制作过程：

①将牛奶、橙汁、蛋黄、20克砂糖、低筋面粉，全放到煮锅中，搅拌均匀。

②把锅放炉子上小火加热，一边加热一边搅以免糊锅，搅成稀面糊。

③关火，加入黄油搅匀。

④烤箱预热至200℃；焗盅内涂上黄油备用。

⑤将三只蛋清打发，把三分之一的蛋清糊加到刚才的面糊上，拌匀。

⑥将拌好的面糊全部倒进剩下的蛋清糊中拌匀。

⑦将面糊倒入焗盅至八分满。

⑧放入烤箱，烤15分钟即可。

风味特点：色泽浅黄，口感松软香甜。

六、舒芙蕾的质量鉴定与质量分析

（一）舒芙蕾的质量标准

（1）色泽　颜色一致。

（2）形态　形状完整，大小一致，不坍不塌，不稠不稀。内部组织细腻，无生心，无杂质。

（3）口味　香甜适度。

（4）口感　嫩滑细腻。

（二）舒芙蕾的质量分析与改进措施

1．舒芙蕾外表部分

案例　表面颜色太深

原因分析：

①配方内糖的用量过多；或水分用量太少太干。

②烤炉上火温度太高。

③烤制时间略长。

改进措施：

①检查配方中糖与水、鸡蛋的用量。

②降低烤炉上火温度。

③缩短烤制时间。

2．舒芙蕾内部部分

案例　内部粗糙起孔、坍塌干瘪

原因分析：

①蛋糊或面糊调制不均匀，搅打过度起泡。

②牛奶或水分用量不足，蛋糊、面糊太干。

③烤炉温度太低，导致烤制时间延长。

改进措施：

①调整蛋糊或面糊的配方。

②掌握蛋糊或面糊的调制方法，搅拌均匀。

③掌握烤制温度与时间。

3．舒芙蕾整体部分

（1）案例　味道不正

原因分析：

①原料选用不当或不够新鲜。

②原料配方不平衡。

③烤盘或蒸笼不清洁，烤箱或蒸箱有味道。

④存放制品的架子、案板等不清洁。

改进措施：

①注意选用新鲜原料，例如：鸡蛋一定要新鲜。

②改善舒芙蕾的配方。

③应及时注意用具和设备的保洁。

（2）案例　形状不整或不泡

原因分析：

①配方中水分或牛奶的用量过大，鸡蛋用量少。

②烤制程度不够，甚至没熟。

改进措施：

①调整配方内水分或牛奶、鸡蛋的用量。

②掌握合适的烤制温度和时间。

? 思考题

1. 简述泡芙的概念、种类、特点和制作原理。

2. 简述泡芙的制作程序。

3. 简述泡芙制作的一般要求。

4. 简述泡芙的质量标准有哪些。

5. 简述布丁的概念、种类和特点。

6. 简述布丁的质量标准有哪些。

7. 简述舒芙蕾的概念、种类和特点。

8. 简述舒芙蕾的质量标准有哪些。

第十一章 司康、巴恩制作工艺

CHAPTER 11

司康（Scone）、巴恩（Bun）属于化学膨松类点心，外观看起来像面包，但它的膨松主要依赖于化学膨松剂，即泡打粉。司康质地较松软，接近于面包；巴恩加有较多的蛋、油脂和糖，质地软实，接近于蛋糕。

第一节　司康制作工艺

一、司康的概念

司康（Scone），又称英式快速面包（Quick Bread），它的名字是由苏格兰皇室加冕的地方，有一块历史长久并被称为司康之石（Stone of Scone）或命运之石（Stone of Destiny）的石头而来的。

二、司康的种类和特点

传统的司康是塑成三角形，以燕麦为主要材料，将米团放在煎饼用的浅锅中烘烤。而流传到现今面粉成了主要材料，而且像一般面食一样是以烤箱烘烤，形状也不再是一成不变的三角形，可以做成圆形、方形或是菱形等各式形状。司康可以做成甜的口味，也可以做成咸的口味，除了可以作为早餐，也可以当成点心。司康非常适合撒上糖粉、涂抹上果酱或者奶酪，配着红茶享用。

司康一般采用中筋面粉，在制作加有酵母的发酵面团时，也可用高筋面粉。油脂可选择奶油、人造奶油、其他动物油脂或植物油等。可用少量蛋，或不用蛋。用牛奶、甚至酸奶。一般用磷酸型泡打粉。部分泡打粉还可用酵母代替，并在烘烤前给予一定时间的发酵和醒发。

三、司康的制作方法

1．甜司康

原料配方：面粉500克，砂糖150克，鸡蛋3个，泡打粉20克，黄油150克，牛奶250毫升。

辅料：鸡蛋液25毫升。

制作用具或设备：案板，面筛，擀面杖，烘焙纸，平口圆印模，烤箱，烤盘，羊毛刷。

制作过程：

①面粉过筛，加入泡打粉，放在案板上，扒一窝塘。

②将黄油化开；鸡蛋打散，加牛奶搅匀。

③将化开的黄油、砂糖、牛奶、鸡蛋糊倒入面粉里，慢慢揉拌均匀，即成司康坯料。

④用擀面杖将坯料擀成1厘米厚的片，再用一只直径5厘米的平口圆印模，压成圆形司康。

⑤烤盘上铺上烘焙纸，再将司康放入烤盘，饼表面刷上少许打散的蛋液，送入烤箱内以180℃炉温烤15分钟，焗黄焗熟即成。

风味特点：色泽金黄，外酥内软。

2．咸司康

原料配方：面粉500克，砂糖75克，鸡蛋4个，泡打粉20克，黄油150克，牛奶250毫升，盐10克。

辅料：鸡蛋液25毫升。

制作用具或设备：案板，面筛，擀面杖，烘焙纸，平口圆印模，烤箱，烤盘，羊毛刷。

制作过程：

①面粉过筛，加入泡打粉，放在案板上，扒一窝塘。

②将黄油化开；鸡蛋打散，加牛奶搅匀。

③将化开的黄油、砂糖、盐、牛奶、鸡蛋糊倒入面粉里，慢慢揉拌均匀，即成司康坯料。

④用擀面杖将坯料擀成1厘米厚的片，再用一只直径5厘米的平口圆印模，压成圆形司康。

⑤烤盘上铺上烘焙纸，再将司康放入烤盘，饼表面刷上少许打散的蛋液，送入烤箱内以180℃炉温烤15分钟，焗黄焗熟即成。

风味特点：色泽金黄，外酥内软。

四、司康的成熟方法

司康的成熟方法大多采用烤制的方法。

五、司康的装盘与装饰

司康的装盘与装饰比较简洁，用白瓷盘或藤篮等装饰，撒上糖粉，配上果酱等。

六、司康的制作实例

1. 淡奶油司康

原料配方：普通面粉250克，淡奶油80克，黄油60克，盐1克，细砂糖50克，鸡蛋1个，无铝泡打粉6克，蛋黄液25克。

制作用具或设备：案板，面筛，擀面杖，烘焙纸，心形印模，烤箱，烤盘，羊毛刷。

制作过程：

①黄油回室温切成小粒。

②混合面粉、盐、糖、泡打粉。

③黄油粒放到面粉中，搓成屑状，加入淡奶油，再加入一个鸡蛋。

④揉捏成团，放到撒少许干粉的案板上，擀成片，对折再擀成2厘米厚的片状。

⑤用切模切成心形，放入铺烘焙纸的烤盘中，表面刷蛋液。

⑥烤箱预热至180℃，烤盘放入中层，烤约20分钟。

风味特点：色泽金黄，爱心造型。

2. 蔓越莓司康

原料配方：低筋面粉120克，细砂糖15克，盐1克，黄油25克，全蛋液15克，牛奶50毫升，蔓越莓干15克，泡打粉5克。

制作用具或设备：案板，面筛，擀面杖，烘焙纸，圆形印模，烤箱，烤盘，羊毛刷。

制作过程：

①将低筋面粉和泡打粉、盐混合过筛。

②把糖、软化的黄油与过筛的面粉等混合，用手搓至黄油与面粉完全混合均匀，搓好的面粉呈粗玉米粉的状态。

③在面粉里加入全蛋液、牛奶，揉成面团，倒入蔓越莓干，轻轻揉匀。

④揉好的面团表面光亮，不黏手。面团不要过度揉捏，以免面筋生成过多影响成品的口感。

⑤用擀面杖把面团擀成1.5厘米厚的面片，在面片上用直径4.5厘米的圆形切模切出圆面片。

⑥将切好的圆面片排入烤盘，在表面刷一层全蛋液。

⑦放入预热至200℃的烤箱，烤10分钟，至表面金黄色即可。

风味特点：色泽金黄，外脆内软。

3. 葡萄干司康

原料配方：高筋面粉125克，黄油30克，细砂糖15克，盐1克，快速干酵母3克，牛奶60毫升，全蛋液15克，葡萄干15克。

辅料：全蛋液25克。

制作用具或设备：案板，面筛，擀面杖，烘焙纸，圆形印模，烤箱，烤盘，羊毛刷，冰箱。

制作过程：

①将葡萄干用清水浸泡片刻，然后滤去清水，并用厨房纸巾吸干葡萄干表面的水分。

②再将面粉和盐混合，黄油切成小块倒入面粉里，用手捏搓黄油和面粉，让黄油与面粉

混合在一起，一直搓到黄油与面粉混合成粗玉米粉状态。

③加入牛奶、干酵母、糖、鸡蛋混合均匀，倒入搓好的面粉里，用手揉成光滑的面团。

④将面团压扁，撒上一半葡萄干，对折起来，再揉成圆形。

⑤重新将面团压扁，撒上剩下的葡萄干，再次对折起来，揉成圆形。把圆形面团放入烤盘里，放进冰箱冷藏3～4小时（为防止面团表面变干，在面团表面盖上保鲜膜）。

⑥冷藏完的面团，放在案板上，压扁，用擀面杖把面团擀成1.5厘米厚的面片，在面片上用直径4.5厘米的圆形切模切出圆面片。

⑦将切好的圆面片排入烤盘，在表面刷一层全蛋液。

⑧放入预热好的烤箱，上下火185℃烤15分钟左右，直到表面金黄即可出炉。

风味特点：色泽金黄，口感酥脆。

4．英式司康

原料配方：面粉250克，黄油65克，鸡蛋1个，泡打粉3小勺，盐一小撮，细砂糖20克，草莓干50克，牛奶100毫升。

制作用具或设备：案板，面筛，擀面杖，烘焙纸，圆形印模，烤箱，烤盘，羊毛刷。

制作过程：

①在面粉中加入泡打粉、盐和糖过筛，再加入黄油搓匀。

②将牛奶鸡蛋打匀，加入面粉成团，留少许牛奶蛋液上色用。

③加入草莓干，轻轻揉匀。

④将面团轻轻压扁成大约2厘米厚的圆饼，撒上少许面粉防粘连。

⑤用圆形模具将面团切成小圆饼。

⑥将烤箱预热至220℃，刷上牛奶蛋液，送入烤箱中层，烤12～15分钟。

风味特点：色泽金黄，酥脆松软。

5．蜜红豆司康

原料配方：低筋面粉150克，奶粉20克，细砂糖30克，盐1克，泡打粉5克，小苏打5克，黄油70克，鸡蛋1个，牛奶55毫升，蜜红豆15克。

辅料：全蛋液25克。

制作用具或设备：案板，面筛，擀面杖，烘焙纸，美工刀，烤箱，烤盘，羊毛刷。

制作过程：

①将低筋面粉、奶粉、盐、糖、小苏打、泡打粉加入盆中，拌匀。

②加入切小块的黄油，搓成这样的玉米粒状态，留出一点搓好的酥粒备用。

③剩下那些加入鸡蛋液和牛奶，混合到没有干粉即可。

④面团来回折几下，用擀面杖擀成大小、厚薄都相同的两个面片，在其中一个面片上撒上蜜红豆，盖上另一片，表面刷一层全蛋液，撒上蜜红豆和预留的奶酥粒，切成方形块或三角形块。放入铺上烘焙纸的烤盘中。

⑤烤箱上下火175℃，预热10分钟后，烤盘放入烤箱中下层，烤制25分钟至色泽金黄成熟即可。

风味特点：色泽金黄，酥脆松软。

6．葱火腿司康

原料配方：低筋面粉130克，无盐黄油40克，牛奶10毫升，水40毫升，泡打粉4克，糖10

克，盐2克，鸡蛋15克，火腿肠碎15克，葱末15克。

制作用具或设备：案板，面筛，擀面杖，烘焙纸，美工刀，烤箱，烤盘，羊毛刷，冰箱。

制作过程：

①将低筋面粉和泡打粉、糖、盐混合过筛，再将黄油切小块软化后加入粉类材料中，用手搓揉均匀呈颗粒状。

②把牛奶和水混合，再加入打散后的鸡蛋液混合均匀倒入粉粒中，稍揉匀后加入适量切碎的小葱和火腿揉成面团，用保鲜膜密封放入冰箱冷藏25分钟。

③烤箱预热至180℃，然后取出面团擀成2厘米厚的面片，切成三角形或方形，用剩下的蛋液刷表面后放入铺上烘焙纸的烤盘中，送入烤箱中层烤15分钟左右即可。

风味特点：色泽金黄，咸香酥松。

7. 香葱培根咸司康

原料配方：低筋面粉150克，无盐黄油40克，水50毫升，蛋液25克，盐2克，细砂糖10克，泡打粉4克，培根25克，香葱30克。

辅料：全蛋液25克。

制作用具或设备：案板，面筛，面刮刀，擀面杖，烘焙纸，美工刀，烤箱，烤盘，羊毛刷。

制作过程：

①将低筋面粉、泡打粉、盐、糖分别称量混合过筛。

②再将香葱和培根切碎备用。

③将无盐黄油切小块，软化后放入混合粉中，用手搓成酥粒状。

④加入蛋液和水，用面刮刀切拌均匀。

⑤加入切碎的香葱和培根，切拌均匀，团成面团。

⑥案板上撒点面粉，将面团按压成面饼，折叠两次，最后用擀面杖擀成2厘米厚的圆形面饼。

⑦将面饼沿对角线切成六块小三角形。

⑧放入铺好烘焙纸的烤盘，用全蛋液刷表面。

⑨放入预热至180℃的烤箱中层，上下火，烤制20分钟即可。

风味特点：色泽金黄，咸香酥松。

8. 日式核桃司康

原料配方：低筋面粉150克，砂糖25克，泡打粉4克，发酵黄油50克，鸡蛋液25克，牛奶50毫升，盐1克，核桃碎25克。

辅料：全蛋液25克。

制作用具或设备：案板，面筛，面刮刀，擀面杖，烘焙纸，圆形印模，烤箱，烤盘，羊毛刷，冰箱。

制作过程：

①将低筋面粉、泡打粉和盐过筛，放在案板上，再加入切小块的黄油和砂糖，用刮板搅拌至黄油和面粉黏合，用手搓成酥粒状。

②轻轻搅拌好粉状材料和黄油，放入冷却的鸡蛋液和牛奶，用面刮刀切拌成面团。

③加入核桃碎拌匀，用保鲜膜包好，放入冰箱冷藏30～60分钟。

④取出冷藏好的面团，用擀面杖朝一个方向擀开成片，对折后再次擀开成2厘米厚的面片。

⑤用模型压模切出圆形片，在面片表面薄薄刷上一层蛋液。

⑥放入以180℃预热的烤箱内，烘烤20分钟左右即可。

风味特点：色泽金黄，酥脆香甜。

七、司康的质量鉴定与质量分析

（一）**司康的质量标准**

（1）色泽　金黄一致。

（2）形态　形状端正，大小一致。内部组织无太多面筋网络，无生心，无杂质。

（3）口味　甜或咸。

（4）口感　外酥内软。

（二）**司康的质量分析与改进措施**

1. **司康外表部分**

（1）案例　表面颜色太深

原因分析：

①配方内糖的用量过多。

②烤炉上火温度太高。

③烤制时间略长。

改进措施：

①检查配方中糖的用量。

②降低烤炉上火温度。

③缩短烤制时间。

（2）案例　表面有斑点

原因分析：

①面糊调制不均匀。

②糖的颗粒太粗，未能及时溶解。

改进措施：

①原料要调制均匀，无硬心，无疙瘩。

②注意制品的配方平衡。

2. **司康内部部分**

案例　内部粗糙、质地不均匀

原因分析：

①面糊调制不均匀，切拌不到位。

②面糊太干。

改进措施：

①调整面糊的配方。

②掌握面糊的调制方法，切拌均匀。

3．司康整体部分

（1）案例　味道不正

原因分析：

①原料选用不当或不够新鲜。

②原料配方不平衡。

③烤盘不清洁，烤箱有味道。

改进措施：

①注意选用新鲜原料，例如：鸡蛋一定要新鲜。

②改善司康的配方。

③应及时注意用具和设备的保洁。

（2）案例　形状不整

原因分析：

①配方中油脂的用量过大。

②码盘时走形。

改进措施：

①调整配方内油脂的用量。

②码盘时要留有一定的空间，轻拿轻放。

第二节　巴恩制作工艺

一、巴恩的概念

巴恩（Bun），一般用低筋面粉加上鸡蛋、油脂、糖以及酒石酸氢钾型泡打粉来进行制作的膨松点心，具有酥松的质地和口感。

二、巴恩的种类和特点

巴恩的种类也有甜、咸口味两种，一般以甜味为主。

三、巴恩的制作方法

巴恩的制作方法一般选择用低筋面粉加上鸡蛋、油脂、糖和泡打粉，按照一定的配方混合而成面团，擀制成片，用模具成形，炸制成熟后点缀即可。

其中油脂可用奶油、人造奶油或起酥油，但单独使用都有不足之处，最好是将等量的起酥油和奶油或人造奶油一起混合使用。

四、巴恩的成熟方法

巴恩的成熟方法多采用油炸工艺。

五、巴恩的装盘与装饰

巴恩的装盘与装饰比较简洁，用白瓷盘或藤篮等装饰，撒上糖粉、翻糖装饰、配上果酱等。

六、巴恩的制作实例

1. 白马糖圈

原料配方：低筋面粉120克，泡打粉5克，黄油25克，白砂糖25克，盐0.4克，牛奶55毫升，鸡蛋1个，红、白色翻糖丝各15克，色拉油1000毫升（实耗100毫升）。

制作用具或设备：搅拌机，案板，面筛，面刮刀，擀面杖，圆形印模，油炸炉。

制作过程：

①将面粉、盐和泡打粉一起过筛混匀。

②将白糖和黄油一起搅打成膨松的膏状，逐步加入牛奶和鸡蛋的混合液，同时搅拌均匀。

③加入已过筛的面粉混合物，不断混合至成为光滑而柔软的面团。用擀面杖将面团擀开，厚度约为1厘米。

④用印模切成大小适宜的环形圈。

⑤放入180℃的油中炸至金黄色。

⑥冷却后表面沾一层白色翻糖丝，再撒红色翻糖细丝即成。

风味特点：环形造型，口感酥软。

2. 苹果覆盆子考文垂

原料配方：低筋面粉120克，泡打粉5克，黄油25克，白砂糖25克，苹果酱25克，覆盆子干50克，盐0.4克，牛奶55毫升，鸡蛋1个，色拉油1000毫升（实耗100毫升）。

制作用具或设备：搅拌机，案板，面筛，面刮刀，擀面杖，圆形印模，油炸炉。

制作过程：

①将面粉、盐和泡打粉一起过筛混匀。

②将白糖和黄油一起搅打成膨松的膏状，逐步加入牛奶和鸡蛋的混合液，同时搅拌均匀。

③加入已过筛的面粉混合物，不断混合至成为光滑而柔软的面团。用擀面杖将面团擀开，厚度约为1厘米。

④用印模切成直径为15厘米的圆块，并用水润湿边缘。

⑤放入苹果与覆盆子混合的馅料，将边缘往内折成一个等边三角形，同时将边缘封紧。

⑥放入180℃的油中炸至金黄色，冷却即可。

风味特点：色泽金黄，外脆内软。

3．果仁圈

原料配方：低筋面粉120克，泡打粉5克，黄油25克，白砂糖25克，盐0.4克，牛奶55毫升，鸡蛋1个，色拉油1000毫升（实耗100毫升），苹果酱25克，烤杏仁碎50克。

制作用具或设备：搅拌机，案板，面筛，面刮刀，擀面杖，圆形印模，油炸炉。

制作过程：

①将面粉、盐和泡打粉一起过筛混匀。

②将白糖和黄油一起搅打成膨松的膏状，逐步加入牛奶和鸡蛋的混合液，同时搅拌均匀。

③加入已过筛的面粉混合物，不断混合至成为光滑而柔软的面团。用擀面杖将面团擀开，厚度约为1厘米。

④用印模切成大小适宜的环形圈。

⑤放入180℃的油中炸至金黄色。

⑥冷却后先用果酱涂刷表面，再黏附一层烤杏仁碎。

风味特点：色泽金黄，环形造型。

七、巴恩的质量鉴定与质量分析

（一）巴恩的质量标准

（1）色泽　金黄一致。

（2）形态　形状端正，大小一致。内部组织无面筋网络，无生心，无杂质。

（3）口味　甜味为主。

（4）口感　外酥内软。

（二）巴恩的质量分析与改进措施

1．巴恩外表部分

（1）案例　表面颜色太深

原因分析：

①配方内糖的用量过多或水分用量太少。

②油炸炉温度太高。

③炸制时间略长。

改进措施：

①检查配方中糖与水的用量。

②降低油温。

③缩短炸制时间。

（2）案例　表面有斑点

原因分析：

①面糊调制不均匀。

②面糊内水分不足。

③糖的颗粒太粗，未能及时溶解。

改进措施：

①原料要调制均匀，无硬心，无疙瘩。

②注意制品的配方平衡。

2．巴恩内部部分

案例：内部粗糙、质地不均匀

原因分析：

①面糊调制不均匀。

②水分用量不足，面糊太干，泡打粉用量少。

改进措施：

①调整面糊的配方。

②掌握面糊的调制方法，调整泡打粉用量。

③掌握炸制温度与时间。

3．巴恩整体部分

（1）案例 味道不正

原因分析：

①原料选用不当或不够新鲜。

②原料配方不平衡。

③炸油不洁。

改进措施：

①注意选用新鲜原料，例如：鸡蛋、色拉油一定要新鲜。

②改善巴恩的配方。

（2）案例 形状不整

原因分析：

①配方中油脂的用量过大。

②泡打粉用量大。

③码盘时走形。

改进措施：

①调整配方内油脂的用量。

②调整泡打粉的用量。

③码盘时要留有一定的空间，轻拿轻放。

? 思考题

1. 简述司康的概念、种类和特点。

2. 简述司康的质量标准有哪些。

3. 简述巴恩的概念、种类和特点。

4. 简述巴恩的质量标准有哪些。

第十二章 冷冻甜食制作工艺
CHAPTER 12

第一节　冷冻甜食的概念及种类

冷冻甜食是西点中使用蛋、奶、明胶或琼脂等增稠剂来制作，冷藏或冷冻后食用的一类点心。

冷冻甜食的品种很多，是西点中变化较多的一类点心。由于它们在原料的选择、制作工艺等方面有许多共同之处，在口味和口感等方面差别也不大；而且同一类制品有不同配方，可以用不同的器皿盛装，也可以采用不同的造型和装饰方法，所以很难将冷冻甜食进行明确的分类。

目前，国内外对冷冻甜食的分类是沿用西餐传统的分类方法，一般将冷冻甜食分为啫喱冻（Jelly）、奶油冻（Bavarian）、慕斯（Mousse）、冰淇淋（Ice Cream）等。

一、啫喱冻

啫喱冻是不含乳及脂肪的一类冷冻甜食。这类冷甜食完全是依靠啫喱的凝胶作用制成的，具有透明光滑，入口而化的特点。啫喱冻的用料主要是啫喱片、水、糖、食用色素等，有时加少许水果丁做配料，以增加制品品种。它的一般制作方法是将啫喱片化开，加糖、水及其他配料调匀，装入各式模具中冷冻，待凝固成形时倒出模具，经装饰即为成品。

二、奶油冻

奶油冻是一种含有很多乳脂和蛋白的混合物。它的基本用料是牛奶、鸡蛋、糖、打发奶油和啫喱等。它的一般制作方法是将牛奶煮沸加入打起的蛋黄糊中，随即倒入溶化的啫喱调匀，稍凉加入打起的奶油、蛋白、调味酒、果汁等配料，入模冷却即为成品。食用时可跟不同风味的沙司。这类冷甜食内部组织细腻，风味多样。

三、慕斯

慕斯是英文 Mousse的译音，又译成木司、莫司、毛士、木斯等。是将鸡蛋、奶油分别打发充气后，与其他调味品调和而成或将打发的奶油拌入馅料和啫喱水制成的松软形甜食。

慕斯类冷冻甜食是一种含奶油成分很高，十分软滑，细腻的高级西点，根据用料不同，有各种果汁慕斯、巧克力慕斯等。慕斯使用的原料一般有奶油、糖、蛋黄、蛋白、果汁、酒、香精、啫喱等，其一般制作方法因具体品种不同有差异。近年来，市场上出现了慕斯粉，这种原料具有使用方便，成品质量稳定等特点。

四、冰淇淋

冰淇淋是一种营养丰富，香甜可口的冷食，它的基本用料是蛋黄、牛奶、奶油、糖、玉米粉、香精、色素等。常见的品种有香草冰淇淋、草莓冰淇淋、巧克力冰淇淋及各种果肉、果汁冰淇淋等。冰淇淋质量要求很高，特别是卫生要求。因此，凡自己生产冰淇淋的饭店都设有专用场所。冰淇淋的品种很多，其中又有圣代（Sundae）、巴菲（Parfait）、奶昔（Milk shake）之分。

1．圣代

圣代，又名新地，译自英文词 Sundae，是冰淇淋的一种，不过这种产品的顶部还需要加上各种碎水果、果仁或果汁。

2．巴菲

巴菲译自法文词Parfait，是用糖浆或甜酒，加冰淇淋球、水果、果酱、干果、啫喱等一层层叠上，装在圆筒形高身有脚玻璃杯中，再加鲜奶油，顶部放上红樱桃，色泽层次分明，五彩缤纷，酒香奶香加果香，深受消费者欢迎。

3．奶昔

奶昔译自英文词 Milk shake，意思是搅匀的牛奶。它是用鲜牛奶、冰淇淋、水果、糖浆、冰块等，放在搅拌器内搅匀，直到变成浓厚的泡沫状，即成标准牛奶冰淇淋。

第二节　冷冻甜食的制作

一、制作冷冻甜食的一般要求

（1）使用明胶片、鱼胶粉做制品凝固剂时一定要在与其他原料混合前调匀，不能有疙瘩。

（2）搅打蛋白或蛋黄时，姿势一定要正确，把握好搅打时间和搅打程度。

（3）制品模具要干净，不能有污物。

（4）成品出模时，要保持制品的完整性。

（5）装饰成品时，色彩搭配要协调、雅致。

二、冷冻甜食制作的基本原理

1. 啫喱的使用原理

大部分冷冻甜食的制作离不开啫喱（第三章中"西点制作原料知识"中已有介绍）这种材料，以其中用得最为广泛的动物性啫喱——明胶为例，阐述其制作的基本原理。

在西点生产中，明胶有两种：一种是无色无味，这种材料适用性最为广泛，不仅适用于各种餐后冷冻甜食，还适用于冷菜色拉的制作；另一种明胶为明胶与糖、酸、果味、香精以及少量食用色素的混合物，这种明胶含有丰富的口味、颜色和香味。对制作某些冷冻甜点似乎方便了很多，但是它的使用范围有限，通常只用于制作啫喱冻以及甜点表面的啫喱冻装饰。

在冷冻甜食制作过程中，明胶最重要的特性是在热的液体中能均匀扩散，处于分散状态，液体冷却后，它仍然处于分散状态，当液体中的明胶达到足够浓度时，液体在一定温度下能稠化并凝结成半固体物质。

2. 乳和乳制品的使用原理

在冷冻甜食的制作过程中，乳和乳制品是不可缺少的原料，其品种有：全脂液体牛奶、淡炼乳、加糖炼乳、脱脂奶粉、全脂奶粉等，还有各种鲜奶油、打发奶油等。

乳和乳制品作为稳定物和填充物，始终处于悬浮状态，不仅增加了冷冻甜食制品的稠度和稳定性，而且靠搅打过程中并入的空气使制品保持其细腻和润滑的口感，其中含有的乳磷脂更是增加了冷冻甜食的风味。

3. 蛋和蛋制品的使用原理

在冷冻甜食的制作过程中，通常将蛋黄和蛋清分开使用。

蛋黄具有一定的乳化作用，在制作过程中，可以使制品形成乳浊液，并能增加制品的稠度和风味。制作时，蛋黄通常经搅打后再加入混合物中，搅拌时温度需保持在40℃左右，以达到最佳的乳化效果。

蛋清具有很强的起泡性，所以通常在搅打起泡后加入制品中，可以大大增加制品的体积，增加制品的柔软性和风味。

4. 糖的使用原理

在冷冻甜食的制作过程中，糖的用量相当高（但一般不超过全部配料重量的16%），因为冷冻甜食的食用温度较低，甜味感觉不明显。在制作过程中，糖不仅能赋味，而且增加制品的细腻程度。

大多数配方中使用砂糖和绵白糖，有些使用糖浆、糖油等。

5. 香料的使用原理

在冷冻甜食的制作过程中，香料通常包括香精、酒、果仁粉等，香料的添加量仅仅以产生柔和的香味为度，切不可多加，不同香料的加入是变化冷冻甜食品种的重要方法之一。

第三节　冷冻甜食制作实例

一、啫喱冻

1．薰衣草果冻
原料配方：水600克，干燥薰衣草30克，鱼胶粉15克，细砂糖90克。

制作工具或设备：磁化炉，不粘锅，花底花边模型。

制作过程：

①将水煮至沸腾，加入干燥的薰衣草，浸泡1分钟后过滤备用。

②细砂糖与鱼胶粉干拌混合，加入做法①的薰衣草茶中拌匀，再以小火加热，煮至砂糖与鱼胶粉完全溶解即可关火。

③倒入模型中约五分满，待冷却后脱模即可。

风味特点：色泽透明，口感滑爽。

2．苹果果冻
原料配方：苹果汁500毫升，鱼胶粉15克。

制作工具或设备：微波炉，微波炉专用碗，冰箱。

制作过程：

①将鱼胶粉加入苹果汁中搅拌，搅拌均匀。

②将混有鱼胶粉的果汁放入微波炉加热30秒。

③将果汁取出，然后将其放在冷水中冷却至常温，再放入冰箱冷藏1小时取出即可。

风味特点：色泽透明，口味酸甜。

3．菠萝柠檬果冻
原料配方：菠萝100克，柠檬1/2个，果冻粉10克，细砂糖10克，水200毫升。

制作工具或设备：果汁机，磁化炉，不粘锅。

制作过程：

①菠萝切丁，一半放入果汁机中打成汁后过滤备用（留3～5小块不打碎备用）。

②果冻粉与细砂糖拌匀备用。

③柠檬挤汁与水和匀，倒入做法①中，再以小火煮至沸腾，再将做法②的材料慢慢倒入并搅拌均匀，加入另一半菠萝丁后，分装倒入模型中待凉。

④放入冰箱冷藏凝固即可。

风味特点：色泽浅黄透明，口感清爽滑腻。

4．鲜奶果冻
原料配方：鱼胶粉10克，细砂糖80克，鲜奶500克。

制作工具或设备：磁化炉，不粘锅。

制作过程：

①鱼胶粉与细砂糖先干拌混合，再加入鲜奶拌匀。

②用小火加热至80℃，至砂糖与鱼胶粉完全溶解即可。

③将果冻液趁热倒入模型中，等完全冷却凝固后，即可扣出食用。

风味特点：色泽洁白，口感滑爽。

5．酸梅果冻

原料配方：酸梅汁300克，洛神花30克，鱼胶粉15克，细砂糖50克，白巧克力30克，棉花糖3个。

制作工具或设备：磁化炉，不粘锅，心形金莎巧克力盒。

制作过程：

①酸梅汁加洛神花一起煮约15分钟，放凉备用。

②鱼胶粉与细砂糖先干拌混合，倒入做法①的酸梅汁中拌匀，以小火加热，煮至砂糖与鱼胶粉完全溶解即可熄火。

③趁热倒入模型中，待冷却后扣出备用。

④将白巧克力切成细碎，隔水加热至50℃溶化，趁温热时，利用裱花袋在扣出的酸梅果冻上装饰，再放上切薄的棉花糖点缀。

风味特点：色泽艳丽，形状美观，口味酸甜，口感滑爽。

6．桂圆红枣果冻

原料配方：桂圆50克，去核红枣30克，水600克，鱼胶粉15克，细砂糖80克。

制作工具或设备：磁化炉，不粘锅，冰淇淋盒子。

制作过程：

①将桂圆与红枣稍微洗净，加水用小火约煮30分钟，至汤汁变成琥珀色即可。

②鱼胶粉与细砂糖干拌混合，加入煮好的桂圆红枣茶中拌匀，续煮至砂糖与鱼胶粉完全溶解。

③将做法②的果冻液趁热倒入模型中，待冷却后放入冰箱冷藏。

④取出后将杯盖的果冻反扣入盘中即可。

风味特点：色泽琥珀透明，口感滑爽。

7．双色西瓜果冻

原料配方：红瓤西瓜100克（去皮），黄瓤西瓜500克（去皮），鱼胶粉20克，细砂糖100克。

制作工具或设备：磁化炉，不粘锅，咖啡杯。

制作过程：

①两种西瓜分别榨成汁备用。

②细砂糖先与鱼胶粉干拌混合，分成两等份分别加入红、黄西瓜汁中拌匀，再以小火加热至80℃，煮至砂糖与鱼胶粉完全溶解即可。

③将做法②的两种果冻液，趁热分别倒入咖啡杯中约五分满。

④待冷却后扣出即可食用。

风味特点：色泽红黄半透明，口感滑爽，口味微甜。

8．薄荷芦荟果冻

原料配方：芦荟果肉100克，薄荷叶10克，鱼胶粉20克，细砂糖100克，水600克。

制作工具或设备：磁化炉，不粘锅，冰淇淋纸盒。

制作过程：

①将水煮沸，加入薄荷叶浸泡1分钟，过滤备用。

②鱼胶粉溶水备用。

③将细砂糖加入做法①的薄荷茶中，用小火加热煮至砂糖完全溶解，再加入泡软的鱼胶粉煮溶拌匀，趁热倒入冰淇淋纸盒中。

④将芦荟果肉切成小丁，加入做法③的果冻液中，再放入冰箱冷藏定型，扣出后可切成三角形。

风味特点：色泽碧绿透明，口感滑爽，口味清凉。

9. 脆李果冻

原料配方：脆李50克，鱼胶粉15克，细砂糖50克，冷开水300克。

制作工具或设备：磁化炉，不粘锅，小茶杯。

制作过程：

①鱼胶粉与细砂糖先干拌混合，倒入冷开水中拌匀，再加入脆李，以小火加热，煮至砂糖与果冻完全溶解即可熄火。

②趁温热时倒入小磁杯中，待冷却后扣出即可。

风味特点：色泽透明、口感滑腻。

10. 什锦果冻

原料配方：橘子250克，苹果100克，梨100克，红樱桃10个，白糖100克，琼脂25克。

制作工具或设备：磁化炉，不粘锅，凹形盘。

制作过程：

①将橘子剥成瓣。苹果去皮切成片。梨去皮切成片。

②放入不粘锅内并加水，加一半白糖，文火煮直到水即将全部蒸发，水果煮熟为止，将红樱桃倒入。

③将水果倒在盘中摆成花形。

④将琼脂倒入锅中加水煮，再加一半白糖待其煮化、煮稠为止，然后倒在摆好的水果上面放凉（最好入冰箱冷藏），琼脂冷却后即可凝成透明固体。

风味特点：色泽透明，口味清甜，口感凉爽。

二、奶油冻

1. 香草奶油冻

原料配方：蛋黄70克，蛋清50克，砂糖125克，鱼胶粉12克，牛奶250克，鲜奶油500克，香兰素3克。

制作工具或设备：打蛋器，透明玻璃杯，冰箱。

制作过程：

①将鱼胶粉用凉水泡软。

②将蛋黄和砂糖混合搅拌打起。

③牛奶上火煮沸后冲入②中，再放入泡软的鱼胶粉搅匀过滤，随之放在冰上，一边搅拌，一边冷却。

④将奶油和蛋白分别打起，与③充分混合后放入香兰素。

⑤装入模具，放入冰箱冷冻2小时。

⑥取出时，将模具在温水中烫一下即可扣出食用。

风味特点：色泽洁白，口味香浓，清凉爽口。

2．意大利奶油冻

原料配方：奶油300克，水100克，芒果1个，砂糖100克，鱼胶粉20克，香草1根，干邑25克。

制作工具或设备：打蛋器，透明玻璃盘，冰箱。

制作过程：

①用温水将鱼胶粉溶化。

②芒果搅打成汁备用。

③将奶油、香草和砂糖在锅里用小火煮开，搅拌5分钟。

④把香草取出，再加入①和干邑，不停搅拌至混合均匀。

⑤将④倒入模子里，放入冰箱冷藏3小时以上。

⑥吃的时候将⑤取出，倒扣在盘中，淋上芒果汁即可。

风味特点：细腻润滑，奶香浓郁，芒果香沁。

3．可可奶油冻

原料配方：奶油100克，牛奶200克，鱼胶片10克，可可粉5克，白砂糖100克，水400克。

制作工具或设备：打蛋器，电磁炉，不粘锅，冰箱。

制作过程：

①先将鱼胶片洗净，泡软后，捞出。

②将白糖、可可粉及牛奶放入净锅中，搅匀，加水400克及鱼胶片，熬成浓汁，晾凉。

③将奶油用打蛋器充分地搅打好，与晾凉的鱼胶浓汁混合搅匀，放入模子中，置于冰箱中冷凝。

④食用时取出，将冻子扣入碟中即可。

风味特点：口感松软，清凉滑爽，具有可可的香气。

4．草莓奶油冻

原料配方：草莓250克，奶油200毫升，砂糖40克，柠檬汁15克。

制作工具或设备：打蛋器，食物搅拌机，透明玻璃杯，冰箱。

制作过程：

①草莓放入冰箱冰凉，洗净去蒂置入食物搅拌机，打成泥状。

②将①移入大容器中，加入奶油、砂糖和柠檬汁，打至浓稠状，即可注入玻璃杯内。

③装饰用的奶油用打蛋器轻轻打好，即可加在②的表面，以汤匙轻画些纹路，做成大理石般的漂亮线条。

④放入冰箱冷冻后食用。

风味特点：色泽协调，口感冰凉。

5．咖啡奶油冻

原料配方：奶油200克，咖啡粒25克，白砂糖150克，鱼胶片25克，水200克。

制作工具或设备：打蛋器，电磁炉，不粘锅，模具，冰箱。

制作过程：

①先将鱼胶片洗净，泡软后捞出。

②将咖啡粒放入锅内，加水200克，上火煮沸。

③再改微火煮3分钟左右，过筛于另一锅内，与泡好的鱼胶片和白糖混合一起，加水150克，置火上煮4~5分钟，取下晾凉，即成咖啡吉利汁。

④将奶油用筷子或打蛋器搅打，与咖啡吉利汁混匀，放入模子内，置于冰箱中冷凝。

⑤食用时，取出，将冻子扣入盘中即成。

风味特点：色泽浅棕，口感清凉。

6. 芒果奶油冻

原料配方：芒果5个，鱼胶粉6克，水150克，糖100克，浓奶油150克。

制作工具或设备：搅拌机，电磁炉，不粘锅，冰箱。

制作过程：

①把芒果去皮，把果肉用搅拌机搅成泥备用。

②鱼胶粉与50克水搅拌均匀。

③将剩余的100克水，加上糖在火上煮至溶化，将②放入糖水中煮至溶化融合，关火。

④倒入芒果泥搅匀，再加入打发的浓奶油搅匀。

⑤把液体倒入小杯子中，放凉后盖上保鲜膜，在冰箱中冷藏5~6个小时。

风味特点：果味香浓，口味醇甜。

三、慕斯

1. 草莓慕斯蛋糕（图12-1）

原料配方：鲜草莓500克，糖粉200克，鲜柠檬1个，淡奶油900克，蛋黄6个，鱼胶片40克，草莓香精1克，蛋糕坯3个（直径22厘米，厚度1厘米）。

制作工具或设备：打蛋器，圆蛋糕模，冰箱。

制作过程：

①鱼胶片用冷水泡软备用。

②选用3个直径为22厘米的圆蛋糕模，用纸将底包好，分别放入1片1厘米厚的蛋糕坯。

③鲜草莓洗净，留下15个备用，其余全部用筛过成泥放入容器中，然后放入糖粉和柠檬汁。

④淡奶油、蛋黄分别用打蛋器打发。

⑤将③与鱼胶水调匀，加入④中搅拌均匀后分别倒入3个备好的蛋糕模中抹平，放入冰箱冷冻2小时。

⑥食用前脱模，切成等份，挤奶油花后每份放半个草莓。

风味特点：清香可口，口感细腻松软，具有草莓的香气。

2. 巧克力慕斯（图12-2）

原料配方：明胶粉6克，水15克，巧克力80克，牛奶120毫升，朗姆酒10毫升，蛋清2个，糖60克，鲜奶油200克，可可蛋糕1个（直径20厘米，厚度2厘米）。

制作工具或设备：打蛋器，电磁炉，不粘锅，冰箱。

制作过程：

①明胶粉入碗，加上水拌匀备用；巧克力切碎备用。

②牛奶入锅加热，沸腾以前取下锅。注意不要把奶热开锅。

③将巧克力、朗姆酒倒入②里溶化搅匀后，再将①倒入拌匀备用。

④用2个盆分别打蛋白和奶油。二者都要打到用打蛋器挑起沫后，盆里的泡沫形成的角能立起的程度。

⑤把打好的奶油和蛋白分别加入③里，轻轻混合均匀。

⑥将可可蛋糕放入环型内底部，把⑤倒进，入冰箱冷藏凝固。

⑦取出⑥，在⑥的上面根据个人喜好进行装饰。

风味特点：色泽浅棕，口味松甜，具有巧克力的香气。

3．提拉米苏蛋糕

原料配方：奶油200克，马斯卡波尼软芝士50克，咖啡酒15克，蛋黄3个，鱼胶粉5克，砂糖25克，青柠檬汁10克，手指饼干或者蛋糕1块，黄油50克，盐1克。

制作工具或设备：打蛋器，抹刀，烘焙纸，冰箱。

制作过程：

①先在蛋糕模上用烘焙纸封好底部，均匀铺好饼底；将咖啡酒均匀地洒在饼底上，充分入味约半小时。

②在奶油里加入蛋黄，然后加糖、青柠檬汁、盐打匀。

③用水将鱼胶粉化开，再以热水溶开，倒进打发好的芝士里。

④混合后在芝士浆里加入打起的奶油，打均匀。

⑤将已经混合的芝士馅料加进预先做好的饼底上，最好中间隔层，再放入冰箱约6小时。

⑥表面撒上可可粉。

风味特点：口感松软，奶香浓郁。

4．果香慕斯蛋糕（图12-3）

原料配方：花果茶茶汁（冷）200克，细砂糖150克，鱼胶片15克，动物性鲜奶油250克，香橙酒15克，海绵蛋糕体（厚1厘米）2片。

制作工具或设备：打蛋器，电磁炉，不粘锅，慕斯模具，冰箱。

制作过程：

①将鱼胶片浸泡于冰水中软化备用。

②取冷却的花果茶茶汁与细砂糖混合煮至约80℃，过滤后再加入溶化的鱼胶片拌匀。

③鲜奶油用打蛋器打发后加入②中拌匀，再加入香橙酒拌匀。

④慕斯模具内铺上一层蛋糕体，再倒入③中至八分满，即可放入冰箱冷冻3小时。

风味特点：口感松软滑爽，果香浓郁。

5．香柠慕斯蛋糕（图12-4）

原料配方：戚风蛋糕2片，动物鲜奶油250克，细砂糖50克，鱼胶片15克，清水120毫升，柠檬香精1克。

制作工具或设备：打蛋器，电磁炉，不粘锅，冰箱。

制作过程：

①将戚风蛋糕片裁成比模子稍微小一圈的心形，铺一片在模子底部备用。

②鲜奶油打至七分发，加入柠檬香精拌匀。

③将鱼胶片用冷水泡软，加入50毫升清水，放锅中隔水加热至溶化，稍微放凉。

④将鱼胶片溶液倒入鲜奶油中拌匀，即成为拌好的慕斯馅。

⑤将慕斯馅倒入模子，没过第一片蛋糕；然后放入另一片蛋糕，再把剩下的慕斯馅倒入，抹平表面。

⑥放入冰箱冷藏3小时即可。

风味特点：口感松软，具有柠檬的清香。

6. 巧克力黄桃慕斯蛋糕

原料配方：黄桃泥150克，黄桃汁150毫升，水50克，鱼胶粉15克，朗姆酒15克，鲜奶油200克，巧克力海绵蛋糕坯2片，酒糖液50毫升。

制作工具或设备：打蛋器，透明玻璃杯，吧匙，冰箱。

制作过程：

①将巧克力海绵蛋糕坯刷上一层酒糖液，撒上切碎的黄桃果粒。

②鲜奶油打至七分发，放冰箱冷藏待用，黄桃泥与黄桃汁混合。

③鱼胶粉加水，隔水加热至溶解，加入黄桃泥中拌匀，加入朗姆酒拌匀，成慕斯馅。

④加入打发好的鲜奶油用刮刀翻拌均匀，倒1/2的慕斯馅料于①中，再放上一层巧克力海绵蛋糕坯，刷上酒糖液，放上果粒后再倒入剩下的慕斯馅。

⑤最后放上黄桃果粒，放冰箱冷藏至凝固即可。

⑥将蛋糕脱模后进行装饰。

风味特点：香甜松软，具有黄桃的香气。

四、冰淇淋

1. 草莓冰淇淋

原料配方：雀巢淡奶油1包，牛奶200毫升，草莓1盒，玉米粉2小茶勺，糖粉20小茶勺，葡萄干25克。

制作工具或设备：打蛋器，搅拌机，透明玻璃杯，吧匙，冰箱。

制作过程：

①雀巢淡奶油加糖，搅拌机打发；牛奶煮点葡萄干，再晾凉，等葡萄干涨开了捞出来。

②牛奶里加两小勺玉米淀粉，微微加热，搅匀至微稠，晾凉。

③新鲜欲滴的草莓打成浆状；倒入打好的奶油，稍打一会儿；再加入牛奶、葡萄干，然后搅一下。

④放冰箱冷冻，40分钟以后，拿出来用打蛋器搅一搅，注意把葡萄干往上捞；再冷冻40分钟，再搅，共4次，即成。

风味特点：口味松软、具有草莓的香气。

2. 香蕉圣代

原料配方：双色冰淇淋2球，香蕉片10片，香草糖浆适量，鲜奶油少许，红樱桃2个，华夫饼干1块。

制作工具或设备：透明玻璃杯，吧匙。

制作过程：

①先将双色冰淇淋放在杯中，然后把香蕉片加糖浆拌匀，铺在球四周。

②加鲜奶油在球上，顶部放红樱桃，华夫饼干放在旁边。

风味特点：色彩鲜艳、口感特别。

3．芒果巴菲

原料配方：樱桃汁1汤匙，香草冰淇淋1球，芒果肉4勺，杂果粒1汤匙，鲜奶油15克，红樱桃1个，开心果粒1汤匙，华夫饼干2块。

制作工具或设备：透明玻璃杯，吧匙。

制作过程：

①先将樱桃汁注入杯底，然后按次序将冰淇淋球、芒果肉、杂果粒、鲜奶油、红樱桃、开心果粒逐层加入。

②华夫饼干放杯边，另放长柄匙供用。

风味特点：口味丰富，营养味浓。

4．白兰地蛋诺

原料配方：鲜鸡蛋1个，香草冰淇淋球1球，香草糖浆25克，白兰地5克，鲜牛奶100克，碎冰块0.5杯，豆蔻粉0.5杯。

制作工具或设备：透明玻璃杯，吧匙，搅拌机。

制作过程：

①先将鸡蛋、糖浆、冰淇淋、白兰地、牛奶加碎冰块放入搅拌机内，搅打成冰冻且起浓泡沫，倒入玻璃杯内。

②最后在表层撒上少许豆蔻粉，以增添香味，插入两根饮管及一把长柄匙供用。

风味特点：酒香浓郁、健脾养胃。

5．猕猴桃奶昔

原料配方：鲜牛奶150克，香草冰淇淋球1球，猕猴桃2只，香草糖浆25克，碎冰块100克。

制作工具或设备：透明玻璃杯，吧匙，搅拌机。

制作过程：

①猕猴桃洗净去皮切成块。

②先将碎冰块放入搅拌机内，加入所有材料搅拌到起浓泡沫，然后倒入杯中，插上饮管两根及长柄匙备用。

风味特点：色泽浅绿，口感细腻浓稠。

6．夏日旋风

原料配方：枫叶核桃冰淇淋2球，香草冰淇淋1球，蓝莓果汁50克，奶油花1朵，黑白巧克力棒2条，烤核桃仁5克，鲜猕猴桃5克。

制作工具或设备：透明玻璃杯，吧匙。

制作过程：

①将枫叶核桃冰淇淋、香草冰淇淋放入杯中，浇上蓝莓果汁。

②用奶油花点缀，插入巧克力棒，撒上烤核桃仁。

③将鲜猕猴桃切片码放好即可。

风味特点：色泽艳丽，具有核桃仁的坚果香味和口感。

7. 清凉夏日

原料配方：香草冰淇淋2球，草莓冰淇淋2球，饼干棒2根，可可粉0.5克，鲜奶油25克，薄荷叶1枝。

制作工具或设备：透明玻璃杯，吧匙。

制作过程：

①杯中放入香草冰淇淋及草莓冰淇淋，在冰淇淋上用少许鲜奶油点缀。

②插上饼干棒，棒上撒上可可粉，最后以薄荷叶点缀即可。

风味特点：色泽搭配和谐，口感细腻，口味甜美。

8. 香蕉船

原料配方：巧克力冰淇淋1球，香草冰淇淋1球，草莓冰淇淋1球，香蕉1根，巧克力酱15克，鲜奶油15克，水果块25克，糖饰品1只，杏仁片12克。

制作工具或设备：透明玻璃杯，吧匙。

制作过程：

①香蕉切成三段，码放在杯中；放入香草冰淇淋、巧克力冰淇淋、草莓冰淇淋。

②浇少许巧克力酱在冰淇淋上，并撒上杏仁片。

③在冰淇淋上点缀鲜奶油，放上水果块，插上糖饰品即可。

风味特点：色泽对比和谐，口感丰富。

9. 多彩凯莱

原料配方：香芋冰淇淋1球，橘子冰淇淋1球，草莓酱15克，猕猴桃酱15克，橙子酱15克，朗姆酒和葡萄干冰淇淋1球，草莓2片，猕猴桃2片，橙子2片，金巴利酒3滴，饼干条1只。

制作工具或设备：透明玻璃杯，吧匙。

制作过程：

①杯中码放冰淇淋，将三种水果片间隔放置冰淇淋旁，并浇上各自的水果酱。

②在冰淇淋上浇上3滴金巴利酒，点缀饼干条即可。

风味特点：色泽对比和谐，口感细腻，口味甜香。

10. 蜜雪香波

原料配方：香草冰淇淋1球，蛋黄1个，牛奶120毫升，蜂蜜15克，冰块0.5杯。

制作工具或设备：粉碎机，透明玻璃杯，吧匙。

制作过程：

①将蛋黄、牛奶、蜂蜜、冰块等放入粉碎机中，高速搅打均匀。

②倒入杯，加香草冰淇淋在上面。

风味特点：色泽浅黄，口感细腻，具有香草的香味。

第四节　冷冻甜食的质量鉴定与质量分析

一、冷冻甜食的质量标准

冷冻甜食的质量标准：形态要求完整，光润，内部组织均匀，口味纯正，清凉适口。

二、冷冻甜食的质量分析与改进措施

1. 冷冻甜食的外表部分

案例　表皮易破

原因分析：

①配方内糖的用量过多或水分用量太多。

②冷冻时间不够。

③鱼胶粉的量用得少。

改进措施：

①检查配方中糖和水的用量与总水平是否适当。

②延长冷冻时间。

③适当增加鱼胶粉的用量。

2. 冷冻甜食的组织部分

案例　组织部分口感过于老韧

原因分析：

①配方中柔性原料如水分太少。

②鱼胶粉的量使用过多。

③冷冻时间过长。

④蛋奶类原料使用量偏少。

改进措施：

①检查配方有无错误。

②注意鱼胶粉的用量。

③适当调整冷冻时间。

④检查所使用的原料配方是否适当。

3. 冷冻甜食的整体部分

案例　形状不完整

原因分析：

①配方中水分太多。

②冷冻时间不够。

③鱼胶粉用量少。

④取出的时候动作太猛。

改进措施：

①改善配方，调节水量。

②准确计算冷冻时间。

③改善鱼胶粉的用量。

④取出冷冻甜食时，先让模具在热水中浸3秒钟，然后再脱模。

? 思考题

1. 一般情况下，冷冻甜食如何分类？
2. 啫喱冻的概念是什么？
3. 奶油冻的概念是什么？
4. 慕斯的概念是什么？
5. 冰淇淋的概念是什么？
6. 圣代的概念是什么？
7. 巴菲的概念是什么？
8. 奶昔的概念是什么？
9. 制作冷冻甜食的一般要求有哪些？
10. 啫喱的使用原理是什么？
11. 乳和乳制品的使用原理是什么？
12. 蛋和蛋制品的使用原理是什么？
13. 糖的使用原理是什么？
14. 香料的使用原理是什么？
15. 冷冻甜食的质量标准有哪些？
16. 冷冻甜食的概念是什么？

第十三章 蛋白类甜品制作工艺
CHAPTER 13

第一节　蛋白类甜品概述

一、蛋白类甜品的概念

蛋白类甜品是以纯蛋白和糖为主要原料，利用蛋清的膨松作用所形成的泡沫以及它的凝固性而制作成的色泽洁白、风味独特的蛋白制品。

二、蛋白类甜品的种类

蛋白类甜品的品种不多，主要有各种各样的蛋白饼。

三、蛋白类甜品的制作原理

1. 蛋白的膨松性
蛋白中主要的两种蛋白质，其中球蛋白的功用是减少表面张力，同时增加蛋白的黏稠度，随着机械作用，将空气搅打入蛋白，产生泡沫，从而增加表面积。搅打后的蛋白，随着颜色从透明转而变白，泡沫的体积增加，硬度也增加。

2. 蛋白的凝固性
另一种蛋白质是黏液蛋白，其功用是使形成泡沫的表面变性，凝固而形成薄膜，使打入的空气不致外泄。如此面糊进入烤箱后，蛋白里的空气因受热而膨胀。如果买来的蛋不新鲜的话，蛋白较稀、黏度较低，自然不容易起泡成形。

第二节 蛋白类甜品的制作方法

一、制作前的准备

选新鲜鸡蛋的蛋清，不能沾水、蛋黄和油，冬天用40℃左右温水垫在打蛋盆下，打前滴几滴白醋，放糖时放1毫升玉米淀粉，最好每个蛋清配20克糖，很容易打发。夏天要把蛋白的温度保持在23℃左右，如果温度太高，要放冰箱冷藏几分钟再打。

二、蛋白搅打

打蛋器最常用的有瓜形（直形）、螺旋形及电动打蛋器。瓜形打蛋器用途最广，可打蛋、拌匀材料及打发奶油、鲜奶油等。钢圈数越多越易打发；螺旋形打蛋器则适合于打蛋及鲜奶油；电动打蛋器最为省时省力。

1. 湿性发泡

蛋白置于干净无油无水的圆底容器中，利用打蛋器顺同一方向搅打，至出现大泡沫时，就可以将砂糖分次加入蛋白中，此时加入砂糖可帮助蛋白起泡打入空气，增加蛋白泡沫的体积。

蛋白一直搅打，细小泡沫会越来越多，直到整个成为如同鲜奶油般的雪白泡沫，此时将打蛋器举起，蛋白泡沫仍会自打蛋器滴垂下来，此阶段称为"湿性发泡"，适合用于制作天使蛋糕。

2. 干性发泡（或称硬性发泡）

湿性发泡再继续打发，至打蛋器举起后蛋白泡沫不会滴下的程度，为"干性发泡"，或称"硬性发泡"，此阶段的蛋白糊适合用来制作戚风蛋糕，或者是柠檬派上的装饰蛋白。

3. 搅打注意事项

（1）蛋白要搅打适度蛋白搅打至某一程度时，泡沫薄膜的弹性就开始减小，蛋白变得较脆，烤出来的蛋糕没有弹性，口感也较韧。打过头的蛋白呈棉花球状，干燥不易与其他材料混合。

（2）蛋白要持续搅打成白色泡沫状的蛋白，一旦持续性的搅打动作停止，在一段极短时间之后，如果再重新搅打的动作，此时蛋白变性（性质及状态的改变）的动作即不再继续，不断的搅打反而会将泡沫薄膜打破，使蛋白消泡。所以，打发的蛋白要立即使用，不能在放置一段时间之后，又欲将消泡的蛋白继续打至发泡的状态。

（3）用于搅打的蛋白要纯净，如果搅打蛋白时，器具上有油或水，或是蛋白中含有蛋黄（蛋黄中有油脂成分），会使得搅打时，蛋白液完全无法依附在器具上而跟着搅拌头不停地旋转，就像是用手在水中快速划圈，水会跟着撩拨产生的圆旋转一样，怎么搅打都无法使空气打入，使变性作用开始发生，在油、水含量越多时，情况就会越明显。

（4）蛋白的温度在17～22℃最易打发。

（5）塔塔粉可帮助蛋白的打发。

（6）蛋白搅打时要注意程序和速度，先将蛋白用中速打至粗泡后，再加入砂糖（一般说来，糖的分量为蛋白重量的2/3）搅拌至需要的程度（湿性发泡或硬性发泡）。使用高速搅拌的话，蛋白来不及与空气拌和即被打出，而且球蛋白和黏蛋白因高速作用而提早凝固，易失去弹性。

（7）蛋白搅打时要注意加糖的时机搅打蛋白时加入砂糖可以帮助蛋白蛋打发。蛋白的表面张力越小越容易打发，但气泡较粗大，容易破坏。砂糖的加入能和蛋白中的水分一起融化成糖液，使蛋白的表面张大变大，打出的气泡较细、较稳定。加入砂糖的时机会影响打发蛋白霜的质量，先加糖再打发与先打发再加糖两者的打发状态会有不同。配方中的糖若减少，应早点加入搅打以免气泡消泡。

三、裱挤成形

在烤盘里先刷上一层油，撒上少许面粉；然后用一只装有裱花龙头的裱花袋（裱花龙头的形状决定所裱挤制品的形状），装入搅打好的蛋糊，将其挤在烤盘里，其形状与式样可随意，通常有椭圆形、圆形、长条形、寿桃形等，每只蛋白饼要间隔适当距离。

四、烘焙成熟

把裱成形的蛋白饼放入90℃左右的烤箱中慢慢烘焙，时间大约1.5小时，至蛋白饼烘干焙熟，出炉后自然凉透。

烘焙成熟的蛋白饼要求颜色洁白，外表光滑，形状完整，中心有较大的孔洞，冷却后味香甜松脆。因此在烘焙中，蛋白饼内的水分几乎全被蒸发，而所剩干物质成分较少，所以烘干的蛋白饼比重特别轻。烘焙成熟的蛋白饼应封闭保管，防止受潮回软，失去酥脆的特点。

第三节　蛋白类甜品制作实例

一、核桃仁蛋白饼

原料配方：蛋清50克，核桃仁40克，糖粉20克。
制作工具或设备：微波炉，蛋清分离器，电动打蛋器，刮刀，油纸，烤箱。
制作过程：
①核桃用勺子压碎。
②用微波炉加热，使核桃仁发出香味。
③两只鸡蛋分离出蛋清，务必不要使蛋黄落入蛋清液中，否则不利于之后的蛋白打发。
④蛋白打起泡后再将糖分2～3次加入打发。如果一次加入糖，打发时间会延长且组织较稠密。糖加完后继续搅打至光滑雪白，勾起尾端呈弯曲状，此时即为湿性发泡，约七分发。
⑤湿性发泡后继续搅打至纹路更明显且光滑雪白，勾起尾端呈坚挺状，此时即为偏干性发泡，约九分发，为蛋白打发最佳状态（当呈棉花状且无光泽，此打发蛋白霜即为打发过

头，不易与面糊拌和）。

⑥将核桃仁倒入打发的蛋白中拌匀。

⑦分成小堆，铺在油纸上。

⑧烤箱预热，上下火，150℃，烤25分钟后，温度调整为120℃，继续烤20分钟，再用余温焖10分钟，出炉。

风味特点：色泽洁白，口感酥脆。

二、杏仁蛋白饼

原料配方：蛋清3个，杏仁粉100克，细砂糖80克。

制作工具或设备：蛋清分离器，电动打蛋器，刮刀，油纸，烤箱。

制作过程：

①两个鸡蛋分离出蛋清，务必不要使蛋黄落入蛋清液中，否则不利于之后的蛋白打发。

②蛋清打起泡后再将糖分2～3次加入打发。

③湿性发泡后继续搅打至纹路更明显且光滑雪白。

④将杏仁粉倒入打发的蛋白中拌匀。

⑤分成小堆，铺在油纸上。

⑥烤箱预热，上下火，150℃，烤35分钟后，温度调整为120℃，继续烤25分钟，出炉。

风味特点：色泽洁白，口感酥脆。

三、奶油水果蛋白饼

原料配方：鸡蛋清5个，草莓片250克，猕猴桃片2个，蓝草莓150克，糖粉250克，奶油300毫升，香草精1克。

制作工具或设备：蛋清分离器，电动打蛋器，刮刀，油纸，烤箱。

制作过程：

①将烤箱预热到110～120℃左右；将圆烤盘垫上油纸。

②用电动打蛋器，将蛋白打成发泡状，倒入150克糖粉，继续打直到硬性发泡。

③然后用刮刀将混合物铺到烤盘垒高。

④烤盘置于烤箱里，烤大约1小时或者蛋糕饼结实为止。

⑤表层水果制作：用电动打蛋器将奶油搅拌，加入剩余100克糖粉和香草精直到成泡沫状。

⑥将晾凉的蛋饼从烤箱取出，放置于碟子上，倒入奶油抹平，并将水果铺在奶油上。

风味特点：色泽艳丽，口感酥脆细腻，口味香甜。

四、咖啡味蛋白饼

原料配方：蛋清50克，塔塔粉1克，特细糖粉（香草味）15克，速溶咖啡粉5克。

制作工具或设备：蛋清分离器，电动打蛋器，刮刀，铝箔，烤箱。

制作过程：

①用打蛋器用力打蛋清和塔塔粉（或用搅拌机的高速挡），直到形成稳定的泡沫。逐步搅入糖、咖啡，混匀。

②用勺将混合物舀到铺好铝箔的烤盘上。约12个小堆，每个之间应相距5厘米。

③将烤盘放入预热至120℃的烤箱里焙烤40分钟，或直至外层变硬。关掉烤炉，让蛋白饼在烤箱里慢慢冷却1小时即可。在冷却期间，不要打开烤箱门。

风味特点：色泽浅褐，口感酥脆。

第四节　蛋白类甜品的质量鉴定与质量分析

一、蛋白类甜品的质量标准

烘焙成熟的蛋白饼要求颜色洁白，外表光滑，形状完整，中心有较大的孔洞，冷却后味香甜松脆。

二、蛋白类甜品的质量分析与改进措施

1．蛋白类甜品的外表部分
案例　色泽焦黄
原因分析：
①配方内糖的用量过多或表面撒上了糖粉。
②烘烤温度过高。
③烘烤时间太长。
改进措施：
①检查配方中糖的用量；或根据具体品种决定是否撒糖粉。
②调整烘烤温度。
③调整烘烤时间。

2．蛋白类甜品的内部组织部分
案例　干瘪，太实
原因分析：
①蛋清搅打不足或搅打过度。
②烤制时间太长。
改进措施：
①搅打适度至硬性发泡。
②调整烘烤时间。

3．蛋白类甜品的整体部分
案例　不饱满，形状不完整

原因分析：

①放置时间太长。

②烤制温度过高。

③成形不规则。

改进措施：

①缩短烤前放置时间，立即烘烤。

②调整烤制温度。

③熟练掌握蛋白类甜品的成形手法。

? 思考题

1. 蛋白类甜品的概念是什么？

2. 简述蛋白类甜品的制作原理。

3. 什么是湿性发泡？

4. 什么是硬性发泡？

5. 蛋白搅打注意事项有哪些？

6. 如何掌握蛋白饼的烘焙时间？为什么？

7. 蛋白类甜品的质量标准是什么？

第十四章

西点制作装饰工艺

第一节 西点装饰概述

西点比较注重装饰技术，使制品更加美观、吸引人，也增加了西点的风味和品种。装饰需要有扎实的基本功，熟练精湛的技术，同时也涉及美术基础、审美意识和艺术的想象力，装饰手法多样，变化灵活，可繁可简。

一、装饰目的

1. 改善色形，提升美观

西点熟制出炉冷却后，往往需要进行适当的装饰，使其拥有诱人的色泽、图案和造型，进一步提升西点的美观价值，以吸引消费者的购买欲，增加西点的销量。

2. 提高风味，增加营养

西点所用的装饰料选材广泛，常见的有奶油、巧克力、果冻、水果、籽仁等，一般都具有独特的风味和营养成分。通过装饰手段，可以赋予西点品种某些特殊的风味，提高西点品种的营养价值。

3. 延长保鲜期，保证安全

由于西点装饰料大都为奶油、巧克力、糖冻等，本身含有大量的油脂，能够防止西点品种部分水分蒸发，具有延缓产品老化的作用，相对延长了西点的保鲜期。

二、装饰设计

1. 主题设计

主题设计是西点装饰艺术创作中的前期准备，是创作前的立意。

2. 装饰类型和方法的确定

根据具体西点的品种和特点，选择合适的装饰类型和方法。例如：一般面包要求表面呈金黄色而且有光泽，可以采用涂蛋液的方法装饰，或者可以通过涂抹焦糖液来形成效果。

3. 图案和色彩的构思

（1）图案设计　图案设计是对点心表面进行设计的重要环节，常见布局有对称式、均衡式、放射式、合围式等，这要求根据点心的构成形式进行合理布局，灵活运用控制，把握全局的观念。其中对称式，给人以稳定、庄重之感，但把握不好容易造成呆板，僵化的感觉；均衡式给人以生动、活泼之感，但把握不好容易产生紊乱和失衡之感；放射式给人以力量和运动之感，但把握不好容易产生松散或膨胀之虞；合围式给人以圆满、凝聚之感，但把握不好容易产生紧张或收缩的视觉。所以，图案设计，唯有把握分寸，才能总览全局，设计成功。

（2）色彩构思　色彩在西点装饰的实践运用中也非常重要，要求能够正确理解色彩的冷、暖特性，掌握主体色、次要色、配色与主体色之间的运用关系，更加有利于蛋糕的设计制作。

4. 装饰材料的选择

装饰材料种类较多，但在西点装饰过程中，通常遵循质地较硬的西点品种选用硬性的装饰材料，质地较软的西点品种选用软性的装饰材料。例如：重奶油蛋糕可选用脱水或蜜饯水果、果仁等来装饰；轻奶油蛋糕可选用奶油膏来装饰；海绵蛋糕和戚风蛋糕常常选用奶油膏、稀奶油、果冻等来装饰。

三、装饰类型

1. 简单装饰

简单装饰是采用一两种装饰材料进行的一次性的装饰，其操作简便，快速实用。例如：在点心表面撒上糖粉或巧克力屑；点缀几粒果干或果仁；以及馅料的夹心装饰等。

2. 图案装饰

图案装饰是常见的装饰类型，一般需要两种或两种以上的装饰材料，多种装饰方法，操作复杂，技术性较强。例如：在蛋糕表面抹上奶油膏、糖霜后，再进行裱花、描绘、拼摆、挤撒、粘边或者镶嵌等。大多数西点的装饰都属于这类。

3. 造型装饰

造型装饰属于西点的高级装饰，技术性要求更高。装饰时将西点制品做成几何体、房屋、马车等立体造型，再进一步装饰；或者采用糖塑制品、黄油塑制品、巧克力雕塑制品等进行立体装饰等。这类装饰主要用于传统高档的节日喜庆蛋糕和展品上。

四、装饰方法

（一）色彩装饰

色彩装饰是西点装饰中比较重要的一环。因为点心的色泽是重要的感官指标，能够直接影响到消费者的食欲。调配色彩时应根据点心本身的特点和消费习惯，进行配色，最好使用天然色素；如果采用人工合成色素，应严格按照国家相关标准控制使用。

（二）裱花装饰

裱花装饰是对蛋糕进行再加工、美化的一种装饰方法。通常通过裱花袋和裱花纸筒和不同花形的裱花嘴配合，借助不同的挤注方法，裱制成形。

1．原料装盛

鲜奶油是做裱花蛋糕的主要原料之一，因此奶油的操作使用较为重要。鲜奶油打发质量的好坏，会影响裱花的造型，所以搅打奶油这一点是非常之关键。未开盒的奶油应储存于-18℃的冰柜中。未打发的奶油储存不能反复解冻、冷冻，否则会影响奶油的品质。已经打发的奶油不用时候必须放于2～5℃保鲜柜内。奶油打发前的温度不应高于10℃，低于7℃，否则都会影响奶油的稳定性和打发量。将未打发的奶油放于2～5℃冷藏柜内24～48小时以上，待完全解冻后取出，轻轻摇匀奶油后，倒入搅拌缸，用中速或高速打发，至表面光泽消失，软峰出现即可。室温要求在15～20℃。

（1）裱花袋法　该法先将袋内装入合适的裱花嘴，用左手虎口握住裱花袋中间，翻开内侧，用右手将打发的奶油或其他材料装入袋中，以半袋为宜，不能过满。材料装好后，将口袋翻回原状，同时把口袋卷紧，里面空气被挤出，使裱花袋结实坚挺。裱花时，换上右手虎口捏住裱花袋上部，手掌紧握裱花袋，同时左手轻扶裱花袋，并以45°角度对着蛋糕表面均匀挤出，自然形成各种花纹。裱花嘴则有各种大小及花样，可配合裱花袋做出各种装饰图样。

（2）纸筒法　将长方形或三角形油纸或玻璃纸卷成一头大一头小的喇叭形圆锥筒，若先装入裱花嘴，则在纸筒尖部剪一小孔，将裱花嘴装入；如裱花嘴套住外面用时，则先将打发的奶油或其他材料装入纸筒内，以后再剪小孔，再将裱花嘴套在小孔外面，裱花时将纸筒后面捏拢封好，以免裱花时材料后溢。

2．裱花要领

裱花装饰是一种技术工作。但是在实际操作中，也有一些要领和规律所循。

（1）掌握好裱花嘴的角度和高度　裱花嘴的高度高，则挤出的花形厚或尖，花纹瘦弱无力，齿纹模糊；角度低，则挤出的花形扁，花纹粗壮，齿纹清晰。角度对于裱制蛋糕的周边比较重要，角度大，挤出的花纹肥大，挤出的花边容易垮塌；角度小，挤出的花边显得圆势小，挤出的花纹瘦小。

（2）把握好裱花的速度和用力轻重　裱注时用力大，花纹粗大有力，用力小花纹纤细、柔弱。不同的裱注速度制成的花纹风格不大相同。若需粗细大小都均匀的造型，其裱注速度应较迅速。若需变化有致的图案，裱头的运行速度要有快有慢，使挤成的图案花纹轻重协调。

（3）注意裱花次序和构图　一般先裱花边，再裱主花。面上的花美观与否，是体现整个裱花的艺术水平，最后一道工序是锁边或打边。边花配图要有规律和变化，整齐一致，疏密匀称，手法一致。构图要对称、均匀，定好中心位置，注意构图的上下、左右、同形、同量的结构，结构必须是严谨、庄重、大方、得体，虚实结合，留有一定空间。

（4）注意色泽对比　色泽淡雅清秀，冷热色对比衬托自然，忌过分花俏。

3．挤注成形

（1）直挤星纹　对初学者而言最为简单实用的花形，只要对准位置挤出鲜奶油，再缓缓提起挤花嘴带出尖端即可。

（2）螺旋花纹　裱花嘴略呈倾斜角度，如同盛装霜冰淇淋般一边缓缓旋转一边挤出鲜奶油，约挤完第二圈即可提起收口。

（3）连续花纹　裱花嘴略呈倾斜角度，在定位挤出后稍微提起，随后再往后移动挤出，连续挤花切勿中断，直至整圈装饰结束。

（4）虫形纹　裱花嘴角度需贴近水平面，一开始挤出鲜奶油量较大，并一边稍微将裱花嘴前后移动以挤出波浪纹路，挤出5～6次纹路即可收口。

（5）贝壳纹　裱花嘴角度需贴近水平面，一开始挤出鲜奶油量较大，然后用力变缓，裱花袋后移，挤出鲜奶油量变少，即成贝壳纹。

（6）交错贝壳纹　在制作贝壳纹的基础上，将裱花嘴头部下垂呈45°角度，在第一排贝壳纹后挤注第二排贝壳，顶端朝上。为了制作出辫子的效果，第二排的起始位置应是上排贝壳的尾端处。

（7）漩涡饰　用纤细的绳状裱花嘴挤注成S形或C形漩涡饰，或将两种漩涡饰组合在一起。

（8）鸢尾纹　首先用裱花嘴挤注一条长长的贝壳纹，然后在左边挤注一个S形的漩涡饰，右边挤注一个C形的漩涡饰即成。用这种方法还可以再挤注鸢尾花。

（9）玫瑰花饰　用绳状裱花嘴，垂直于被装饰的蛋糕表面，先挤注成圆形，轻轻提起裱花嘴，加点力，向中心部分旋转，随着压力的减少，线条缩小收住即成。

（10）缠绕的绳索　用普通的书写裱花嘴或星形裱花嘴挤注，技巧在于挤注奶油等材料的过程中要均匀扭动裱花袋，压力要相同，为了避免改变绳索的粗度，手持裱花袋要有一定的角度，一边挤注一边转动。

（11）点状及珠状　将裱花纸筒及平口裱花嘴垂直朝下挤注，直到珠子变成所要求的大小（小者为点，稍大者为珠），然后停止挤注，轻轻提起裱花嘴。当珠子稍干时，用稍稍湿润的刷子轻轻将凸出点压入奶油中去。

（12）绳筐绕法　绳筐绕法通常用于蛋糕的边缘，十分吸引注目。选取扁平带锯齿裱花嘴和平口裱花嘴。先用平口裱花嘴挤注一条垂直线，然后与此交叉用扁平带锯齿裱花嘴挤注一条锯齿短线，每条线之间留出裱花嘴的宽度。再沿着锯齿短线的边缘挤注另一条垂直线，与第一条平行，恰恰盖住锯齿短线的边缘，再用扁平带锯齿裱花嘴挤注将第一条和第二条垂直线之间的空隙填上，通过第二条垂直线一直编到要挤注的第三条垂直线的位置，当然仍然是一条平行的垂直线。以此类推即可。

（13）迷宫图案　这种设计是一种类似编织般的技术，是通过在固定范围内持续而随意地挤注错综复杂的W形状或M形状而获得的一种效果。使用纤细的平口裱花嘴，不能直线挤注，应使人分不清何为起点何为终点。

（14）风信子花　首先用绿色奶油挤注茎和叶子。其次，在茎的两侧分别挤注连在一起的两行各五朵星形小花，待稍干后直接在茎上（两行花朵之上），挤注第三行小花，以显示立体效果。

（15）樱草花　用扁平口裱花嘴向上挤注到一半时，裱花嘴向下移近，再继续向上弯曲挤出另一半，使之成为心形瓣。用黄色奶油膏，做类似大小五个花瓣，要依次一瓣压一瓣。中心点上黄点，画上绿蕊即成。

（16）绒球柳　用平口裱花嘴挤注出绿色或棕色的树枝，再在树枝头挤注白色奶油膏的水滴形，最后在每个水滴下面挤注棕色V形。

（17）紫罗兰　先做上方的三片大点的紫色花瓣，再做下面小点的两片，中心点上黄色点作蕊。

（18）水仙花　与做樱草花相似，但是要做六片略伸长的瓣，挤注时要上下起伏，用湿笔侧面画上从中心发射的线，中心点橘色蕊。垂直裱花嘴口，挤注出喇叭形花心即成。

（19）玫瑰花　用粉色的奶油膏，选用扁水滴形裱花嘴，围绕锥形米托挤注出花苞，然后挤注一片花瓣包裹，然后一瓣压一瓣，依次包裹而成。

（三）夹心装饰

夹心装饰是在蛋糕或面包的中间或者几层之间夹入装饰材料进行装饰的方法。夹心装饰不仅美化了点心，而且改善了点心的风味和营养，增加了点心的花色品种。西点中有不少点心需要夹心装饰，例如：裱花蛋糕、奶油空心饼、夹心面包等。

（四）表面装饰

1. 西点表面装饰的内涵

西点的表面装饰是通过一定的手法，把从生活上积累的一些素材，经过艺术构思，借助于丰富多彩的各种装饰原料，在西点表面进行装饰的一类美化方法。

2. 西点表面装饰的材料

西点表面装饰的材料主要有：黄油、鲜奶油、奶油巧克力、巧克力米、巧克力碎皮、蛋白糖、糖粉、糖豆、糖花、吉利冻（Gelatine）、马司板以及各种果酱、各种新鲜水果和罐头制品等。

3. 西点表面装饰的手法

西点表面装饰的手法主要有：涂抹、淋挂、裱挤、捏塑、点缀等。

（1）涂抹　涂抹是表面装饰的初加工阶段。一般做法是先将一个完整的蛋糕坯用锯齿刀分割成若干层，然后用抹刀以涂抹的方法将装饰材料（如打发的奶油等）涂抹在每一层中间及外表，使蛋糕表面光滑均匀，便于对蛋糕作进一步的装饰。

（2）淋挂　淋挂是将溶化的巧克力浆或糖浆等通过浇、淋等方法，使点心表面在冷却后，形成相对光滑不粘手的效果（如巧克力蛋糕）。

（3）裱挤　裱挤是利用裱花袋或裱花纸筒，将打发的奶油等材料，通过裱花嘴挤注成各种图案的一种装饰手法。

（4）捏塑　捏塑是将马司板、蛋白糖等具有一定可塑性的材料，通过捏塑形成花、鸟、虫、鱼或卡通人物等极具观赏性的装饰制品，常用于蛋糕表面的装饰。

（5）点缀　点缀是根据点心装饰造型的需要，利用巧克力米、巧克力碎皮、糖粉、椰蓉等，在点心表面进行适当缀饰的一种装饰方法。在点心实际装饰过程中，往往由一种或几种装饰方法混合使用，以提高点心的装饰艺术效果。

（五）模具装饰

模具装饰是利用模具本身带有的各种花纹和文字来装饰点心。例如："生日快乐""圣诞快乐"等。

五、装饰要求

（一）实用性强，分量准确

西点用料讲究，无论是什么点心品种，其面坯、馅心、装饰、点缀等用料都有各自选料标准，各种原料之间都有适当的比例，而且大多数原料要求称量准确。

同时，西点装饰材料都是可食用的，而且严格控制添加剂的使用。

（二）色泽和谐，构图精巧

色彩是西点美的重要组成部分。点心制作有的使用原料配色，有的利用天然色素配色，在调配颜色时，要遵循美学规律，不能滥用，尽量做到色泽调和，并始终以衬托制品为出发点，不能掩盖了制品本身的色泽美。

西点的构图是对点心装饰艺术的主题、形成、色彩、结构等内容进行预先设计，以便使蛋糕造型的内容美、形式美、原料美、色彩美得到充分的体现。构图要简洁明快，主题突出，主次分明；以清新、自然为原则，加以造型和装饰；讲究色彩的和谐、优雅。

西点从造型到装饰，每一个图案或线条，都清晰可辨，简洁明快，给人以赏心悦目的感觉，让消费者一目了然，领会到你的创作意图。例如：制作一结婚蛋糕，首先要考虑它的结构安排，考虑每一层之间的比例关系；其次考虑色调搭配，尤其在装饰时要用西点的特殊艺术手法体现出你所设想的构图，从而用蛋糕烘托出纯洁、甜蜜的新婚气氛，能给人以美的享受。

（三）工艺性好，安全卫生

西点制品不仅要富有营养价值，而且在制作工艺上还具有工序繁、技法多（主要有捏、揉、搓、切、割、抹、裱形、擀、卷、编、挂等）、操作性强的特点。

同时，西点在制作过程中，比较注重操作人员和工具设备的卫生安全措施，保证西点产品的食用安全。

第二节　西点制作常用馅料与装饰料

一、西点常用馅料

常见的装饰用馅心主要有如下。

（一）黄金酱

原料配方：鸡蛋4个，糖粉200克，食盐5克，清水250克，玉米淀粉100克，黄油15克，熔化酥油750克，白醋5克。

制作工具或设备：煮锅，榴板，打蛋器。

制作过程：

①取一部分水先溶化淀粉，其他水和糖粉、盐、黄油煮开，再加入淀粉稀浆冲入成糊状。

②冷却后和鸡蛋加在一起用打蛋器边打边加入酥油，打好后加入白醋即可。

风味特点：色泽浅黄，口感细腻，可塑性强。

（二）奶酥馅

原料配方：黄油150克，细砂糖100克，鸡蛋50克，玉米淀粉15克，奶粉120克，蛋奶香粉5克。

制作工具或设备：搅拌桶，榴板，搅拌机。

制作过程：

①将黄油加上细砂糖，放入搅拌桶，用搅拌机搅打均匀发泡。

②然后分次加入鸡蛋搅打均匀。

③最后加入玉米淀粉、奶粉和蛋奶香粉拌匀。

风味特点：色泽浅白，奶香味浓。

（三）朱古力酥粒馅

原料配方：黄油100克，糖粉75克，低筋粉200克，可可粉50克，朱古力色香油15克。

制作工具或设备：搅拌桶，榴板，搅拌机。

制作过程：

①将黄油加上糖粉，放入搅拌桶，用搅拌机搅打均匀发泡。

②加入低筋粉低速拌匀。

③再加上可可粉和朱古力色香油拌匀，最后用手搓成细粒状。

风味特点：色泽褐色，具有朱古力的香味。

（四）麦提沙馅

原料配方：黄油250克，糖浆250克，朱古力酱25克。

制作工具或设备：搅拌桶，榴板，搅拌机。

制作过程：

①先将黄油放入搅拌桶内快速打至充分起发，呈膨松状。

②将糖浆缓缓加入，慢速搅拌至均匀，再加入朱古力酱慢慢拌匀。

风味特点：色泽褐色，具有黄油的奶香味。

（五）色拉酱

原料配方：鸡蛋黄4个，糖粉50克，食盐5克，白醋10克，色拉油500克，玉米淀粉15克。

制作工具或设备：搅拌桶，榴板，搅拌机。

制作过程：

①将蛋黄放入搅拌桶中，加入糖粉、食盐，慢速搅拌均匀，然后慢慢加入色拉油和白醋打至成细腻糊状。

②最后均匀拌入玉米淀粉即可。

风味特点：色泽浅黄，细腻味香。

（六）毛毛虫馅

原料配方：清水250克，砂糖50克，色拉油100克，蛋糕油25克，高筋粉120克，玉米淀粉25克，鸡蛋5个。

制作工具或设备：煮锅，搅拌桶，榴板，搅拌机。

制作过程：

①将清水、砂糖、色拉油、蛋糕油放入煮锅中烧开，然后放入高筋粉和玉米淀粉用榴板搅拌均匀。

②将熟面糊倒入搅拌机中快速搅拌至冷却。

③以快速分次慢慢加入鸡蛋打匀，再搅拌均匀即可。

风味特点：嫩黄细腻，口味香甜。

（七）香蕉馅

原料配方：黄油200克，糖粉200克，鸡蛋1个，香蕉糊300克，速溶吉士粉25克，低筋粉100克。

制作工具或设备：搅拌桶，榴板，搅拌机。

制作过程：

①将在室温下化软的黄油放入搅拌桶，加入糖粉搅打膨松，然后加入鸡蛋继续打匀。

②加入香蕉糊搅拌均匀。

③最后加入速溶吉士粉和低筋粉低速拌匀即可。

风味特点：色泽嫩黄，具有香蕉的香甜味。

（八）椰丝馅

原料配方：砂糖350克，椰丝150克，黄油50克，柠檬色香油15克。

制作工具或设备：搅拌桶，榴板。

制作过程：将所有原料混合即可。

风味特点：色泽浅黄，椰丝香甜。

（九）菠萝皮

原料配方：酥油250克，猪油250克，糖粉250克，蛋糕油5克，鸡蛋75克，低筋粉350克，高筋粉250克，香兰素2克。

制作工具或设备：搅拌桶，榴板，搅拌机。

制作过程：

①将酥油、猪油、糖粉和蛋糕油放入搅拌桶中，用搅拌机搅拌至发白，加入鸡蛋打匀。

②最后加入低筋粉、高筋粉和香兰素用榴板搅拌均匀。

风味特点：色泽浅黄，酥香味甜。

（十）卡士达馅

原料配方：蛋黄3个，砂糖75克，面粉25克，牛奶120克。

制作工具或设备：搅拌桶，榴板，打蛋器。

制作过程：

①3个蛋黄加上75克砂糖打成乳白色。

②加入面粉，以切拌方式搅拌。

③将加热后的牛奶慢慢倒入其中，并迅速搅拌，防止蛋黄结块。并在火上加热搅拌，直至黏稠。

④关火放凉并放入冰箱冷藏。

风味特点：色泽嫩黄，口感软香细腻。

（十一）苹果馅

原料配方：苹果100克，白砂糖20克。

制作工具或设备：厨刀、煮锅。

制作过程：

①将苹果去皮、去核，切成片，放在不锈钢锅里，加入白砂糖拌均匀，上火煮沸，不停地搅动，以防煳锅底。

②待苹果片煮熟以后，把苹果片捞出，再将苹果汁继续熬浓。

③然后把捞出的苹果片再次放入锅里，搅拌均匀，即成苹果馅。

④离火，冷却备用。

风味特点：色泽浅黄，微甜果香。

附：水果馅是指新鲜水果经烹煮而制成的水果泥。常用的水果是苹果，其次是桃、李、草莓、樱桃等。煮制过程中，如馅料汁液太多可用淀粉增稠。

（十二）苹果酱

原料配方：苹果100克，白砂糖80克，水50克。

制作工具或设备：煮锅，榴板，过滤筛。

制作过程：

①将苹果洗净去皮去核，加水煮沸，小火煮烂，过滤成苹果泥。

②再加入白砂糖，煮至120℃左右，离火冷却成苹果糖酱。

风味特点：色泽褐黄，细滑软甜。

注意事项：第一，要使用不锈钢锅，不能使用铁锅，以防颜色变黑。第二，上火熬时，要用榴板不停地搅动，以防锅底的糖酱烧煳。

（十三）橘子酱

原料配方：橘子100克，白砂糖70克，水50克。

制作工具或设备：厨刀，榴板，煮锅。

制作过程：

①将橘子剥皮、去核，橘子瓣切成小块。

②将橘子皮用刀片去内层的白瓤，将皮切成细丝，放入不锈钢锅里加水煮沸。

③待橘子皮煮透时，再将橘子瓣小块加入煮一煮。

④再加入白砂糖煮沸。

⑤在煮制过程中，使用榴板在锅内不停地搅动，熬至120℃左右。汁浓味稠，即为橘子酱。

风味特点：色泽浅黄，橘香宜人。

（十四）草莓酱

原料配方：鲜草莓100克，白砂糖80克。

制作工具或设备：厨刀，榴板，煮锅。

制作过程：

①把草莓去蒂、洗净，放入不锈钢锅里，加入白砂糖煮沸。

②在煮制过程中用榴板不停地搅动，以防熬煳锅底。

③熬至大约120℃离火冷却，即成草莓酱。

风味特点：色泽绯红，莓香甜浓。

（十五）福里吉百

原料配方：白砂糖100克，鸡蛋100克，奶油100克，杏仁粉100克，面粉5克，海绵蛋糕屑50克。

制作工具或设备：打蛋器，搅拌桶。

制作过程：

①将糖和奶油一起打发成膏状。

②分次加入蛋液，并搅打均匀。

③将杏粉、面粉和海绵蛋糕屑一起过筛，再加入上述混合物中，搅拌均匀即可。

风味特点：色泽洁白，细腻润甜。

（十六）柠檬冻

原料配方：水100克，白砂糖45克，鸡蛋（或蛋黄）20克，奶油10克，淀粉16克，柠檬皮与汁各5克。

制作工具或设备：打蛋器，搅拌桶。

制作过程：

①先用少量水把淀粉调成淀粉液。

②把糖放入剩余的水中，置于火上，加热至沸腾。

③将淀粉液冲入煮沸的糖水中，同时不断搅拌，防止结成团块。

④将蛋液（或蛋黄）、柠檬皮（切碎）和柠檬汁先混匀，再加入热糊中并搅匀。

⑤最后加入奶油，搅拌均匀即可。

风味特点：色泽浅黄，柠檬味浓。

（十七）奶酪馅

原料配方：奶酪100克，白砂糖30克，鸡蛋45克，奶油25克，面粉10克，盐0.5克，柠檬皮碎5克。

制作工具或设备：打蛋器，搅拌桶。

制作过程：

①把鸡蛋的蛋白与蛋黄分开，待用。

②将奶酪、蛋黄和一半糖放在一起搅打至光亮且有一定稠度为止。

③放入柠檬皮和熔化的奶油，搅拌均匀。

④加入筛过的面粉和盐，混合均匀。

⑤将蛋白搅打至有一定硬度，加入剩余的白糖搅打均匀。

⑥将⑤加入上述混合物中，搅拌均匀即可。

风味特点：色泽浅白，口感细腻。

（十八）焦糖奶油酱

原料配方：砂糖250克，水250克，鲜奶油50克。

制作工具或设备：煮锅，木搅板。

制作过程：

①将水和糖煮至焦糖色。

②加入鲜奶油拌匀即可。

风味特点：色泽浅褐，细腻爽滑。

（十九）香草布丁馅

原料配方：蛋黄25克，细砂糖25克，玉米淀粉10克，牛奶100克，香草水1克。

制作工具或设备：煮锅，榴板。

制作过程：

①将蛋黄、细砂糖用榴板搅打均匀。

②玉米淀粉溶于20%牛奶中拌匀；余下80%的牛奶煮沸后冲入，再把香草水加入拌匀。

③马上移至炉火上煮2分钟，注意不断搅动以免焦煳。

④煮好后表面撒一点糖粉，贴一张蜡光纸，放入冰箱内冷却，凝固后移出冰箱，随时备用。

风味特点：色泽浅黄，爽滑香甜。

（二十）黄酱子

原料配方：牛奶100克，面粉15克，鸡蛋黄25克，白砂糖20克，香草粉1克。

制作工具或设备：煮锅，打蛋器。

制作过程：

①将面粉过筛，加入白砂糖、香草粉、鸡蛋黄、20克牛奶，搅拌均匀，成为面糊。

②其余牛奶放入另一个小锅煮沸，用滚沸牛奶冲入面糊，边冲牛奶边搅拌面糊。

③将牛奶全部冲完，搅拌均匀，再上文火搅拌微沸，撤离火源，即成黄酱子。

注：做点心馅用，如泡芙灌馅等；烤小面包时，在小面包上挤花纹用。

风味特点：色泽褐黄，细腻爽滑。

（二十一）咖啡黄酱子

原料配方：白砂糖100克，牛奶250克，水300克，咖啡25克，鸡蛋黄50克，面粉50克。

制作工具或设备：煮锅，打蛋器。

制作过程：

①把水煮沸，放入咖啡，再次煮沸，离火过滤，去掉咖啡渣，咖啡汁留用。

②将面粉过筛，加入白砂糖、鸡蛋黄、适量牛奶，搅拌均匀成为面糊。

③将其余牛奶和咖啡汁放入另一个小锅，上火煮沸，将滚沸牛奶冲入面糊，边冲牛奶边搅拌面糊。

④将牛奶全部冲完，搅拌均匀，再上火搅拌微沸，撤离火源，即成咖啡黄酱子。

注：做点心馅用。再次上火微沸时，要不停地搅动，以防煳底。

风味特点：色呈咖啡，细腻香甜。

（二十二）可可黄酱子

原料配方：白砂糖100克，牛奶500克，面粉50克，鸡蛋黄75克，可可粉25克。

制作工具或设备：煮锅，打蛋器。

制作过程：

①面粉和可可粉掺在一起过筛，放入不锈钢锅里，加入白砂糖、鸡蛋黄、适量牛奶搅拌均匀，成为面糊。

②将其余牛奶放入另一个小锅，上火煮沸，用滚沸牛奶冲入面糊，边冲牛奶边搅拌面糊。

③将牛奶全部冲完，搅拌均匀，再上文火搅拌微沸，撤离火源，成可可黄酱子。

注：灌点心馅用，如灌巧克力泡芙馅。加入黄油内，即成巧克力黄油酱。在文火微沸时，要不停地搅动，以防煳底。

风味特点：巧克力色，口味香甜。

二、西点常用装饰料

西点中的装饰材料较多，常用的有巧克力类（巧克力纹饰、巧克力碎片、巧克力花等）、糖霜类（封登糖、糖粉膏、脆糖等）、膏类（黄油膏、鲜奶油膏等）、干鲜果品（杏仁片、葡萄干、草莓、猕猴桃等）、罐头制品（黄桃罐头、红樱桃等）以及其他装饰材料。常见的装饰料有以下几种。

（一）巧克力类

1．巧克力的概念

巧克力是以可可粉为主要原料制成的一种甜食。它不但口感细腻甜美，而且还具有一股浓郁的香气。巧克力可以直接食用，可被用来制作蛋糕、冰淇淋等，也可用于各种西点的装饰。

2．巧克力的种类

（1）根据巧克力的成分不同进行分类　西点中常用的巧克力有白巧克力、牛奶巧克力和黑巧克力之分。其中以牛奶巧克力最为普遍。

①白巧克力：白巧克力（white chocolate）是指不含可可粉的巧克力。白巧克力，因为不含有可可粉，仅有可可油及牛奶，因此为白色。此种巧克力仅有可可的香味，口感上和一般巧克力不同。也有些人并不将其归类为巧克力。同时，由于可可含量较少，糖类含量较高，因此白巧克力的口感会很甜。

②牛奶巧克力：牛奶巧克力（milk chocolate）是指至少含10%的可可浆及至少12%乳质的巧克力。好的牛奶巧克力产品，应该是可可与牛奶之间的香味达到一个完美的平衡。

③黑巧克力：黑巧克力或纯巧克力（dark chocolate）是指乳质含量少于12%的巧克力。

黑巧克力则是喜欢品尝"原味巧克力"人群的最爱。因为牛奶成分少，通常糖类也较低。可可的香味没有被其他味道所掩盖，在口中融化之后，可可的芳香会在齿间四溢许久。甚至有些人认为，吃黑巧克力才是吃真正的巧克力。通常，高档巧克力都是黑巧克力，具有纯可可的味道。但同时，因为可可本身并不具甜味，甚至有些苦，因此黑色巧克力较不受大众欢迎。

（2）根据巧克力的质地不同进行分类　主要分为硬质巧克力、软质巧克力和巧克力米等。

3．巧克力制品的制作原理

西点常用的巧克力有白巧克力、牛奶巧克力和黑巧克力，它们在面点中的使用决定于各巧克力中可可脂的含量。因为可可脂的含量决定巧克力的使用温度，一般说可可脂含量少，巧克力使用温度相对低（表14-1）。巧克力在面点中使用的最佳状态是在接近凝固点时使用，如挤字、吊花、造型等，这时的制品光亮且有立体感。可见，巧克力的调制和凝固点的掌握是保证巧克力制品质量的关键。

表14-1　可可脂含量与凝固温度的关系

巧克力名称	可可脂含量/%	凝固点温度/℃
白巧克力	20	28~31
牛奶巧克力	25	30~31
黑巧克力	32~34	30~32.5

4．巧克力制品的制作方法和要求

（1）巧克力制品的一般制作方法　巧克力制品的制作方法有多种，以常见的黑巧克力调制方法为例介绍：

黑巧克力调制的一般方法是"双煮法"，又称"水浴法"。具体做法是：将装有切碎巧克力的容器放入盛45～50℃水温的较大容器中，让巧克力间接受热溶化，待巧克力重新冷却至接近凝固点时使用。但对于不符合使用要求的巧克力可采用在巧克力溶解过程中加油的方法自行调节，以使巧克力的颜色更深，更光亮。如巧克力中可可脂含脂低，硬度不够，可添加可可脂调节，其用量要根据需要而定。

（2）巧克力制品的一般制作要求

第一，溶化巧克力的水温不要高于50℃，以免破坏巧克力的内部结构，造成渗油或翻砂煳底。

第二，盛装巧克力的器皿要洁净，以防杂菌污染。

第三，一次溶化巧克力的量。要据需要适度掌握，不要使用后剩余太多。因反复溶化的巧克力质量不佳。

第四，模制巧克力的模具要干燥洁净，这样出成品时便于脱模。

第五，模制巧克力冷冻时，冰箱温度不低于零度。时间要合适，以免冻裂或吸湿太多。

第六，贮存巧克力制品温度最好为15～18℃。

第七，巧克力溶点低，烘焙食品常添加卵磷脂以降低其粒性，使易于操作。

5．巧克力制品的制作案例

（1）巧克力花

原料配方：黑巧克力100克，白巧克力50克。

制作工具或设备：电磁炉，不粘锅，木勺。

制作过程：

①将巧克力切碎，用"双煮法"分别使之溶化。

②将溶化的巧克力分别装入两个油纸袋中。

③用黑巧克力挤出所需图案。

④在图案的空隙处填上白巧克力，自然冷却后，即为各种图案的巧克力花。

风味特点：色泽艳丽，表面光亮，香甜适中。

（2）巧克力碎

原料配方：黑巧克力100克。

制作工具或设备：刮刀。

制作过程：

①将大块黑巧克力取出，用刮刀在侧面将巧克力刮成碎卷或碎片。

②入冰箱冷藏即可。

风味特点：色泽棕褐，口感细腻，香味浓郁，具有巧克力风味的固态不规则体。适用于杯装、家庭装、脆筒类产品顶端装饰及混料，以及奶昔、冰冻甜品、蛋糕、咖啡等产品的制作。

（3）巧克力生日牌

原料配方：黑巧克力100克（或白巧克力100克）。

制作工具或设备：微波炉，生日牌模具，木勺，抹刀。

制作过程：

①将黑巧克力或白巧克力放入微波碗中，加热50秒，拿出搅匀，再加热20秒搅匀。

②取出生日模具，用木勺舀入巧克力浆。

③待凝固后打开模具上面的盖子，然后耐心地轻轻取出，脱模即可。

风味特点：色泽棕褐，口感细腻，具有相应的生日快乐的文字。

（4）巧克力围边

原料配方：黑巧克力100克（或白巧克力100克）。

制作工具或设备：微波炉，裱花袋，胶纸。

制作过程：

①将黑巧克力或白巧克力用微波炉加热熔化。

②装入裱花袋中，将裱花袋尖部剪个小孔。

③然后在胶纸上自由发挥，挤出网状、水滴状、栅栏状、花朵状小装饰件。

④待冷却凝结后取出即可。

风味特点：色泽自然，表面光亮，形状美观。

（5）巧克力卷筒网纹

原料配方：黑巧克力100克（或白巧克力100克）。

制作工具或设备：微波炉，卷筒，木勺，裱花袋，胶纸。

制作过程：

①将黑巧克力或白巧克力用微波炉加热熔化。

②装入裱花袋中，将裱花袋尖部剪个小孔。

③然后在胶纸上挤上网状纹饰。

④将胶纸旋转卷起，塞入卷筒中，待凝结后取出，轻轻撕下胶纸即可。

风味特点：色泽自然，造型立体。

（6）巧克力转印纹饰

原料配方：白巧克力100克。

制作工具或设备：微波炉，卷筒，刮板，转印纸，木勺。

制作过程：

①将白巧克力用微波炉加热熔化。

②取白巧克力在转印纸上抹平。

③用带锯齿的刮板将白巧克力刮出线条。

④然后卷起螺旋着塞入卷筒，待凝结后取出，就是一长条装饰纹饰。

风味特点：色泽自然，造型漂亮美观。

（7）香草巧克力树皮卷片

原料配方：香草巧克力150克。

制作工具或设备：煮锅，榴板，抹刀，锋利的刀子。

制作过程：

①将香草巧克力放在小锅内，浸在温水里，用榴板慢慢搅动，使巧克力完全熔化。

②将熔化的巧克力倒在大理石台板上，用抹刀来回涂抹。至巧克力凝结，然后用锋利的

刀子顺势一刀刀削卷，即成卷片。

风味特点：卷皮膨松，香浓味甜。

（8）巧克力果仁球

原料配方：各种果仁150克，海绵蛋糕边角碎料350克，朗姆酒或白兰地酒45克，香草黄油200克，香草巧克力1000克。

制作工具或设备：搅拌桶，榴板，内装温水的双层水锅，巧克力专用小工具，防油纸。

制作过程：

①将各种果仁放在烤盘内，进烤箱烤至微黄变香时取出，用刀斩碎备用。

②将海绵蛋糕碎料放搅拌桶内，加入碎果仁、酒和香草白脱奶油，用榴板拌至完全混合，然后用双手仔细地做成一只只大小均匀的蛋形，放一边待用。

③将香草巧克力放双层水锅内慢慢溶化并用榴板搅打均匀后，用巧克力小工具将一只只果蛋放入，待蘸满巧克力后捞出，放防油纸上待其凝固即成。

风味特点：外酥内松，香浓味甜。

（9）巧克力酱

原料配方：清水450克，可可粉35克，香草巧克力250克，白糖500克。

制作工具或设备：煮锅，榴板，筛子，洁净的盛器。

制作过程：

①将清水和可可粉一起放在一只较大的煮锅内，置火上加温至沸滚，加入香草巧克力并用榴板不断地搅动，使巧克力能较快地熔化。

②待巧克力能较快地熔化之后，再加入白糖并用榴板搅动几下，使糖溶化，待再沸滚时离火。

③稍冷后，用筛子过滤一下，装入洁净的盛器内备用。

风味特点：香浓味甜，呈流体状。

（二）糖霜类

1．糖霜类的概念

糖霜类就是以糖作为主要原料，有时加上水、蛋清、明胶粉、油脂、牛奶或色素等作为配料，通过各种工艺手段，使之成为可塑性材料，用以装饰或塑造成各种立体造型装饰品的一类制品。

2．糖霜类的种类

糖霜类是西点配料及装饰料的主要用料之一，在西点中有着广泛的应用。西点中常见的糖制品有封登糖、脆糖和糖粉造型制品等。

（1）翻糖　翻糖又称封登糖、封糖、翻砂糖，是西点挂面、装饰花及各种装饰图案的常用原料。此料在市场有售，但为降低成本，也可自行熬制。封登糖需经"双煮法"溶化后才能使用。若用火直接加热，则易使溶化的糖重新结晶，失去光亮。封登糖使用时的最佳温度时30～40℃，此时工艺性能最好，可根据需要调成各种颜色和口味。

（2）脆糖　脆糖是西点中技术性较高的一类制品。是由优质白糖经过高温熬制而成的一种坚脆的制品，脆糖具有透明和坚脆的特性，这是由于糖在加热过程中，糖液随着温度的升高，水分不断蒸发，逐渐达到饱和状态而产生的物理现象，脆糖的糖液温度一般为

152～160℃。脆糖需将糖液冷却至具有可塑性状态时使用，其成形方法可吹糖成形、手拔成形和借助模具成形等。

脆糖的花色品种很多，从外观看，有透明的、半透明、丝光状的等；从种类看，有动物制品、花卉制品、水果制品和各式造型制品等。

（3）糖粉膏　糖粉造型制品也是面点中技术性较强的装饰品。糖粉造型装饰所用的原料，在行业中称糖粉膏。糖粉膏是根据不同需要用糖粉与蛋白或与水及溶化的鱼胶等原料搅拌制成的，它具有色泽洁白、质地细腻、可塑性强的特点，在工艺中能制作人物、动物、花、鸟、鱼、虫和各种装饰品，其制品具有坚韧结实，摆放时间长，不走形，不塌架，既可食用又能欣赏的特点。

3．糖霜类的制作原理

糖霜类的制作原理主要是利用了白糖在不同的温度条件下，呈现出的不同物理和化学性状，然后有效地加以运用。例如：糖在制品中多呈细小的结晶状态，如添加其他成分如蛋清、明胶、油脂、牛奶等，即制成各种不同的装饰材料，使用时可采用浸蘸、涂抹、挤注、擀皮或包裹等方法进行装饰。

4．糖霜类的制作方法和要求

（1）糖霜类的制作方法　糖霜类的制作方法具体见"糖霜类的制作案例"。

（2）糖霜类的一般要求

①使用翻糖时，要注意溶化方法，不得在火上直接大火加热。

②熬制脆糖时，严格控制糖液温度。

③用糖粉造型时，要根据需要灵活掌握制品的硬度，正确选择液体原料，如蛋清或鱼胶液等。

5．糖霜类的制作案例

（1）翻糖

原料配方：白砂糖500克，葡萄糖75克，水175克。

制作工具或设备：不粘锅，木搅板，大理石板。

制作过程：

①将不锈钢或大理石案台刷洗干净，备用。

②把糖放入平底锅中，加入清水，搅拌后用中火加热至沸腾时，用刷子撇净糖沫并反复洗理锅边，以防止锅边缘煳化的焦糖返回到锅中，使糖变黑。

③糖完全溶化后，加入葡萄糖或醋精继续加热，当糖水的温度升到115℃时离火后，用事先准备好的凉水蘸一下锅底，以达到停止升温的目的。

④将熬好的糖稀倒在洒有一层冷水的案台上，待糖稀温度降到不烫手时，用刮板将糖稀铲到一起，随之用手掌用力往外推，搓，然后再用手拢回来，如此不断反复，当糖稀全部变成乳白色，形成柔软，细腻，洁白的团状物时，即为白毛粉。

⑤将制好的白毛粉放入容器中，表面洒点凉水，用湿布或加盖盖好，备用。糖水加入葡萄糖或醋精的作用，是加速双糖（白砂糖）转化为单糖的速度，防止翻砂，并使白毛粉洁白，细腻，滑润。

风味特点：口味甜酥、可塑性强。（可以加入少量色素染色使用；还可以加入炼乳或奶油混合使用。）

（2）皇家糖霜

原料配方：糖粉500克，蛋清100克，柠檬酸3克。

制作用具或设备：搅拌机。

制作过程：将2/3的糖粉与蛋清一起打匀，然后再加入剩余的糖粉和柠檬酸继续打匀，成品用湿布盖住备用。

风味特点：色泽洁白、口感细腻。（可以加入少量色素染色使用；糖霜的硬度可以用蛋清调节，蛋清越多，硬度越低。）

（3）普通糖膏　又称普通糖皮，干佩斯（Gum paste）。

原料配方：糖粉100克，颗粒糖20克，葡萄糖20克，水60克，明胶3克，皇家糖霜20克。

制作用具或设备：煮锅，搅拌机。

制作过程：

①先将明胶浸泡于水中待用。

②把水、颗粒糖和葡萄糖放入锅中加热至沸腾，即成糖浆。

③将软化的明胶放入糖浆中，搅拌至明胶溶化。

④待糖浆略微冷却加入皇家糖霜搅拌均匀。

⑤加入糖粉，混合成光滑的糊即止。

风味特点：色泽洁白，细腻爽滑。

（4）札干　又称糖皮，是用明胶片、水和糖粉调制而成的制品。是制作大型点心模型、展品的主要原料。札干细腻、洁白、可塑性好，其制品不走形、不塌架，既可食用，又能欣赏。具有一定的可塑性，既可擀成皮，又可捏成一定的形状，可做成花、鸟、动物等模型，用于高档西点的装饰。

原料配方：糖粉500克，明胶片20克，水35克。

制作用具或设备：煮锅，木搅板，大理石案板。

制作过程：

①将明胶置容器中凉水浸泡大约30分钟。

②控出水分，再置于开水水浴中加温，使泡软的明胶部溶化。

③将糖粉过筛放在大理石板案板上，将溶化了的明胶趁热和糖粉搅拌均匀，找好软硬，搓匀，调制成糖粉面团，即为札干。

注：制作大型礼品蛋糕和橱窗摆放展品，包皮、包边用。制作雕塑人物、动物、植物、花朵、花叶等。制成的糖粉面团应装在塑料袋里密封保存，以防表皮干燥，影响使用；糖粉面团制作的半成品，必须放置干燥处，使其加速干燥，以便进行下道工序；糖粉面团制作的成品，必须注意不能溅上水，不能受潮湿，以防损坏；根据用途的需要，调剂好糖粉面团的软硬程度，以便使用顺手；需要加入色素的，必须加入色面，不能加入色水，以防影响糖粉面团的硬度；明胶用凉水浸泡时，泡软泡透即成；调制糖粉面团过程中，如发现韧性太大，可以再少加一点水，加入一些糖粉，使糖粉面团韧性缓和，便于使用。但不能加水过多，又加糖粉，使糖粉面团发糟，不好使用。

风味特点：色泽洁白、口感细腻。（可以加入少量色素染色使用。）

（5）马子阪　马子阪——是英文Marzipan的译音，又称杏仁糖皮、杏仁膏、杏仁糖膏、杏仁糕、杏仁面、杏仁泥。是用杏仁、砂糖加适量的朗姆酒或白兰地酒制成的。它柔软细腻、气味香醇，是制作西点的高级原料，它可用于制馅、制皮，捏制花鸟鱼虫及植物、动物等装饰品。

原料配方：糖粉300克，鸡蛋清2个，明胶粉5克，沸水50克，杏仁粉120克，杏仁白兰地酒5克，玉米粉35克。

制作用具或设备：搅拌桶，打蛋器，筛子，刮板，大理石板。

制作过程：

①将明胶放在搅拌桶内，冲入沸水用打蛋器迅速搅打均匀备用。

②将糖粉和杏仁粉一起过筛后，在大理石板上围成一个圈，圈内加入鸡蛋清、杏仁白兰地酒和备用的明胶水，然后用力反复揉搓。

③在大理石板上不断地撒上玉米粉，将杏仁糖团放在上面揉，直至光滑细腻即可使用。

风味特点：色泽洁白、可塑性强。

（6）糖水

原料配方：白糖500克，清水300克。

制作用具或设备：煮锅，榴板，细筛子，洁净的盛器。

制作过程：

①将白糖和清水一起装在锅内，放火上烧煮并用榴板稍稍搅动，以防煳底，烧至滚沸时离火。

②待稍冷却后，用细筛子过滤一下，去除浮沫和杂质，盛放在洁净的盛器内备用。

风味特点：黏稠香甜，洁净明亮。

（7）糖丝

原料配方：白砂糖100克，水50克。

制作用具或设备：煮锅，筷子，操作台，白纸，木棍。

制作过程：

①熬糖：把白砂糖、水上火煮沸，用木搅板搅动，使砂糖全部溶化，停止搅动，熬成脆糖，即将糖熬的能够滴在冷水里成固体，脆不粘牙以后，再使熬的糖稍稍有一点变黄，撤离火源。

②甩丝：把三根长木棍放在操作台上，1/3突出台外，在操作台附近的下边铺上白纸，手持几根竹筷，伸向糖锅沾糖，用劲往已摆好的木棍上左右来回甩，甩完后沾糖再甩，直至甩得糖丝够用为止。甩好后，将糖丝放在通风干燥后，备用。

风味特点：细如发丝，脆而浅黄。（常用点缀慕斯、蛋糕等点心。）

（8）返砂糖（又称泡沫糖）

原料配方：白砂糖100克，糖粉10克，鸡蛋清15克，水10克，泡打粉1克。

制作用具或设备：煮锅，木搅板。

制作过程：

①将白砂糖、适量水上火熬开，用木搅板搅动，以防煳锅底。

②待砂糖全部溶化后，即可不必搅动，煮至大约140℃，撤离火源。

③糖粉、适量蛋清搅拌至颜色变白，投入少许泡打粉搅拌均匀。

④倒入糖浆锅里，使用木搅板急速搅拌，搅拌均匀使其膨胀即可。

⑤冷却后使用。

风味特点：色泽洁白，泡沫成形。（常用于制作假山、石头，装饰大型蛋糕用。）

（9）富奇糖 又称富吉糖，由与糖再与油脂、乳品一起混合而成，它比翻糖更细腻光滑。

原料配方：奶油100克，翻糖180克，炼乳16克。

制作用具或设备：煮锅，木搅板。

制作过程：

①将翻糖温化后，加入奶油，混合均匀。

②加入炼乳，然后搅打至呈光滑的糊状即可。

注：使用时与翻糖一样，需经温水浴融化至有一定的流动性，也可加入可可粉或色素与香精制成巧克力型或不同色泽与风味的制品。

风味特点：色泽浅白，细腻滑爽。

（10）洛加特果仁糖

原料配方：白砂糖100克，柠檬汁15克，杏仁（或其他果仁）碎粒70克。

制作用具或设备：煮锅，木搅板，刀。

制作过程：

①把糖和柠檬汁放入锅内小火加热，同时不断搅拌至糖溶解和溶化。

②升高温度继续加热，直至糖液变成浅琥珀色。

③加入果仁碎粒搅匀，稍许加热后再离火。

④倒在一涂有油的案板上，用刀不断翻动至冷即可。

风味特点：色呈琥珀，酥脆香甜。

（三）膏类

膏类装饰料是一类光滑、细腻，具有可塑性的软膏，其结构为泡沫与乳液并存的分散体系，糖在制品中呈细小的微晶态。主要有油脂型（如奶油膏）和非油脂型（如蛋白膏）两类。各种膏类装饰料可以根据需要加入可可粉、咖啡粉、食用色素、食用香精等，对其色泽和风味加以变化和修饰。

1．奶油膏

方法（1）：糖粉法

原料配方：糖粉500克，奶油1000克。

制作工具或设备：搅拌机。

制作过程：将糖粉与奶油一起用搅拌机打匀呈膏状，备用。

风味特点：色泽洁白，口感细腻。

方法（2）：糖浆法

原料配方：奶油100克，白砂糖50克，水25克，柠檬酸0.2克。

制作工具或设备：搅拌机。

制作过程：

①把糖溶于水中，加热至沸腾，加入柠檬酸，小火煮沸约30分钟，糖浆温度约104℃。

②将糖浆在搅拌机搅拌下降温至50℃，加入奶油慢速拌匀，然后快速打发至呈光滑且有一定硬度的膏状。如奶油太硬，需预先加温打发。最后可加少许色拉油以增加光亮度，冬天可在一定程度上防止奶油膏凝固变硬。也可将奶油打发，然后在搅拌下分次将糖浆加入。

风味特点：色泽洁白，口感细腻。

2．法式奶油膏

原料配方：奶油100克，砂糖100克，蛋黄（或全蛋）50克，水16克。

制作工具或设备：搅拌机。

制作过程：

①把糖和水放入锅中加热呈沸腾，继续加热至糖浆温度达到116℃。

②将蛋黄或全蛋先搅打均匀，再加入糖浆，同时不断搅拌冷却至室温。

③分次加入奶油，同时不断搅打至呈光滑的膏状。

风味特点：色泽洁白，膨松细腻。

3．德式奶油膏

原料配方：奶油100克，白砂糖45克，鸡蛋35克。

制作工具或设备：搅拌机。

制作过程：

①将糖和蛋一起搅打成蓬松的膏状。

②将奶油打发待用。

③将糖蛋膏状物分次加入打发的奶油中，同时不断搅打至成为光滑的奶油膏。

风味特点：色泽洁白，膨松细腻。

4．意式奶油膏

原料配方：奶油100克，白砂糖100克，蛋白45克，水20克。

制作工具或设备：煮锅，搅拌机。

制作过程：

①将2/3的白砂糖和水一起熬制成糖浆，温度为116℃。

②与此同时，将余下的糖与蛋白一起打发，再将糖浆缓缓冲入打发的蛋白中，同时不断搅拌至冷却。

③加入打发的奶油，搅打均匀即成。

风味特点：色泽洁白，膨松细腻。

5．杏仁奶油膏

原料配方：杏仁膏100克，细砂糖100克，奶油100克，鸡蛋110克，高筋面粉75克，朗姆酒15克。

制作工具或设备：搅拌缸，搅拌机。

制作过程：

①用中速将杏仁膏、细砂糖、奶油搅拌均匀，使无颗粒存在。

②鸡蛋分4～5次慢慢加入拌匀，每次添加时需将机器停止，并将缸底括净。

③继续搅拌均匀。高筋面粉最后与朗姆酒一齐加入拌匀。

注：用有盖的罐子盛装，用毕后剩余的贮放于冰箱中。杏仁奶油膏形同面团状，质地柔软细腻，气味香醇，有浓郁的杏仁香气，可塑性强。可用于制作西式干点、馅料、挂面和捏制各种装饰物用于蛋糕的装饰。

风味特点：色泽乳白，柔软细腻。

6．咖啡奶油膏

原料配方：鸡蛋2个，白糖100克，速溶咖啡15克，牛奶500克，玉米淀粉50克，黄油75

克，咖啡甜酒15克，奶油膏300克。

制作工具或设备：搅拌桶，打蛋器，煮锅。

制作过程：

①将鸡蛋和白糖放在一起用打蛋器搅打至发白，加入速溶咖啡再次搅打均匀。

②将牛奶和黄油放在锅内煮沸，加入少许用清水调匀的玉米淀粉，搅打均匀并继续煮沸，再放入蛋糖混合物搅打均匀并烧煮至沸时离火。

③待冷透后，拌入咖啡甜酒和奶油膏，拌和均匀即成。

风味特点：咖啡口味，装饰性强。

7．蓝莓奶油膏

原料配方：牛奶500克，蓝莓果酱75克，白糖100克，玉米淀粉50克，奶油膏300克。

制作工具或设备：搅拌桶，打蛋器，煮锅。

制作过程：

①将牛奶、蓝莓果酱和白糖一起装在锅内，放火上烧煮至沸，加入少许用清水调匀的玉米淀粉，用打蛋器搅打均匀并再次滚沸时离火。

②冷透后，细心地拌入鲜奶油膏，并拌和均匀即成。

风味特点：蓝莓口味，装饰性强。

8．樱桃奶油膏

原料配方：鸡蛋2个，白糖100克，玉米淀粉40克，牛奶500克，黄油50克，糖渍樱桃50克，樱桃白兰地酒15克，奶油膏300克。

制作工具或设备：搅拌桶，打蛋器，煮锅。

制作过程：

①将鸡蛋和白糖一起放在搅拌桶内，搅打至发白时，加入玉米淀粉拌匀。将牛奶和黄油放在锅内煮沸，冲入搅拌桶内调匀之后，仍倒回锅中，继续煮沸并不断搅拌，至煮沸并熟透时离火，放一边冷却。

②将糖渍樱桃用锋利的刀切成碎末，和樱桃白兰地酒一起放入鸡蛋混合物内，再次搅拌均匀透，再加入鲜奶油膏拌匀即成。

风味特点：樱桃口味，装饰性强。

9．柠檬奶油膏

原料配方：柠檬2个，鸡蛋黄3个，白糖125克，玉米淀粉40克，牛奶500克，黄油50克，奶油膏250克。

制作工具或设备：蔬菜刨，小刀，搅拌桶，榨汁器，打蛋器。

制作过程：

①将柠檬洗净后，放蔬菜刨上刨出外皮碎屑备用。再用小刀剖开柠檬，榨出果汁备用。

②将鸡蛋黄和白糖一起放在搅拌桶内，搅打至发白后加入玉米淀粉拌匀。将牛奶和黄油放在锅内煮沸，倒入鸡蛋混合物内搅匀后，仍倒回锅中继续煮沸至熟透，放一边冷却。

③将柠檬碎屑、汁和打起的鲜奶油膏依次拌入冷透的鸡蛋混合物内拌和均匀即成。

风味特点：柠檬口味，装饰性强。

10．黄油酱

原料配方：黄油100克，糖水80克，香草粉1克。

制作工具或设备：搅拌缸，搅拌机。

制作过程：

①黄油放入不锈钢搅拌缸里化软，搅拌变白，陆续加入糖水，边搅拌边加入，每加入一次糖水，都应把黄油和糖水搅拌均匀细腻。

②再加入香草粉搅拌均匀，即成黄油酱。

注：黄油酱做圆蛋糕、小蛋糕、大型礼品蛋糕抹面、挤花用；可以加入红、绿食用色素挤花朵、花叶用。每次使用完，将剩余的黄油酱即刻送入冰箱保存，以防温度过高，造成变质。下次使用时从冰箱取出，化软搅拌均匀细腻后再使用。

风味特点：色泽乳白，甜香细腻。

11．可可黄油酱

原料配方：黄油100克，糖水80克，可可粉5克，橘子香精1克。

制作工具或设备：搅拌缸，搅拌机。

制作过程：

①将黄油放入搅拌缸中化软，搅拌变白，分次加入糖水，每加一次糖水，都应把黄油和糖水搅拌均匀细腻，再加下一次糖水。

②把糖水全部搅拌完后，将可可粉过筛加入黄油内，搅拌均匀，放入橘子香精搅拌均匀即成。

注：可用于制作圆蛋糕、小蛋糕、大型礼品蛋糕抹面，挤花用。每次使用完，剩余的可可黄油酱，即刻送入冰箱保存，下次使用时，再从冰箱取出化软搅拌均匀使用。

风味特点：巧克力色，细腻黏稠。

12．咖啡黄油酱

原料配方：黄油100克，咖啡5克，水50克，砂糖50克。

制作工具或设备：煮咖啡器具，搅拌缸，搅拌机。

制作过程：

①水煮沸后加入咖啡，再次煮沸，过滤去掉咖啡渣。

②加入白砂糖，再上火煮沸，使糖全部溶化，离火、冷却后成咖啡糖汁。

③将黄油放入搅拌缸中软化，搅拌变白，陆续加入咖啡糖汁，边搅拌边加入，每次倒入糖汁，都应把糖汁和黄油搅打均匀细腻，然后再加下一次糖汁。

④待糖汁全部加完，搅拌均匀即成。

注：做蛋糕抹面，挤花用。每次使用完剩余的咖啡黄油酱，即刻送入冰箱保存，下次使用时，再从冰箱取出化软，搅拌均匀使用。

风味特点：色泽棕黄，细腻甜香。

13．欧式快速奶油蛋白霜

原料配方：蛋白40克，细砂糖100克，奶油100克，起酥油60克，香草水1克。

制作工具或设备：搅拌缸，搅拌机。

制作过程：

①将蛋白和糖一起放在搅拌缸内拌匀放在炉火上用小火加热至45℃，不时搅动，以免蛋白焦煳。

②待全部糖溶化后用中速打至干性发泡。

③改慢速把奶油、起酥油、香草水等分批加入拌匀后，再改中速或快速打至适当浓度即可。

风味特点：色泽乳白，细腻有型。

14. 意大利奶油蛋白霜

原料配方：细砂糖100克，水35克，葡萄糖浆20克，蛋白35克，糖粉30克，奶油80克，起酥油120克，乳化剂3克，香草水0.5克。

制作工具或设备：煮锅，木搅板，搅拌机。

制作过程：

①将水、细砂糖、葡萄糖浆煮至115℃，防止焦煳。

②在温度达到112℃时开始中速搅打蛋白至湿性发泡，把热糖浆慢慢冲入蛋白内，待搅打至湿性发泡后把糖粉筛匀加入，再打至干性发泡。

③最后把奶油、乳化剂、香草水用慢速分批加入拌匀后，再改中速或快速打至适当浓度。

注：在夏季可使用2%的明胶溶于10%的水中在第二步热糖浆冲入蛋白后加入。或使用2%的琼脂粉和糖水一起煮至115℃（琼脂粉须全部溶化，否则会有颗粒，如煮至115℃，琼脂仍未溶化可多添水再煮），可增加装饰料的稳定性及可塑性，使装饰的花样更为生动。

风味特点：色泽透亮，细腻爽滑。

15. 蛋白膏

原料配方：糖粉500克，蛋清200克，柠檬酸1克。

制作工具或设备：搅拌机。

制作过程：将糖粉与蛋清、柠檬酸一起打匀呈膏状，备用（也有将蛋清打发后，加入烧开的糖浆继续打发的做法，所以，蛋白膏又称烫蛋白）。

风味特点：色泽洁白，口感细腻（可以在打制的过程中加入溶化的明胶，搅打至细腻的膏状）。

16. 意大利蛋白膏

原料配方：白砂糖100克，蛋清40克，水50克，果酸1克。

制作工具或设备：煮锅，木搅板，搅拌机。

制作过程：

①把糖和水放进干净的锅中加热至沸腾，撇去糖液表面浮沫。

②将糖浆继续加热至116～118℃。在糖浆沸腾后开始搅打蛋清，放入果酸，直至形成坚实的蛋白泡沫为止。

③在慢速搅拌下，将离火的糖浆趁热呈缓缓细流状加入到蛋白泡沫中。

④所有糖浆加完后，用中速继续搅拌至形成细腻且有一定硬度的蛋白膏为止（约需5分钟）。注：第一，蛋清打发的程度，可用一根筷子插入泡沫后而不倒来鉴别。第二，蛋白膏相对稳定性较差，制作好后应在尽可能短的时间内用完。第三，为增加蛋白膏的凝结和稳定性，可加入1%的琼脂。琼脂可预先用水浸软，待完全溶化后，再加入糖熬制糖浆。第四，根据需要，蛋白膏中也可加入各种色素和香精。第五，蛋白膏不仅可用于西点的裱花装饰，而且还可以添加杏仁、核桃、花生、椰蓉等制成蛋白饼干和小点心。

风味特点：色泽洁白，细腻光滑。

17．法式蛋白膏

原料配方：蛋白100克，细砂糖100克，糖粉100克，香草水1克。

制作工具或设备：搅拌机。

制作过程：

①用中速将蛋白打至湿性发泡，加细砂糖后继续用中速打至干性发泡。

②加香草水拌匀，糖粉筛匀后倒入用慢速拌匀即可。

注：本蛋白膏可用大平口花嘴加上裱花袋挤成杯状进炉烘烤，出炉后放水果馅，也可作各种法国小点心及派的表面装饰。

风味特点：色泽洁白，细腻味甜。

18．瑞士蛋白膏

原料配方：蛋白100克，细砂糖100克。

制作工具或设备：搅拌机。

制作过程：

①蛋白、糖放在洁净的盆内，放在炉火上隔水或直接用小火加热至45℃。

②在加热过程中需不断搅动，以免蛋白煮焦。

③待全部砂糖溶化后移至搅拌机中用中速或快速打至干性发泡。

注：本配方可用作指形蛋白小西饼或派的装饰，并可添加奶油做蛋白奶油霜饰。

（四）果冻类

果冻又称冻胶，加热时溶化，冷却时凝结成冻。常用于西点的装饰以及新鲜水果的表面上光，还可以直接用作冷食。冻胶可由天然压榨果汁，借助于自身果胶的胶凝作用凝结而成；也可以加入凝结剂如明胶、琼脂的方法制成。

1．琼脂果冻

原料配方：琼脂100克，水1200克，白糖50克。

制作工具或设备：磁化炉，不粘锅。

制作过程：将琼脂与水一起加热，并不断搅拌至琼脂溶化，加入白糖，沸腾后晾凉，备用。

风味特点：色泽透明、口感滑腻。（如直接用于食用可注入模具中晾凉后，取出。）

2．上光果冻

原料配方：明胶50克，水1200克，白糖150克，柠檬酸1克。

制作工具或设备：磁化炉，不粘锅。

制作过程：将明胶与水一起加热，并不断搅拌至明胶溶化，加入白糖、柠檬酸，沸腾后晾凉，备用。

风味特点：色泽澄清、口感滑爽。（如直接用于食用可注入模具中晾凉后，取出。）

3．草莓果冻

原料配方：明胶粉10克，沸水300克，白糖100克，草莓香料0.5克，食用红色素微量。

制作工具或设备：搅拌桶，打蛋器，细筛子。

制作过程：

①将明胶粉放在搅拌桶内，冲入沸水后迅速用打蛋器搅打，至明胶完全溶化。

②将白糖、草莓香料和食用色素加入搅拌桶，继续搅打均匀并调制成最自然的色泽，然

后用细筛子过滤一下即成。

风味特点：草莓味浓，清澈透明。

4．薄荷果冻

原料配方：明胶粉10克，沸水300克，白糖100克，薄荷甜酒15克。

制作工具或设备：搅拌桶，打蛋器，细筛子。

制作过程：

①将明胶粉放在搅拌桶内，冲入沸水后迅速用打蛋器搅打，至明胶完全溶化，然后加入白糖再搅打至溶化。

②待明胶溶液稍冷后，加入薄荷甜酒搅匀，并用细筛子过滤一下即可食用。

风味特点：薄荷味浓，清澈透明。

第三节　西点装饰案例

一、蛋糕装饰

目前蛋糕的装饰方法主要有蛋糕的表面装饰、蛋糕的裱形方法和蛋糕的塑形工艺等。

（一）**蛋糕的表面装饰**

蛋糕的表面装饰是借助于黄油、鲜奶油、奶油巧克力、巧克力米、巧克力碎皮、蛋白糖、糖粉、糖豆、糖花、吉利冻、马司板以及各种果酱、各种新鲜水果和罐头制品等材料，通过一定的手法，把从生活上积累的一些素材，经过艺术构思，借助于丰富多彩的各种装饰原料，在蛋糕表面进行装饰的一类美化方法。

（二）**蛋糕的裱形方法**

蛋糕的裱形方法是对蛋糕进行再加工、美化的一种装饰方法。通常通过裱花袋和裱花纸筒和不同花形的裱花嘴配合，借助不同的挤注方法，裱制成形（具体做法见本章）。

（三）**蛋糕的塑形工艺**

随着社会的发展，人民生活水平的提高，人们追求时尚的同时，对艺术蛋糕口感及制作工艺有了更高的要求。蛋糕的表面装饰的工艺由平面转到艺术立体造型，欣赏此类蛋糕需要从食用和美学的角度去审视它的艺术价值。

塑形工艺类原料主要有人造黄油、杏仁膏、巧克力、糖粉膏和面塑。西点中常见的塑型工艺类有糖塑、黄油雕、巧克力雕塑等。

1．**糖塑**

糖塑制品主要有以砂糖、麦芽糖为主要原料的糖塑、糖画、皮糖、嵌糖模板等，以糖粉膏或糖霜、胶糖团、札干等为主要原料的糖粉模型、糖板。可以用于蛋糕以及其他西点的装饰。

（1）糖艺装饰　随着制糖技术在西点行业的兴起，糖塑已经作为一件食品装饰插件的可食性加工制品，其色彩丰富绚丽，质感别透，三维效果清晰，几乎成为西点行业中最奢华的展示品和装饰材料（部分制作案例见本章"糖霜类"内容）。

此外，集糖塑与糖画于一身的时尚糖艺制作也正风靡，制作糖体的材料也更加广泛，糖艺产品也从西点装饰产品转化为可独立创造的观赏性艺术品，从个体的糖艺制品演变为大型糖艺组合。

（2）翻糖蛋糕　翻糖蛋糕是一款甜点，制作原料主要有蛋糕、牛奶、咖啡等。

①历史溯源：18世纪，人们开始在蛋糕内加上野果，也开始在蛋糕表面上抹一层糖霜，以增加蛋糕的风味。20世纪20年代，开始以三层婚礼蛋糕为主流。最下层用来招待婚礼宾客使用，中间分送宾客带回家，最上层则是保留到孩子的洗礼仪式后再使用。20世纪70年代，澳大利亚人发明了糖皮，英国人引进后加以发扬光大，但在当时这种蛋糕只是在王室的婚礼上才能见到，因此它也被视为贵族的象征。后来，英国利用这些材料制作出各种花卉、动物、人物，将精美的手工装饰放在蛋糕上，赋予蛋糕特别的意义和生命。

②用料：翻糖音译自fondant，常用于蛋糕和西点的表面装饰。是一种工艺性很强的蛋糕。它不同于我们平时所吃的奶油蛋糕，是以翻糖为主要材料来代替常见的鲜奶油，覆盖在蛋糕体上，再以各种糖塑的花朵，动物等作装饰，做出来的蛋糕如同装饰品一般精致、华丽。因为它比鲜奶油装饰的蛋糕保存时间长，而且漂亮，立体，容易成形，在造型上发挥空间比较大，所以是国外最流行的一种蛋糕，也是婚礼和纪念日时最常使用的蛋糕。

由于翻糖蛋糕用料以及制作工艺的与众不同，其可塑性是普通的鲜奶油蛋糕所无法比拟的。可以说，所有你能想象到和不能想象到的立体造型，都能通过翻糖工艺在蛋糕上一一实现。

③制作方法：翻糖蛋糕的糕体必须采用美式蛋糕的制作方法，运用新鲜鸡蛋、进口奶油与鲜奶等最天然的食材，甚至会添加新鲜水果或进口白兰地腌渍过的蔬果干，增加了口味、口感、果香等。

案例　翻糖蛋糕

原料配方：

蛋糕（8寸蛋糕+6寸蛋糕）：低筋粉150克，色拉油50克，鸡蛋300克，白糖150克，香草粉3克，盐0.5克。

翻糖：糖膏200克，干佩斯50克。

蛋白糖霜：糖粉200克，黄油100克，蛋白50克。

配料：粉红色素0.005克，橙色色素0.005克，淡紫色色素0.005克，咖啡色素0.005克，粉扑（糖粉+熟玉米淀粉）35克，珍珠糖35克。

制作工具或设备：搅拌机，烤箱，模具，擀面杖。

制作过程：

①将鸡蛋的蛋白和蛋黄分离，蛋白打入无水无油的干净盆中，蛋黄直接打入装有油的容器中，加入四分之一的糖在蛋黄混合液中，搅拌均匀。

②再分三次加入过筛的低筋面粉和盐，搅拌均匀。

③将糖分次加入在蛋白中，用电动搅拌器搅打成白色的泡沫，加入几滴白醋，继续搅拌，直到搅拌头前能立起小竖尖。

④将蛋白的三分之一倒入蛋黄混合液中搅拌均匀，再将搅拌均匀的蛋黄混合液再倒入剩余的蛋白中。

⑤由下向上轻轻搅拌混合均匀，倒入模具中，放入预热好的180℃烤箱中，中下层，烤

制40分钟。

⑥先用粉扑将糖粉均匀地扑在案板上以免下面操作时粘连。

⑦用牙签将粉色素粘在糖膏上，揉搓均匀到理想色后，用不粘面杖擀成一大圆片，把干佩斯用小号的五瓣花模具取出相应的糖花。

⑧把干佩斯用大号的五瓣花模具取出相应的糖花，同样的方法将其他所有的糖花准备好。

⑨取一大糖花放在操作海绵上，用小圆头在中心点按压下去，让它稍微凹陷下去，用大圆头这边在每一瓣花上用中间点向外拖。

⑩再将圆头沿着每瓣花瓣边缘滚动一下，做好的大瓣的梅花稍微整理一下，向中间团团，这样更立体。

⑪将小瓣的五瓣花移放在海绵上后，也用圆头从花中间向每瓣花外拖拽，拖拽后再用圆头在中间按压一下，它会团起来。

⑫同样的方法将大小梅花初步准备好备用，用笔调上橙色将中间的花蕊画出。

⑬同样方法将所有的花蕊都画出来，再用小圆头蘸点蜂蜜点在中心。

⑭在中心的放上一小珍珠糖点缀，再取一糖膏搓成长条后剪成一小节。

⑮搓成上尖下圆的椭圆形的花蕊，同样的方法制作其他花蕊备用。

⑯将蛋白，糖粉和黄油称量好放入容器中，将它们搅拌均匀；混合成为蛋白糖霜，将蛋白糖霜涂抹在蛋糕表面。

⑰准备好所需要的淡紫色的糖膏，用不粘面杖擀成大圆片。

⑱覆盖在蛋糕体上，切去多余的边角，整理一下。

⑲调制出树干需要的咖啡色糖膏，擀成尖细长条。

⑳在反面涂上蛋白糖霜，粘在蛋糕体上。

㉑按照自己的喜好粘好其他的树枝，在上面粘贴好制作的梅花和花苞。

㉒将蓝色、淡紫色和橙色的糖膏搓成细长条，扭转成麻花粘在蛋糕的底部，围成蛋糕边。

风味特点：色泽艳丽，造型美观。

2．黄油雕

黄油雕是最近几年发展较快的食品雕刻新形式。它用的是一种人造黄油——酥皮麦淇淋作为塑造原料，这种黄油具有含水少、黏性强、易储藏等特点，故赢得了许多专业人士的青睐。

在食品雕刻这类形式中，果蔬雕等用的是减料法，即先在一个完整坯料上刻画出作品的大致轮廓，然后再逐步修掉多余的材料，最终展现出作品的外貌形态。不过，这种方法有个致命的缺陷，那就是基本上没有弥补作品缺陷的空间。而黄油雕则多采用的是加料法，即先扎好坯架，然后再往上面添加涂抹黄油。这种采用加料法的黄油雕，骨架扎到哪里，料就可以加到哪里，在空间走势上可以随心所欲，并且还不用担心受原料形状的限制，这算是黄油雕的一大优势。

一件黄油雕作品在制作过程中可以分为立意构图、扎架、上油、细节塑造、收光等几个步骤，可以用于大型蛋糕以及其他西点的装饰。

3．巧克力雕塑

巧克力雕塑主要有两种方式可以做，第一是熔出一块大巧克力，直接用巧克力来雕，其二就是先做好模子，用模子翻巧克力。巧克力的制作的确是需要长时间的培训和实践，对温度的掌控、铸模、塑形、喷色等技巧都很要功底。俗话说会者不难，难者不会！技巧的事情经过努力都会达到的，但是对造型和审美、趣味的体现绝不是一朝一夕能做到的，需要综合素质的长期培养。

二、面包装饰

面包装饰通常有两种方法：一种是面包表面装饰；另一种是面包馅心装饰。

（一）面包表面装饰

给面包皮润色可以让你的面包看起来非常诱人，并且增加面包的风味，给面包皮润色的方法很多，例如：为了使装饰材料能够黏附在面包表皮上，最好的办法就是刷蛋液。在刷蛋液的时候，蛋液中可以加上水、牛奶、黄油、植物油、糖、芝麻、葵花籽、小麦麸、洋葱、香草等，既可以美化面包表面，又可以增加面包的风味。

（二）面包馅心装饰

面包馅心装饰就是利用馅心的可食性、可塑性、装饰性和色泽鲜艳的特点，采用不同的上馅手法，使面包具有不同的装饰效果。

三、其他西点装饰

除了以上蛋糕和面包装饰方法之外，其他西点的装饰各有特点，都是一门集绘画、雕刻、生活、自然于一体的艺术。西点装饰旨在体现充实自然界的美，它是集写生、变化、理想升华于一体的设计艺术；也是富有个人感情色彩的意向造型。

西点装饰是人为意向的情感审美的结果，为达到生活的形式美，在装饰上多进行夸张与自然的创造。西点装饰是吃的艺术、装饰技法、人为意向、个人审美情趣与生活艺术相结合的视觉艺术。

? **思考题**

1. 西点装饰的目的是什么？
2. 西点装饰从哪些方法进行设计？
3. 西点装饰的类型有哪些？
4. 西点装饰的方法有哪些？
5. 西点装饰的要求有哪些？
6. 西点常见的装饰用馅心主要有哪些？
7. 西点常用装饰料有哪些？
8. 简述巧克力的概念和种类。
9. 简述巧克力制品的制作原理。
10. 简述糖霜类装饰料的概念和种类。
11. 简述糖霜类装饰料的制作原理。

12. 什么是札干（Sugar paste）?

13. 什么是马子阪（Marzipan）?

14. 简述膏类装饰料的概念和种类。

15. 简述果冻类装饰料的概念和种类。

16. 蛋糕装饰方法有哪些?

17. 简述翻糖蛋糕的制作方法。

18. 简述面包装饰的方法。

第十五章

西点制作与饮食习俗

第一节　西点制作与国外传统节日

国外的节日很多，以新年、情人节、复活节、母亲节、父亲节、万圣节、感恩节和圣诞节最为隆重，也是西方国家普遍庆祝的节日，这些传统节日都有特定的点心配餐和饮食风俗。

一、新年

在西方国家，尽管圣诞节才是最大的节日，新年在人们心目中仍占有不可替代的重要地位。除夕之夜晚会是庆祝新年到来必不可少的活动。西方各国的人们都喜欢在欢快的乐曲和绚丽的光彩中喜气洋洋地度过一年的最后一个夜晚。新年期间的食品以蛋糕和面包为主。下面遴选几个国家具体介绍相关习俗：

1. 法国

法国以酒来庆祝新年，人们从除夕起开始狂欢痛饮，直到1月3日才终止。法国人过年，除了传统食物猪肉、牛肉、羊肉、鸡肉、鸭肉、鹅肉、鱼、虾，甚至还有狗肉、马肉、蜗牛、骆驼肉、袋鼠肉、鳄鱼肉等。

法国新年当天的晚餐，法国中北部的奥尔良、西部的昂热、南部的阿韦龙等地，过年当天的晚餐主角是肥猪、猪血肠、猪肉酱，还有家庭自制的火腿；法国西南部的普瓦图夏朗德，过年当天晚餐以野味为主，野猪、雉鸡、竹鸡、鹭等，主食是干饼之类；法国南部的普罗旺斯，过年当天的晚餐以海鲜为主，鲜鱼、生蚝、龙虾、蜗牛，蔬菜、干果为辅；法国大部分地区，过年当天的晚餐都有鹅肝酱、香肠。

2. 意大利

意大利人的除夕是狂欢之夜。当夜幕开始降临，人们纷纷涌向街头，燃爆竹放焰火，男男女女翩翩起舞，一直跳到午夜时分。意大利人新年之时家家户户都要吃蜂蜜汤团，取意"生活富有、圆满、甜蜜"之意，跟我们国家的汤圆寓意相似。过新年的时候谁吃得多，来年就更幸福。意大利人新年还流行吃小扁豆，因为形似硬币，意大利人将它作为富裕的象征。

3. 德国

德国的新年，庆祝时间前后有一周。德国人把豆类当作是财富的象征，他们的年夜饭中通常会搭配扁豆汤、豌豆等豆制品，以期来年有好运。鲱鱼和螃蟹也是德国人年夜饭中经典的美食，他们还相信在口袋里装一些鱼鳞就会交好运。当然，香肠、马铃薯、德国啤酒、葡萄酒都是德国人庆祝新年必不可少的餐品，奶油则是人人用餐必备的调料。

4. 英国

英国的新年庆祝活动大都在除夕火夜举行，"迎新宴会"，便是其中之，这种宴会分"家庭宴会"和"团体宴会"两种，宴会通常从除夕晚上8时开始直至元旦凌晨结束。宴会上备有各种美酒佳肴和点心，供人们通宵达旦地开怀畅饮。午夜时分，人们打开收音机，聆听教堂大钟的新年钟声，钟声鸣响时，人们一片欢腾，举杯祝酒，尽情欢呼。"除夕舞会"则是另一种庆祝活动。夜幕降临。人们身着节日盛装，从四面八方集中到广场，在美妙的乐声中翩翩起舞，围绕着广场中心的喷泉和厄洛斯神像，载歌载舞，尽情狂欢。

5. 瑞士

瑞士人有元旦健身的习惯，他们有的成群结队去爬山，站在山顶面对冰天雪地，大声歌唱美好的生活；有的在山林中沿着长长的雪道滑雪，仿佛在寻找幸福之路；有的举行踩高跷比赛，男女老幼齐上阵，互祝身体健康。以健身来迎接新一年的到来。

6. 西班牙

西班牙人过新年要一家人聚在一起吃葡萄。新年十二点的钟声刚开始敲响，大家便争着吃葡萄。谁能伴着钟声吃掉12颗葡萄，就能在新的一年里月月顺心如意。每颗葡萄还有不同的寓意，比如"求平安""求和睦""避难""祛病"等。

7. 希腊

希腊人在过年时，一家人会在一年的最后一天做新年蛋糕，叫作 Vasilopita。当新年钟声敲响的时候，就开始切蛋糕。

切蛋糕前，先用刀在蛋糕上划三次十字，然后一块块地切，前三块分别是 St. Basil, Christ, and The Virgin Mary，第四块是 for the house，然后按家中长幼次序依次分。有意思的是在蛋糕里要放进一枚硬币，如果谁吃到了这枚硬币，那么谁就会在新的一年里赚大钱，行大运！谁就成了新年最幸运的人，大家都向他祝贺。

8. 美国

美国人在元旦要吃鲱鱼。原因有两个，一是鲱鱼总是成群结队地游弋，象征着一个大家族的富裕繁荣；二是鲱鱼在水中总是向前方游进，吃了它，寓意在新的一年中不断进步，超越自我。北美的印第安人每到除夕之夜，他们就举办赋有特征的"篝火晚会"，一家人围在篝火周围，欢欣鼓舞，谈笑自若。待至晨曦微露，他们再把寒酸衣物付诸一炬，作为除旧迎新的标志。

9. 俄国

俄罗斯人的传统饮食素以简单粗犷为特征，平日用餐制作和食用的时间都比较短。但是到了节假日，特别是新年他们会摆出一大桌美食与家人慢慢享用，比如烤鸭或烤鹅、奶酪、黑鱼子酱、香肠、烧鸡块、黄油面包、蔬菜汤、含有杏仁和葡萄干的手抓饭等，当然还有配佳肴的美酒伏特加。还有一种重要的食物在俄罗斯人的年夜饭中必不可少——馅饼。馅饼在俄罗斯蕴含着太阳、节日、丰收、健康、幸福等美好的含义，其原料以黄米、荞麦、面粉类为主，做法和样式多样，最后佐以果酱、鱼子酱，非常美味。

二、情人节

情人节（Saint Valentine's Day）是英美等国一个十分重要的节日，时间是每年的2月14日。

1．情人节由来

关于情人节的起源有许多不同的解释，现在大多无法考证，其中比较流行的说法是：它是为了纪念罗马基督教殉道者St. Valentine而设的。

值得注意的是情人节不仅仅是年轻人的节日，也是一个大众化的节日。情人节这一天，不仅仅情侣们互赠卡片和礼物，人们也给自己的父母、老师以及其他受自己尊敬和爱戴的人赠礼物和卡片。特别引人入胜的是情人节之夜的化装舞会。

2．情人节种种

不知是由于人们对爱情忠诚的信仰，还是商业上的炒作，如今在一年里，每个月的14号，加上传统的圣·瓦伦丁日，已经有了12个不同的情人节。

第一，日记情人节（Diary Day）：1月14日。在这一天，情侣们会互赠足够记录一整年恋爱情事的日记本，以此象征两人将携手走过未来一年，并留下更多美好回忆。

第二，西方传统情人节（Double Seventh Festival）：2月14日，是西方的传统节日之一。男女在这一天互送巧克力、贺卡和花，用以表达爱意或友好，现已成为欧美各国青年人喜爱的节日。

第三，白色情人节（White Day）：3月14日是白色情人节。流行的解释是说，2月14日男生要是收到女生的礼物，那就应该在一个月之后的白色情人节有个答复。

第四，黑色情人节（Black Day）：4月14日，是黑色情人节。穿黑色套装、黑帽子、黑皮鞋，吃黑豆制成的面条，喝咖啡也不加奶精，享受黑咖啡的苦涩原味。

第五，黄色与玫瑰情人节（Yellow and Rose Day）：5月14日也是情人节，在这一天穿着黄色衬衫或黄色套装，吃黄色咖喱饭，就是告诉大家："I am still available（我还是单身)!"的最好暗示。

第六，亲吻情人节（Kiss Day）：6月14日亲吻情人节，这是个属于成双成对恋人的重要节日。

第七，银色情人节（Silver Day）：7月14日是银色情人节，是把你的意中人带回家给老爸老妈认识，或介绍给其他你所尊敬的长辈的好机会。

第八，绿色情人节（Green Day）：8月14日名为绿色情人节，这可不是说要环保什么的，绿色情人节当然和葱郁的森林脱不了关系。

第九，音乐情人节与相片情人节（Music Day and Photo Day）：9月14日这天。音乐情人节这一天举办大型社交活动。

第十，葡萄酒情人节（Wine Day）：10月14日，这一天恋人们轻啜葡萄美酒，庆祝充满诗意的秋天。

第十一，橙色情人节与电影情人节（Orange Day and Movie Day）：11月14日，电影情人节这一天，情侣们可以连赶两场电影，或许先看一部紧张刺激的动作片发泄压力，然后再来一部感人肺腑的浪漫爱情片，再互拭泪水。

第十二，拥抱情人节（Hug Day）：12月14日，人们和自己情人抱多久都可以，在公开的场合拥抱，向世人宣告他们的爱意，也让寒冷的冬天变得格外温馨。

情人节点心主要配备各种巧克力、心形蛋糕、各种曲奇饼干等。

三、复活节

复活节是西方国家隆重而又盛大的宗教节日。按照习俗，复活节的日期是3月21日起月圆后的第一个星期日。复活节的清晨，当天边刚抹上一缕晨曦时，婉转而深沉的乐曲开始响彻天空。在乐曲的感召下，基督教徒从四面八方涌向教堂、公园或公共广场去迎接复活节的黎明，纪念基督耶稣的复活。

复活节是在庄严、隆重的气氛中开始的。教徒们在音乐的伴奏下唱着圣歌、颂歌、念着赞美诗，表达他们对耶稣复活的欢乐和喜悦心情。复活节的教堂烛光通明。据说，烛身象征着耶稣的圣体，烛芯是耶稣的灵魂，烛光表示耶稣神性和人性的统一。在复活节里，人们穿着节日盛装。教堂仪式结束后，人们习惯于沐浴在春天和煦的阳光下，漫步于青枝绿叶之间，呼吸着春天的气息。

1. 复活节由来

据说复活节（Easter）一词源于盎格鲁撒克逊民族神话中黎明女神的名字Eos。它的原意是指冬日逝去后，春天的太阳从东方升起，把新生命带回。由于该词寓意新生，于是被基督教教徒借用过来表示生命、光明、欢乐的恩赐者耶稣再次回到人间。

据"福音书"记载："基督耶稣生于公元1世纪。他是上帝的独生子，生于耶路撒冷城外的伯利恒，母亲是童贞女，名叫'玛利亚'。因'圣灵感孕'而生耶稣。耶稣为赎人类罪孽而降生为人，故称为'救世主'。"耶稣继承犹太教部分教义并加以改革创新。他特选了12个门徒，赋予他们传教的使命和权利。后来为犹太教当权者所仇视，被捕送交罗马帝国犹太总督彼拉多，由其判决耶稣钉死在十字架上，3天后复活。复活节就是为纪念耶稣复活而定的。

2. 复活节风俗

西方国家的复活节有各种风俗。比如，有的在复活节那天里烧毁犹大的模拟像，他是背叛耶稣的一个门徒。在忏悔日里，基督教徒要去教堂忏悔以赎罪，复活节星期一（Easter Monday）是复活节庆祝活动的高潮。在英国伦敦的海德公园每年这天都举行大规模的庆祝游行。有些西方国家在这天还要举行传统的"滚鸡蛋"活动。复活节前40天称大斋期（Lent）。大斋期开始这天，基督教徒要举行礼拜仪式。牧师将棕榈叶的灰——基督徒称之为圣灰，涂在礼拜者的额前，以告诫教徒们生命之短暂，要行善事而赎人类之罪。复活节前的星期日称圣日（Holy week），传说耶稣是在星期日抵达耶路撒冷的，人们在耶稣经过的路上铺上棕榈枝叶，表示欢迎。

3. 复活节彩蛋

染色的鸡蛋是复活节的标志。古代春阳节，人们互赠染色的蛋以表示互相祝福。染色的蛋有一定的含义。黄色的表示庆祝春天的到来；红色的表示生活的欢乐。基督教徒将鸡蛋看作为"新生"的象征，用红色来表达耶稣复活的喜悦心情。复活节的早晨，孩子们会意外地发现一个染色的鸡蛋。当然，一些大一点的孩子喜欢自己动手给鸡蛋染色，或进行别有风味的装饰。现在，西方国家的复活节市场上，已经可以看到巧克力、水果布丁等制作的鸡蛋。例如：这段时期上市的彩蛋有两种。小的一种叫方旦糖，长一英寸多一点，外面是一层薄薄的巧克力，里面是又甜又软的面团，然后再用彩色的锡箔纸包装成各种形状。另外一种是空蛋，稍微大一点，一般比鸭蛋还大一点。里面什么也没有，只是包着一个巧克力外壳。只需打碎外壳，吃巧克力片。复活节临近时，糖果店的橱窗里会摆满比这些更精美的彩蛋。同时还有各种各样的用来吸引孩子们的小礼物出售。上面装饰有毛茸茸的羊毛做的小鸡，小鸡的嘴和脚都粘在卡片上。幸运的孩子可能从亲友那儿得到好几种这样的礼物。

4．复活节兔子

兔子是复活节的又一标志。关于复活节的兔子有很多传说。一种说法是：古时候，复活节的日子是以月亮的盈亏决定的，而月槐树下的兔子与月亮是形影不离的，所以，古人用兔子作为复活节的象征。另一种说法是：在德国有一个贫穷的母亲，在复活节里没钱给孩子们买更多的食品，于是就染色一些鸡蛋，把这些蛋藏在草丛的草窝里，然后让孩子们去找。当孩子们寻找鸡蛋时，忽然有一只兔子从草窝中窜出来，有个孩子大声叫道："兔子给我们送来了复活节的染色蛋。"从此，兔子和染色蛋成了复活节的一种标志。

复活节除了配备各式彩蛋、巧克力蛋、巧克力兔子等，还有其他食品，如奶油、乳酪、面包等。

5．复活节食物

复活节中美国人的食品也很有特点，多以羊肉和火腿为主。据传说，有一次上帝为羊肉和火腿考验亚伯拉罕的忠诚之心，命令他把独生子以撒杀掉作祭品，亚伯拉罕万分痛苦，最后，他还是决定按上帝的旨意去做，就在他举刀砍向儿子的一瞬，上帝派天使阻止了他，亚伯拉罕便将一只公羊为祭献给了上帝。以后，用羊作祭品祭祀上帝就成了该节的习俗。

四、母亲节

1．节日由来

母亲节（Mother's Day）是英美等国家为了表达对母亲的敬意而设的一个节日。日期是每年的5月第二个星期日。母亲节起源于19世纪60年代的美国。据说当时在美国费城有一个小地方，人们之间彼此关系不十分友好，经常打架。当时有一位叫Mrs. Jarvis的女士希望能改变这种状况，于是她就开始了一个所谓"母亲友谊节"（Mother's Friendship Day）。在母亲友谊节这一天便去看望其他人的母亲，并劝她们能和好如初。于1905年5月9日去世，她的女儿Miss Anna Jarvis继承了她的事业，继续努力，并决心建立一个纪念母亲的节日。于是她开始给当时有影响的人写信，提出自己的建议。在她的努力下，Philadelphia于1908年5月10日第一次庆祝了母亲节。

2．节日习俗

每逢母亲节，做儿女的会送给自己的母亲节日贺卡、鲜花以及母亲们喜欢的精美礼物等，同时，在这一天做父亲的会领着子女们包揽家务，以便让做母亲有个休息的机会。

五、父亲节（Father's Day）

1．节日由来

每年的6月的第三个星期日为父亲节。主要在美国和加拿大有此节日。父亲节起源于20世纪初的美国。据说当时在华盛顿州有一位名叫布鲁斯·多德的人，她年幼丧母，兄弟姐妹六人全靠父亲抚养成人。父亲的这种既为人父，又为人母的自我牺牲精神极大地感动了她。长大后，她积极倡导父亲节，并说服当时华盛顿州的州长和斯波坎市的市长作一次特殊的礼拜仪式向父亲们表达敬意。后来在1916年她的建议得到了伍德罗·威尔逊总统的官方承认。从此父亲节便成为美国的一项传统节日。

2．节日习俗

按照习惯，父亲节这一天，做孩子的通常一大早就起床给父亲做一顿丰盛的早餐，端到父亲的床头，感谢父亲的养育之恩。另外，父亲节这一天，孩子们还向父亲赠送礼物，所送的一般是父亲喜欢的衣服和爱喝的酒。

3．世界各地父亲节日期

2月13日：俄罗斯

3月17日：比利时、意大利、葡萄牙、西班牙（圣约瑟日）

5月7日：韩国（双亲节）

5月31日：德国

6月4日：丹麦

6月第一个星期日：立陶宛

6月第二个星期日：奥地利、比利时

6月第三个星期日：阿根廷、加拿大、智利、哥伦比亚、哥斯达黎加、古巴、厄瓜多尔、法国、印度、爱尔兰、日本、马来西亚、马耳他、墨西哥、荷兰、巴基斯坦、巴拿马、秘鲁、菲律宾、新加坡、斯洛伐克、南非、瑞士、土耳其、英国、美国、委内瑞拉、津巴布韦

6月20日：保加利亚

6月23日：尼加拉瓜、波兰

7月最后一个星期日：多米尼加共和国

8月8日：中国台湾

8月第二个星期日：巴西

9月第一个星期日：新西兰、澳大利亚

11月第二个星期日：爱沙尼亚、芬兰、挪威、瑞典

12月5日：泰国（普密蓬·阿杜德国王的生日）

六、万圣节

1．节日由来

10月31日夜是西方国家的万圣除夕。万圣除夕起源于公元前1000年左右的中欧、西欧凯尔特部落。凯尔特人崇拜祭司神（Druid）。据凯尔特人的宗教信仰记载：每年的10月31日，

死亡之神和黑夜之神要将天下亡灵驱赶到祭司神面前。又一传说：罗马人认为祭司神的新年是11月1日。这天，祭司神召集天上的神灵以安抚有罪的亡灵。出自这种古老的传说，现今的万圣节都要摆上纸剪的妖魔鬼怪、女巫精灵。按照基督教的习惯，每年的万圣节，是纪念所有圣徒的日子。

2. 节日习俗

（1）装神弄鬼　万圣节的许多活动都与迷信有关。万圣除夕的前一星期，孩子们在家长的帮助下开始准备鬼怪面具和望而生畏的服饰。入夜（万圣除夕），当打扮得狰狞可怕的孩子们出现在家长面前时，家长要表示害怕，这样孩子们会感到很快活。有的孩子用扫帚柄将头带尖顶帽，身披黑长纱裙的"女巫"送到邻家的屋顶上；有的孩子用被单裹在身上，扮成鬼怪精灵；有的孩子则拿着或戴着令人恐惧的骷髅画到处吓人。

在英国，万圣节前夕可以说是一个鬼节。因为大多数活动都与"鬼"有关。每到万圣节前夕这天晚上，人们就围坐在火炉旁，讲述一些有关鬼的故事，有时让一些在场的小孩听起来害怕。有的人把萝卜或甜菜头挖空，做成一个古怪的头形的东西，在上面刻上嘴和眼睛，在其内放上一支点燃的蜡烛，看上去古怪，然后把它挂在树枝上或大门上，据说这样可以驱逐妖魔鬼怪。

（2）制作瓜灯　"杰克灯"或叫"南瓜灯"（Jack-o'-lantern）的样子十分可爱，做法也极为简单。将南瓜掏空，然后在外面刻上笑眯眯的眼睛和大嘴巴，再在瓜中插上一支蜡烛，把它点燃，人们在很远的地方便能看到这张憨态可掬的笑脸。挖出的南瓜瓤可以做成可口的南瓜馅饼。

（3）挨家乞讨　万圣节的一个有趣内容是"Trick or treat（不给糖就捣乱）"，始于公元九世纪的欧洲基督教会。那时的11月2日，被基督徒们称为"ALL SAINT DAY"（万灵之日）。在这一天，信徒们跋涉于僻壤乡间，挨村挨户乞讨用面粉及葡萄干制成的"灵魂之饼"。据说捐赠糕饼的人家都相信教会僧人的祈祷，期待由此得到上帝的佑护，让死去的亲人早日进入天堂。这种挨家乞讨的传统传至今日则演变成了孩子们提着南瓜灯笼挨家讨糖吃的游戏。见面时，打扮成鬼精灵模样的孩子们千篇一律地都要发出"不请客就要捣乱"的威胁，而主人自然不敢怠慢，忙声说"请吃！请吃！"同时把糖果放进孩子们随身携带的大口袋里。还有一种习俗，就是每家都要在门口放很多南瓜灯，如果不请客（不给糖），孩子们就踩烂他一个南瓜灯。

1950年，美国费城的儿童首先提出要将万圣除夕"乞讨"得来的食品让全世界儿童共享。之后，美国儿童又提出万圣除夕要"乞讨"钱而不是食品。这样，就可以通过联合国儿童基金会将"乞讨"得来的钱寄给别的国家的儿童。现在，在万圣除夕经常可以看见背着联合国儿童基金会字样的小布袋的儿童。联合国儿童基金会有专人负责万圣除夕儿童"行乞"的活动。

（4）节日食物　南瓜灯笼、苹果和玉米是万圣除夕的吉祥物和标志。南瓜馅饼、爆玉米花和苹果汁是万圣除夕的点心。由于万圣夜临近苹果的丰收期，太妃糖苹果（toffee apples）成为应节食品。其他特色食品还有：粟米糖、热苹果酒、烘南瓜子。而万圣节的传统食物是苹果汁、爆玉米花、南瓜馅饼和女巫状的生姜饼等。

七、感恩节

感恩节是美国民间传统节日，时间是每年11月的第四个星期四。

1. 感恩节由来

感恩节的起源有一段有趣但很复杂的历史，这一段历史要从英国的宗教史说起。大约16世纪中叶，在英国教会内出现了改革派。他们主张清除教会内残留的天主教旧制和烦琐的礼仪，取消教堂内华丽的装饰，反对封建王公贵族的骄奢淫逸，主张过勤俭清洁的简朴生活，因而被人称为清教徒。清教徒中又分为温和派和激进派。温和派主张君主立宪，代表大资产阶级和上层新贵族的利益。激进派则提倡共和政体，坚持政教分离，主张用长老制改组国会，代表中小资产阶级贵族的利益，后来遭到当局的迫害，部分清教徒于是被迫逃亡国外。

1620年9月，102名英国清教徒乘坐"五月花"号木船（Mayflower）从英格兰的普利茅斯（Plymouth）出发，经过将近3个月的海上漂泊，于当年12月23日来到美洲的Massachusetts东南部的Plymouth港口，并在附近意外地找到一个印第安人的村落，他们发现村内无人于是定居下来。但是当时是冬天，又人生地不熟，白手起家，缺衣少食，以及疾病的侵袭等原因，到第一个冬天结束时，活下来的只有50来人。但有幸的是，第二年的春天，这批幸存下来的移民得到了当地印第安人的热心帮助。善良的印第安人给他们种子，教他们打猎，教他们根据当地的气候特点种庄稼等。就这样，在印第安人的帮助下，再加上移民们的艰苦奋斗，终于迎来了1621年的大丰收。

为了感谢上帝赐予的大丰收，移民们决定举行一次盛大的庆祝活动，同时也是为了感谢印第安人的热心帮助。于是他们在1621年的11月下旬的一个星期四，与邀请来的曾帮助过他们的印第安人一起举行了一个庆祝活动。他们在天亮时鸣放礼炮，举行宗教仪式，虔诚地向上帝表示感谢。然后他们用自己猎取的火鸡以及自己种的南瓜、红薯、玉米等做的美味佳肴，隆重庆祝上帝的赐予，这便是美国历史上的感恩节的开始。

1789年美国第一任总统华盛顿正式宣布将11月26日作为过感恩节的日子。一直到1941年由国会通过了一项决议，将每年11月的第四个星期四作为全国统一庆祝感恩节的日子。届时，家家团聚，举国同庆，其盛大、热烈的情形不亚于中国人过春节。

2. 集体庆祝

每逢感恩节这一天，美国举国上下热闹非凡，人们按照习俗前往教堂做感恩祈祷，城乡市镇到处举行化装游行、戏剧表演和体育比赛等，学校和商店也都按规定放假休息。孩子们还模仿当年印第安人的模样穿上离奇古怪的服装，画上脸谱或戴上面具到街上唱歌、吹喇叭。散居在他乡外地的家人也会回家过节，一家人团团围坐在一起，大嚼美味火鸡，并且对家人说："谢谢!"。美国当地最著名的庆典则是从1924年开始的梅西百货感恩节游行。

3. 节日购物

感恩节购物已经成为美国人的习俗。从感恩节到圣诞节这一个月，美国零售业总销售额能占到全年的1/3强，是各个商家传统的打折促销旺季。疯狂的购物月从感恩节的次日（星期五）开始，这一天即被称为黑色星期五。之所以叫这个名字，据说是因为周五这天一大早，所有人都要摸着黑冲到商场排队买便宜货，这种行为有个非常形象的说法，叫Early Bird（早起的鸟儿）。在外国"感恩节"和中国的春节一样重要。

4．节日食物

感恩节的食品极富传统色彩。每逢感恩节，美国人必有肥嫩的火鸡可吃。火鸡是感恩节的传统主菜。它原是栖息于北美洲的野禽，后经人们大批饲养，成为美味家禽，每只可重达四五十磅。现在仍有些地方设有猎场，专供人们在感恩节前射猎，有兴趣的人到猎场花些钱，就能亲自打上几只野火鸡回家。使节日更富有情趣。感恩节的食物除火鸡外，还有红莓苔子果酱、甜甘薯、玉蜀黍、南瓜饼、沙拉、自己烘烤的面包及各种蔬菜和水果等，最后的甜点当然有美味的南瓜派，也可以准备核桃派或苹果派。这些东西都是感恩节的传统食品。

5．节日游戏

（1）蔓越橘竞赛　感恩节宴会后，有些家庭还常常做些传统游戏。有种游戏叫蔓越橘竞赛，是把一个装有蔓越橘的大碗放在地上，4～10名竞赛者围坐在周围，每人发给针线一份。比赛一开始，他们先穿针线，然后把蔓越橘一个个串起来，3分钟一到，谁串得最长，谁就得奖。至于串得最慢的人，大家还开玩笑地发给他一个最差奖。

（2）玉米游戏　还有一种玉米游戏也很古老。据说这是为了纪念当年在粮食匮乏的情况下发给每个移民5个玉米而流传下来的。游戏时。人们把5个玉米藏在屋里，由大家分头去找，找到玉米的5个人参加比赛，其他人在一旁观看。比赛开始，5个人就迅速把玉米粒剥在一个碗里，谁先剥完谁得奖，然后由没有参加比赛的人围在碗旁边猜里面有多少玉米粒，猜得数量最接近的奖给一大包玉米花。

（3）南瓜赛跑　人们最喜爱的游戏要算南瓜赛跑了。比赛者用一把小勺推着南瓜跑，规则是绝对不能用手碰南瓜，先到终点者获奖。比赛用的勺子越小，游戏就越有意思。

八、圣诞节

每年12月25日是基督教创始人耶稣的诞辰，也是基督徒最盛大的节日——圣诞节，按基督教教义，耶稣是上帝之子，为拯救世人，降临人世。所以圣诞节又称"耶稣圣诞瞻礼""主降生节"。

圣诞节指圣诞日（Christmas Day）或圣诞节节期（Christmastide），即12月24日至第二年1月6日这段时间。另外人们把12月24日夜称为圣诞前夜（Christmas Eve）。

1．圣诞由来

基督宗教于公元1世纪由巴勒斯坦拿撒勒人耶稣创立。他是上帝的独生子，为圣灵感孕童贞女玛丽娅而降生；他曾行过很多神迹，让瞎子复明，跛子行走，死人复活，但是因为犹太公会不满耶稣基督自称为上帝的独生子、唯一的救赎主，把他交给罗马统治者钉死在十字架上；死后第三天复活，显现于诸位门徒，复活第40天后升天；还会于世界末日再度降临人间，拯救人类，审判世界。被12使徒中的犹大叛卖并受难，受难日为星期五，最后的晚餐连耶稣、瓦伦丁有13人，所以在西方，13是人们忌讳的数字，并且与星期五一起视为凶日。

2．圣诞前夜

圣诞夜，又称平安夜，即圣诞前夕（12月24日），在大部分基督教社会是圣诞节庆祝节日之一。但现在，由于中西文化的融合，已成为世界性的一个节日。届时，千千万万的欧美人风尘仆仆地赶回家中团聚。圣诞之夜必不可少的庆祝活动就是聚会。大多数欧美家庭成员团聚在家中，共进丰盛的晚餐，然后围坐在熊熊燃烧的火炉旁，弹琴唱歌，共叙天伦之乐；

或者举办一个别开生面的化装舞会，通宵达旦地庆祝圣诞夜是一个幸福、祥和、狂欢的平安夜、团圆夜。圣诞之夜，父母们也会悄悄地给孩子们准备礼物放在长筒袜里。

3．圣诞树

圣诞树的起源众说不一，但圣诞树可以说是圣诞节最重要的装饰点缀物。圣诞树通常使用整棵塔形常绿树（如杉、柏等），或用松柏树枝扎成一棵塔形圣诞树。树上挂满了闪闪发光的金银纸片、用棉花制成的雪花和五颜六色的彩灯、蜡烛、玩具、礼物等装饰品。树顶上还装有一颗大星，树上的彩灯或蜡烛象征耶稣是世界的光明，大星则代表耶稣降生后将三位东方贤人引到伯利恒的那颗星。

4．圣诞老人

圣诞老人是西方老幼皆知的典型形象，是圣人与神灵的结合体，是仁爱与慷慨的代名词。一般认为圣诞老人是一个留着银白胡须、和蔼可亲的老人。他头戴红色尖帽，身穿白皮领子的大红袍，腰间扎着一条宽布带。传说圣诞老人在圣诞夜驾着八只梅花鹿拉的满载着礼品的雪橇，从北方雪国来到各家，由烟囱下来，经过壁炉到房间内，把糖果、玩具等礼品装进孩子们吊在壁炉和床头上的袜子里。

相传圣诞老人是罗马帝国东部小亚细亚每拉城（今土耳其境内）的主教圣尼古拉的化身。17世纪荷兰移民把圣诞老人的传说带到了美国。美国英语中的圣诞老人为"圣塔·克劳斯"（Santa Claus），在荷兰语中原为"圣尼古拉"。圣尼古拉主教生前乐善好施，曾暗地里赠送金子给一农夫的三个待嫁的女儿作嫁妆，将一袋金子从烟囱扔进去，恰好掉在壁炉上的一只长筒袜中。所以在圣诞夜有不少天真的孩子都把袜子口朝上小心翼翼地吊在壁炉旁或床头，期待圣诞老人送来礼物。

在现代英美等国家，有不少百货商店为吸引和招揽顾客，在圣诞节期间会专门派人扮成圣诞老人，向来商店购物的顾客（尤其是顾客带的孩子）分发糖果和礼品。

5．圣诞贺卡和生日礼物

按照习俗，过圣诞节时人们都互赠圣诞贺卡和圣诞礼品。贺卡可以在商店买到，也可以自制，只要写上一句祝词，写上自己的姓名就行了。赠贺卡一般要根据对方的年龄、兴趣爱好以及与自己的关系等。不仅同事、同学、朋友之间互赠，家庭成员之间也有互赠贺卡和礼品的习惯。这是一种最普通的庆祝圣诞节的活动。

6．圣诞颂歌

在圣诞夜（12月24日晚至25日晨），基督教徒们组织歌咏队到各教徒家去唱圣诞颂歌，传报佳音。据说，这是模仿天使在基督降生的那天夜里，在伯利恒郊外向牧羊人报告基督降生的喜讯。颂歌很多，例如"平安夜""铃儿响叮当""小伯利恒""东方三贤士"等，内容大都与耶稣的诞生有关。

7．圣诞大餐

圣诞餐是圣诞节当天的主餐，有的家庭把它安排在中餐，有的把它安排在晚餐。这餐饭主要是家人聚餐，一般不邀请客人。圣诞餐主要食品为：火鸡或烤鹅、布丁以及各类小甜饼等。

按照习俗，吃圣诞餐时，往往要多设一个座位，多放一份餐具，据说这是为了"主的使者"预备的，也有的说是为一个需要帮助的过路人而准备的。圣诞晚宴极为丰盛，种种美食，色香味形俱备，令人大快朵颐，所以圣诞晚宴又叫圣诞大餐。

（1）大餐标配　在餐桌上，黄色圈状的鲜橙片预示着美好的祝愿。玫瑰、核桃、桂皮和颜色鲜艳的水果，是圣诞节传统的桌上饰品。圣诞晚宴最主要的一道菜是必不可少的传统佳肴——烤火鸡。在西方人眼里，没有烤火鸡就算不上是圣诞晚宴。有些西方人还习惯在圣诞晚宴的餐桌上摆一整头烤乳猪，英美等国的人们还喜欢在猪嘴里放上一只苹果。这个习惯可能源于一些较大的家庭，因为只有大家庭才有可能吃得了一头猪。后来一些讲究排场的人在圣诞请客时也纷纷效仿。晚餐后的甜食，通常有李子、布丁和碎肉馅饼等，英美等国人认为，吃过这几种食物后就会福星高照、大吉大利。圣诞晚宴之后，人们还要去教堂报告佳音，并为唱诗班的人们预备糖果点心等。

（2）各国特点　世界上各国过圣诞节的饮食习俗既有相同之处，也各有不同。

在美国，圣诞大餐中还有一样特别的食品——烤熟的玉米粥，上面有一层奶油，并放上一些果料，香甜可口，别有滋味。因为美国是由许多民族组成的国家，所以美国人庆祝圣诞的情形也最为复杂，从各国来的移民仍多依照他们祖国的风俗。不过，在圣诞时期，美国人的家门外都挂着花环。

在法国，生性浪漫的法国人喜欢在12月24日的晚上载歌载舞，伴着白兰地和香槟酒的浓郁酒香，共享圣诞。法国的一般成年人，在圣诞前夕差不多都要到教会参加子夜弥撒。在完毕后，家人同去最年老的、已婚的哥哥或姐姐的家里，团聚吃饭。这个集会，讨论家中要事，但遇有家人不和睦的，在此后也前嫌冰释，大家要和好如初了，所以圣诞在法国是一个仁慈的日子。

在英国，英国人除开怀痛饮啤酒之外，还喜欢去异地旅游。比较保守的家庭则在圣诞前夜合家团聚。英国人在圣诞节是最注重吃的，食品中包括烧猪、火鸡、圣诞布丁、圣诞碎肉饼等。每一个家人都有礼物，仆人也有份，所有的礼物是在圣诞节的早晨派送。有的唱圣诞歌者沿门逐户唱歌报佳音，他们会被主人请进屋内，用茶点招待，或者赠小礼物。

在德国，一向比较严谨的德国人都要开怀畅饮啤酒和白葡萄酒，吃甜食、酸食、酸猪蹄、啤酒烩牛肉、奶制品和各种生菜。德国的每一信奉耶稣教的家庭，都装饰有一株圣诞树，制作圣诞节饼，饼有很多款式，在亲友之间，彼此均有赠送。

在意大利，每一个家庭，都放有耶稣诞生故事的模型景物。在圣诞前夕，家人团聚吃大餐，到午夜时参加圣诞弥撒。完毕之后，便去访问亲友，只有小孩和年老的人得到礼物。在圣诞节，意大利人有一种很好的风俗，儿童们作文或撰诗歌，表示感谢他们的父母在一年来给他们的教养。他们的作品，在未吃圣诞大餐之前，被暗藏在餐巾里、碟子的下面或是桌布里，父母装作看不见。在他们吃完大餐之后，便把它取回，向大家朗读。

在澳大利亚，每家饭店酒店都为圣诞节准备了丰盛的食物，有火鸡、腊鸡、猪腿、美酒、点心等，人们在傍晚时分或一家老小或携亲伴友，成群结队地到餐馆去吃圣诞大餐。

在西班牙，儿童会放鞋子在门外或窗外，接收圣诞礼物。在许多城市里有礼物给最美丽的子女。牛在那天也能得到很好的待遇。据说在耶稣诞生时，曾有一头牛向他吐气使他得到温暖。

在瑞典，很好客的瑞典人，圣诞节时，更有明显的表现，每一个家庭，不论贫富，都欢迎朋友，甚至陌生人也可以去，各种食品摆在桌上，任人来吃。

在瑞士，圣诞老人是穿白色的长袍，戴上假面具的。他们都是由贫苦人所扮，结队向人讨取食品和礼物。在收队后，他们就平分所得的东西。

在丹麦，当圣诞大餐开始时，人们必须先吃一份杏仁布丁，然后才能吃别的东西。而且丹麦是最初推出圣诞邮票和称防痨邮票的，这种邮票发出来筹款作防痨经费。在丹麦人寄出的圣诞邮件上没有不贴上这种邮票的。收接邮件的人，看见贴有愈多圣诞邮票的，会觉得更喜欢。

在智利，庆祝圣诞节，必有一种名叫"猴子尾巴"的冷饮品，是用咖啡、牛奶、鸡蛋、酒和发酵的葡萄合制而成。

在挪威，挪威人在圣诞前夕临睡前，家里各人都把自己所穿的一双鞋子，由大至小排成一列，是各人轮流唱出他最喜欢的圣诞歌或圣诗一首。

在爱尔兰，爱尔兰的每一个家庭，在圣诞节前夕，都放有一支洋烛或灯在窗门架，表示欢迎救世主降生。

在苏格兰，苏格兰人在家里找寻向别人借来的东西，必须在圣诞节之前都归还与物主。他们多是在新年的首个星期一那天赠送礼物，并不是在圣诞节期间送的，小孩子和仆人都会得到礼物。

在荷兰，荷兰人的圣诞礼物，往往是出乎一般人所意料的，有时会被藏在布丁、羊肠里面。

第二节　西点与宴饮搭配

西式甜点，英文为Dessert，特指正餐之后的那一道甜点，它富含营养，讲究造型，常常给人一种艺术美。如果配备很完美，能起到烘托气氛的作用，给消费者留下美好的印象和回忆。

西点的宴饮搭配要考虑到很多因素，例如：季节性、服务的对象、酒店的类型、就餐形式和传统节日等，这里主要介绍西点的一般搭配方法和要求。

一、西餐宴会

西餐宴会是按西方传统举办的一种宴会形式。西餐宴会根据西方的饮食习惯，吃西式菜点，喝外国酒水，根据菜点不同使用多套的餐具，讲究菜点与酒水的搭配。根据宴会的主题配备相应的西点，如：婚宴常常配备婚礼蛋糕；生日宴会要配备生日蛋糕等。

二、冷餐酒会

冷餐酒会是按自助餐的进餐方式而举办的一种宴会形式。冷餐酒会的菜点以冷菜为主，也有部分热菜，且既有西菜西点，又有中菜中点，客人可根据其饮食爱好自由取食。酒水通常放在吧台上由客人自取，或由酒水员托送。这种宴会形式因其灵活方便而常为政府部门、企业界、贸易界举办人数较多的欢迎会、庆祝会、开业或周年庆典、新闻发布会所采用。

冷餐酒会中西点的配备常常要求点心体积小巧玲珑、造型美观漂亮、口味多样统一、装盘规范豪华等，诸如搭配小点心、慕斯、小蛋糕、蛋挞等。

三、鸡尾酒会

鸡尾酒会是欧美社会传统的聚会交往的一种宴会形式。鸡尾酒会以供应酒水（特点是鸡尾酒和混合饮料）为主，配以适量的佐酒小吃，如三明治、果仁、肉卷等。鸡尾酒会可在一天中的任何时候单独举办，也可在正式宴会前举办（作为宴会的一部分）。

四、便餐

便餐是一种比较简单的就餐形式，对点心的配备要求不高，通常准备一些大众化的点心，诸如各种派、水果蛋糕、油炸点心、冰淇淋等。

五、下午茶

英国人常常有喝下午茶的习惯。喝下午茶的最正统时间是下午四点钟（就是一般俗称的Low tea），然而喝茶并不是主要的环节，品尝蛋糕、三明治等各种点心，反而成了最重要的部分。正式的下午茶点心一般被垒成"三层架"的形式：第一层放置各种口味的三明治（Tea sandwich），第二层是英国的传统点心松饼（Scone），第三层则是小蛋糕和水果塔。这个三层架点心应先从下往上吃。除了这种必不可少的三层点心，一些牛角面包、葡萄干、鱼子酱等食品也会被摆上来，来迎合宾客的口味。

茶点的食用顺序应该遵从味道由淡而重，由咸而甜的法则。先尝尝带点咸味的三明治，让味蕾慢慢品出食物的真味，再啜饮几口芬芳四溢的红茶。接下来是涂抹上果酱或奶油的英式松饼，让些许的甜味在口腔中慢慢散发，最后才由甜腻厚实的水果塔，让您领略到下午茶点的精髓。

? 思考题

1. 西方代表性的传统节日有哪些？
2. 西方代表性的传统节日都有哪些点心配备和饮食风俗？
3. 西点在宴饮中一般都有哪些搭配方法和要求？

参考文献

[1] 陈洪华. 蛋糕配方与工艺. 北京：中国纺织出版社，2009.

[2] 陈洪华. 面包配方与工艺. 北京：中国纺织出版社，2009.

[3] 李祥睿. 西餐工艺. 北京：中国纺织出版社，2008.

[4] 国家旅游局人事劳动教育司编. 西式面点. 北京：高等教育出版社，1992.

[5] 王美萍. 西式面点师. 北京：劳动出版社，1995.

[6] 吴文通. 中西面包蛋糕制作精华. 广州：广东科技出版社，1993.

[7] 张建幸. 装饰蛋糕集. 上海：上海科学普及出版社，1994.

[8] 吴孟. 面包糕点饼干工艺学. 北京：中国商业出版社，1992.

[9] [日]大谷长吉，内海安雄编. 西式糕点制作技艺. 左天香译. 南昌：江西科
    学技术出版社，1990.

[10] 张守文. 面包科学与加工工艺. 北京：中国轻工业出版社，1996.

[11] 李里特，江正强，卢山. 焙烤食品工艺学. 北京：中国轻工业出版社，2000.

[12] 马涛. 焙烤食品工艺. 北京：化学工业出版社，2007.

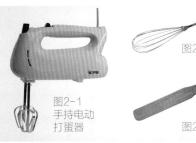
图2-1 手持电动打蛋器

图2-2 打蛋器

图2-3 榴板

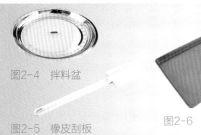
图2-4 拌料盆

图2-5 橡皮刮板

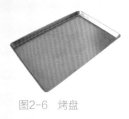
图2-6 烤盘

图2-7 焙烤听

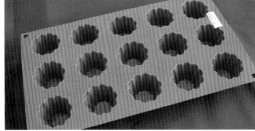
图2-8 巧克力模

图2-9 印模

图2-10 比萨烤盘

图2-14 案板

图2-11 面筛

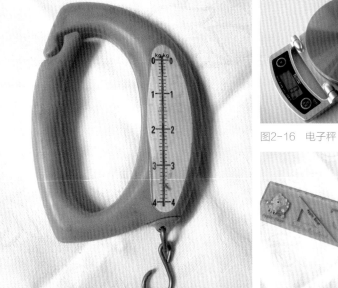
图2-15 弹簧秤

图2-12 刷子

图2-13 食品夹

图2-16 电子秤

图2-17 尺子

图2-18　量杯

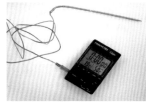

图2-20　探针温度计

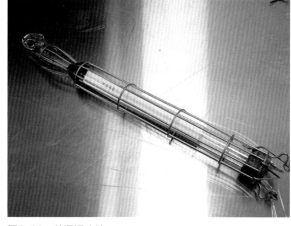

图2-22　普通温度计

图2-19　量勺

图2-21　测量温度计

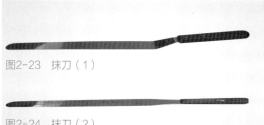

图2-23　抹刀（1）

图2-24　抹刀（2）

图2-25　锯齿刀

图2-26　水果刀

图2-27　铲刀

图2-28　雕刻刀

图2-29　挑刀

图2-30　剪刀

图2-31　刮片

图2-32　擀面棒

图2-33　裱花嘴

图2-34　转换嘴

图2-35　裱花袋

图2-36　油纸

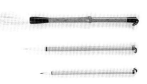

图2-37　纤维毛笔

图2-38　调色碗勺

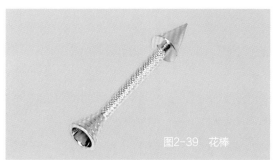

图2-39　花棒

图2-40　转台

图2-41　粉碎机

图2-42 搅拌机

图2-43 和面机

图2-44 分割机

图2-45 滚圆机

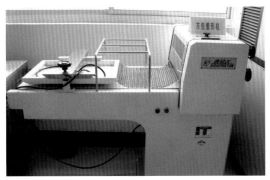
图2-46 整形机

图2-47 压面机

图2-48 切片机

图2-49 冰淇淋机

图2-50 电烤箱

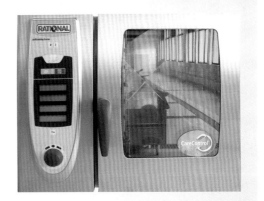
图2-51 多功能蒸烤箱

图2-52 醒发箱

图2-53 热汤池

图2-54 红外线保温灯

图2-55 保温车

图2-56　西餐炉灶

图2-57　深油炸灶

图2-58　小型冷藏库

图2-59　展示冰柜

图2-60　巧克力熔炉

图4-1　抄拌法

图4-2　调和法

图4-3　单手揉

图4-4　双手揉

图4-5　搓面

图4-6　擀面

图4-7　包

图4-8　挤

图4-9 搅打

图4-10 捏1

图4-11 捏2

图4-12 单手卷

图4-13 双手卷

图4-14 抹1

图4-15 抹2

图4-16 淋

图4-17 折叠1

图4-18 折叠2

图4-19 拉

图4-20 转

图4-21 割

图4-22 切

图5-1 法国面包（法棍）

图5-2 面包圈

图5-3 鲜奶油吐司面包

图5-4 牛奶吐司面包

图5-5 基本比萨

图5-6 什锦海鲜比萨

图5-7 汉堡包

图5-9 热狗面包

图5-8 牛肉汉堡

图5-10 奶酪火腿三明治

图5-11 三瓣丹麦吐司

图5-12 丹麦牛角面包

图5-13 五瓣面包

图6-1 普通海绵蛋糕

图6-2 海绵卷

图6-3 戚风蛋糕（1）

图6-4 戚风蛋糕（2）

图6-5 戚风巧克力蛋糕

图6-6 提拉米苏蛋糕

图6-7 黄油蛋糕

图7-1 丹麦酥

图7-2 风车酥

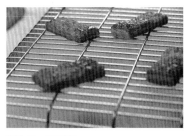

图7-3 忌司条

图6-8 巧克力黄油蛋糕

图7-4　牛角酥

图7-6　麻花酥

图8-1　化酥蛋挞

图7-5　蝴蝶酥

图8-2　苹果派

图9-1　花香酥饼

图9-2　五花饼干

图10-1　巧克力奶油泡芙

图10-2　黄桃布丁

图12-1　草莓慕斯蛋糕

图12-2　巧克力慕斯

图12-3　果香慕斯蛋糕

图12-4　香柠慕斯蛋糕